Mann   Mord, Magie und Medizin

John Mann

Mord, Magie und Medizin

Aus dem Giftschrank der Natur

Aus dem Englischen übersetzt von Carmen Lang

≡ **TRIAS** THIEME HIPPOKRATES ENKE

Gesamttypographie:
B. und H. P. Willberg, Eppstein/Ts.

Umschlaggestaltung:
Cyclus · D + P Loenicker, Stuttgart

Die Deutsche Bibliothek –
CIP-Einheitsaufnahme

Mann, John:
Mord, Magie und Medizin : aus dem
Giftschrank der Natur / John Mann.
Aus dem Engl. übers. von Carmen
Lang. – Stuttgart : TRIAS – Thieme
Hippokrates Enke, 1995
  Einheitssacht.: Murder, magic, and
  medicine <dt.>

Die englische Originalausgabe erschien
bei Oxford University Press unter dem
Titel »Murder, Magic, and Medicine«
© by John Mann, 1992

Gedruckt auf chlorfrei
gebleichtem Papier

© 1995 Georg Thieme Verlag,
Rüdigerstraße 14,
D-70469 Stuttgart
Printed in Germany
Satz und Druck:
Druckhaus Götz GmbH,
D-71636 Ludwigsburg
(CCS Textline, Linotronic 630)

ISBN 3-89373-305-1   1 2 3 4 5 6

Inhalt

Zu diesem Buch

Spart am Werk nicht Fleiß und Mühe,
Feuer sprühe, Kessel glühe!
Sumpf'ger Schlange Schweif und Kopf
Brat' und koch' im Zaubertopf:
Molchesaug' und Unkenzehe,
Hundemaul und Hirn der Krähe;
Zäher Saft des Bilsenkrauts,
Eidechsbein und Flaum vom Kauz:
Mächt'ger Zauber würzt die Brühe,
Höllenbrei im Kessel glühe!
Spart am Werk nicht Fleiß noch Mühe,
Feuer sprühe, Kessel glühe!
Wolfeszahn und Kamm des Drachen,
Hexenmumie, Gaum' und Rachen
Aus des Haifischs scharfem Schlund;
Schierlingswurz aus finsterm Grund;
Auch des Lästerjuden Lunge,
Türkennas' und Tatarzunge;
Eibenreis, vom Stamm gerissen
In des Mondes Finsternissen;
Hand des neugebornen Knaben,
Den die Metz' erwürgt im Graben,
Dich soll nun der Kessel haben.
Tigereingeweid' hinein
Und der Brei wird fertig sein.
Spart am Werk nicht Fleiß noch Mühe,
Feuer sprühe, Kessel glühe!
Abgekühlt mit Paviansblut,
Wird der Zauber stark und gut.

Macbeth, IV, i

Hier wird der in der englischen Sprache wahrscheinlich bekannteste Gifttrank beschrieben; aber wirkte er auch? Vielen der Zutaten, wie Teile von Fledermäusen, Wölfen, Juden, Türken und ungetauften Babys, lagen magische Vorstellungen zugrunde, aber nicht einmal ein fester Glaube an solchen Hokuspokus reichte aus, um sicherzustellen, daß sich der »Finger eines bei der Geburt strangulierten Babys« oder »Tataren-Lippen« als wirksam erwiesen. Die Wirkung lag in den giftigen Anteilen von Pflanzen und Tieren, wie den »Sprößlingen der Eibe«, den »Wurzeln des Schierlings« und den »Beinen der Eidechse«; und obgleich das »Auge des Wassermolches« und die »Zehe des Frosches« Produkte der lebhaften Shakespeareschen Phantasie sind, gibt es keinen Zweifel daran, daß seine Hexen ein ziemlich giftiges Getränk zusammengebraut hatten.

Natürlich wurden giftige Pflanzen- und Tierprodukte lange vor Shakespeares Zeit weithin verwendet. Die frühen Menschen lernten eßbare und giftige Pflanzen und Tiere zweifellos durch Versuch und Irrtum zu unterscheiden und machten sich dann daran, die giftigen Substanzen für Hinrichtungen, zur Sterbehilfe, für Mord und – was das wichtigste war – für die Jagd zu nutzen. Obgleich diese Gifte im Überfluß vorhanden und für die Jäger von Nutzen waren, waren Lebensmittel dennoch oft knapp, und die meisten Kulturen entdeckten Pflanzen mit Inhaltsstoffen, mit denen sich das tägliche Elend leichter ertragen ließ, und zwar dadurch, daß sie den Hunger unterdrückten, anregend wirkten und die Psyche beeinflußten. So wird Opium zum Beispiel seit mindestens 5000 Jahren und Kokain seit wenigstens 2000 Jahren angewandt.

In den meisten wohlhabenden oder seßhaften Gemeinschaften gab es Zeit zum Experimentieren, und bestimmte Mitglieder des Stammes wurden Experten in der Auswahl und der Anwendung von Pflanzenextrakten zur Magie und zur »Zwiesprache mit den Göttern«. Die gleichen »Medizinmänner« erkannten den medizinischen Wert dieser und anderer Pflanzen und wandten sie zum Nutzen der Gemeinschaft und für ihr eigenes Fortkommen an. Nehmen Sie z. B. das alte ägyptische Heilmittel für ein Kind, das unter Koliken leidet: »Mohnhülsen und Fliegendreck«. Die Identität der letzteren Zutat ist nicht eindeutig zu bestimmen, aber wenn die Mohnhülsen in Wirklichkeit die Samenkapseln des Schlafmohns waren, dann hätte der Hauptbestandteil, nämlich das Morphin, sicherlich eine besänftigende Wirkung auf den Magen-Darm-Trakt des Kindes gehabt. Alle Kulturen – so scheint es – haben immer ein beinahe fanatisches Interesse an ihren Verdauungsorganen gehabt und waren im Besonderen mit ihrer Darmfunktion beschäftigt. Im England des siebzehnten Jahrhunderts war man der Meinung, daß für eine gute Gesundheit zweimal im Monat die Anwendung eines Abführmittels erforderlich sei. Lange vor dieser Zeit jedoch empfahl bereits der Herrscher Shen Nung (ca. 2700 v. Chr.) die Anwendung von Rhabarber als Abführmittel. Das Shen Nung-Kräuterbuch (ca. 200 v. Chr.) enthält viele Arzneien, die ihm zugeschrieben werden. Das Papyrus Ebers (ca. 1550 v. Chr.), das in der Nähe von Luxor in Ägypten gefunden wurde, erwähnt ebenfalls den Rhabarber sowie verschiedene Aloe-Arten, Rizinusöl und Sennesblätter. Letztere waren während einer bestimmten Zeit so teuer, daß sie für die Aristokratie reserviert wurden und als »Wächter der königlichen Darmbewegungen« bekannt waren. Die unteren Schichten mußten sich mit Rizinusöl, das sie mit Bier mischten, zufriedengeben; sie konsumierten dieses Getränk wenigstens dreimal im Monat.

Heute beschäftigen wir uns gewöhnlich nicht mehr so fanatisch und quälerisch mit unseren Gedärmen wie unsere Ahnen (obgleich der Umsatz an Abführmitteln immer noch sehr beträchtlich ist), aber die Mittel, die wir kaufen, sind oft die gleichen wie jene, die vor 5000 Jahren beschrieben wurden. Das läßt sich auch von vielen Medikamenten sagen, die wir benutzen, und es ist das Ziel dieses Buches, zu zeigen, wie zumindest einige der Substanzen, die für Mord, Magie und als Volksmedizin benutzt wurden, erfolgreich in solche Arzneistoffe umgewandelt wurden, die heute klinische Anwendung finden.

Wenn wir einen Arzt aufsuchen, erwarten wir gewöhnlich eine Arznei von ihm, um unsere Leiden zu behandeln. Wir machen uns kaum einmal Gedanken darüber, auf welchem Weg diese Arznei entdeckt wurde. Dieses Buch will die Verbindungen zwischen der volkstümlichen Anwendung pflanzlicher und tierischer Extrakte und deren moderner Verwendung als Arzneistoffe erhellen. Es wird kein wissenschaftliches oder medizinisches Wissen vorausgesetzt, und die wenigen chemischen Strukturen, die enthalten sind, zeigen einfach nur, wie die Form der Arzneistoffmoleküle deren biologische Aktivität beeinflußt.

Wie bei jedem anderen Buch, war eine große Anzahl von Personen bei seiner Herstellung behilflich. Ich bin den folgenden ganz besonders dankbar: James Crabbe, der dazu beitrug, daß die chemischen Strukturen eher hilfreich als abschreckend sind; Dr. Jeffrey Aronson, der unschätzbaren pharmakologischen (und grammatikalischen!) Rat erteilte; William Schupbach, der mir die wunderbare Photosammlung im »Wellcome Institut für Medizingeschichte« zugänglich machte; meinem Lektor bei Oxford University Press, der das ganze Unternehmen mit Begeisterung und sehr wirkungsvoll lenkte, und meiner Frau Rosemary für ihr immerwährendes Mittragen und ihre Unterstützung.

Schließlich würde ich dieses Buch gerne dem Gedenken an meinen Vater widmen, der bis zum Alter von dreizehn Jahren keine Schulbildung erhalten hatte, aber eine Leidenschaft für alle wissenschaftlichen Dinge entwickelte und sicherstellte, daß ich die Ausbildung erhielt, die ihm verweigert worden war.

John Mann

Ein Blick auf die pharmakologische Basis

Da pflanzliche und tierische Produkte ihre Wirkungen in Mord, Magie und Medizin durch die Veränderungen ausüben, die sie in den physiologischen und biochemischen Vorgängen unseres Körpers hervorrufen, ist diese Einführung einigen Grundlagen der Pharmakologie gewidmet und zwar für all jene, die mit dieser Thematik nicht vertraut sind. Wichtige chemische Strukturen werden so dargestellt, daß der Leser einen Eindruck von ihrer Form gewinnt, ohne daß er die Komplexität der chemischen Verbindung, die diese Form bestimmt, verstehen muß.

Die ersten primitiven Säugetiere erschienen vor ungefähr 200 Millionen Jahren auf unserem Planeten, und der Mensch ist ein Ergebnis von zahlreichen aufeinanderfolgenden evolutionären Veränderungen. Neue chemische Bestandteile und biochemische Prozesse waren das Ergebnis dieser Veränderungen, und als Folge davon besitzt jedes Mitglied der Gattung *Homo sapiens* seine einzigartige Chemie. Trotz dieser Verschiedenartigkeit sind uns allen wichtige strukturelle und biologische Merkmale gemeinsam. So bestehen wir zum Beispiel alle aus einer großen Anzahl verschiedener Zellarten (Blut-, Knochen-, Nerven- und Muskelzellen), von denen die meisten einen Zellkern besitzen, der unser Erbmaterial enthält – die Chromosomen und die ihnen zugrundeliegenden Gene, die aus Molekülen der Desoxy-Ribonukleinsäure (DNS) zusammengesetzt sind (vgl. Abb. 1). Ebenso wie unsere urzeitlichen Vorfahren bestehen wir zum größten Teil aus Wasser, und zwar zu 45 – 75%, je nach Alter, Körperbau und Geschlecht. Des weiteren enthalten unsere Zellen beträchtliche Mengen der nicht-metallischen Elemente Kohlenstoff, Wasserstoff, Sauerstoff, Stickstoff, Schwefel, Phosphor und Chlor, beträchtliche Mengen der metallischen Elemente Natrium, Kalium und Kalzium sowie geringe Mengen oder Spuren von ungefähr 20 anderen chemischen Elementen.

Diese sind meist an Kohlenhydrat-Moleküle (Zucker), Lipide (Fette), Proteine und Nukleinsäuren (DNS und RNS), die Hauptbestandteile der Zelle gebunden; an den meisten dynamischen Prozessen, die in unseren Zellen ablaufen, sind diese Moleküle beteiligt. Moleküle bestehen aus Atomen, die durch chemische Bindungen zusammengehalten werden. Ein Wassermolekül zum Beispiel besteht aus zwei Wasserstoff-Atomen und einem Sauerstoff-Atom; es hat somit die Zusammensetzung H_2O; seine chemische Struktur ist in Abb. 2 dargestellt. Ein Glukose-Molekül enthält sechs Kohlenstoff-Atome, zwölf Wasserstoff-Atome und sechs Sauerstoff-Atome, die in einer spezifischen räumlichen Anordnung vorliegen, die ebenfalls in Abb. 2 dargestellt ist. Eben dieses Glukose-Molekül ist jedoch sehr klein, mit einem Durchmesser von nur einem millionstel Millimeter. Im Gegensatz dazu

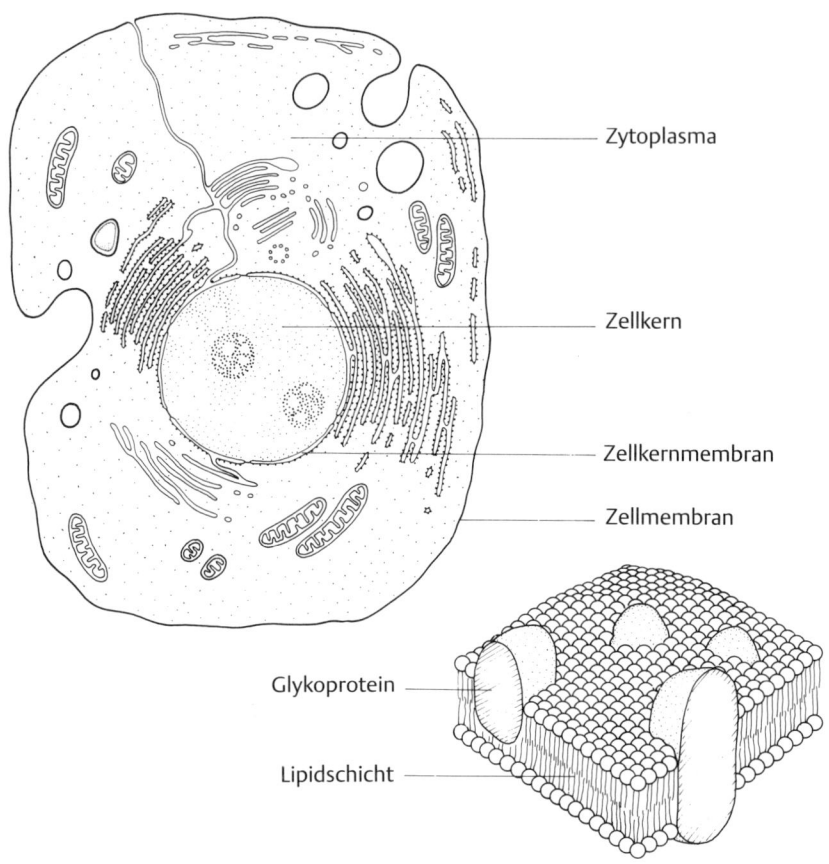

Abb. 1   Schnitt durch eine typische tierische Zelle.

ist ein rotes Blutkörperchen 10 000mal größer, mit einem Durchmesser von ungefähr einem hundertstel Millimeter. Eine menschliche Eizelle ist noch zehnmal größer und mit dem bloßen Auge gerade noch sichtbar. Beide Zellarten enthalten Millionen von Molekülen. Biochemische Prozesse laufen unter der Kontrolle einer Vielzahl von biologischen Katalysatoren ab, sogenannter Enzyme, bei denen es sich ebenfalls um Proteine handelt; diese erleichtern die Umwandlungsprozesse zwischen chemischen Verbindungen, so daß diese bis zu 1 Milliarde mal schneller ablaufen als es bei entsprechenden Vorgängen im Reagenzglas möglich wäre. Die intrazelluläre Biochemie ist von der extrazellulären Umgebung durch die Zellmembran getrennt. Diese besteht hauptsächlich aus einer Lipiddoppelschicht von ungefähr 7,5 – 10

Wasser

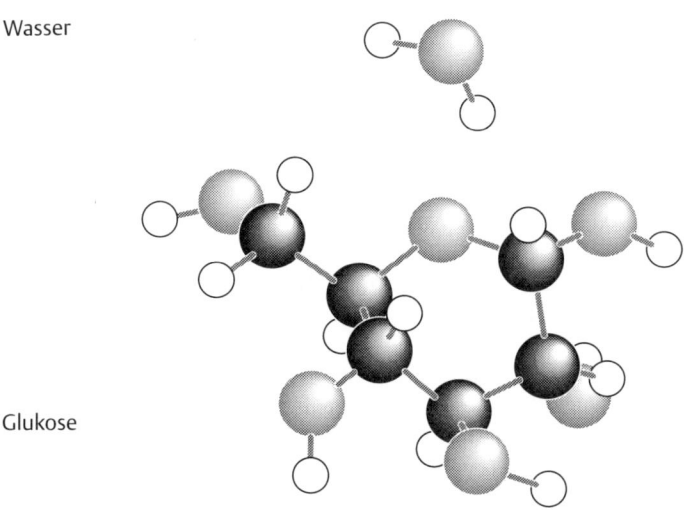

Glukose

Abb. 2   Wasser- und Glukosemolekül im Vergleich. In diesen und in den folgenden Formel-
bildern steht

○   für ein Wasserstoffatom,

●   für ein Sauerstoffatom,

●   für ein Kohlenstoffatom,

●   für ein Stickstoffatom.

Nanometer (ein Nanometer ist ein milliardstel Meter) Dicke. Die Membran
sorgt zwar für die Struktur, ist jedoch auch semipermeabel (halbdurchläs-
sig) und erlaubt dadurch den Nährstoffen und den Abfallprodukten, in die
Zelle hinein- bzw. aus der Zelle herauszugelangen. Einige Moleküle, unter
anderem auch eine Anzahl von Glykoproteinen (Proteine mit Kohlenhydrat-
anteilen) und bestimmte Enzyme, bedecken die Zellmembran und spielen
eine wichtige Rolle für die Kommunikation zwischen den Zellen und die
Kommunikation von außen nach innen. Das biologische System, zu dem unsere Zellen gehören, steht in ständigem Austausch mit der Umgebung: mit
der Luft, die wir einatmen, den Flüssigkeiten, die wir trinken, der Nahrung,
die wir essen, und den Arzneistoffen, die wir einnehmen. Manche dieser äußeren Einflüsse verändern möglicherweise die hervorragend kontrollierten
biochemischen Prozesse, die uns am Leben erhalten und dafür sorgen, daß
wir normal funktionieren.

Pharmakologie ist die Wissenschaft, die versucht, Wechselwirkungen von Arzneistoffen mit den verschiedenen Zelltypen zu identifizieren und die daraus resultierenden biochemischen und physiologischen Veränderungen zu verstehen. Vereinfacht gesagt, bringt es manchmal mehr, die Veränderungen zu betrachten, die durch Interaktionen von Zellen mit fremden Substanzen – den sogenannten Xenobiotika (vom griechischen *xenos*, fremd, und *bios*, Leben) hervorgerufen werden. Zu diesen Xenobiotika zählen die Schadstoffe in der Luft und im Wasser, die Nahrungszusätze und Verunreinigungen ebenso wie die Arzneistoffe, die wir zu uns nehmen. Wir nehmen sie über unsere Lunge, über die Haut oder den Magen-Darm-Trakt auf; sie werden überwiegend in der Leber abgebaut (metabolisiert) und über die Haut, die Lunge, die Nieren und den Darm ausgeschieden. Während dieser Prozesse laufen biochemische und physiologische Veränderungen ab; diese sind gewöhnlich die Folge von Veränderungen in der Kommunikation der Zellen untereinander. Um die Wirkungen dieser Xenobiotika begreifen zu können, sollten wir deshalb zunächst die normalen Formen der interzellulären Kommunikation betrachten.

Diese kann hauptsächlich auf drei Wegen geschehen:

1. durch Neurotransmission (Neurotransmission); dabei leitet eine Nervenzelle ein chemisches Signal an eine andere Nervenzelle oder an eine Muskelzelle weiter.
2. auf hormonellem Wege; hierbei werden im Kreislauf zirkulierende Hormone (chemische Botenstoffe) aus Drüsen freigesetzt und über die Blutbahn zu einem entfernten Organ transportiert; sowie
3. »autacoid«, wobei lokale Hormone freigesetzt werden und an benachbarten Zellen zur Wirkung kommen.

Nervenübertragung

Eine typische Nervenzelle (Neuron) ist in Abb. 3 gezeigt. Sie besteht aus einem Zellkörper mit unterschiedlichem Durchmesser (5–100 Mikrometer, d. h. millionstel Meter) und einer Faser (Axon), die sich gewöhnlich in zahlreiche Dendriten verzweigt. Beim Menschen variiert die Länge eines Axons von weniger als 1 Millimeter bis zu beinahe 1 Meter (wie z. B. im Rückenmark); der Durchmesser beträgt zwischen 1 und 25 Mikrometer, auch wenn zu dieser Dicke eine unterbrochene Proteinhülle beitragen kann. Diese Hülle wird als Myelinscheide bezeichnet, sie wirkt als elektrischer Isolator.

In der Ruhephase unterscheiden sich die Ionenkonzentrationen im Innern des Neurons von denen in der umgebenden Flüssigkeit. Bei Ionen

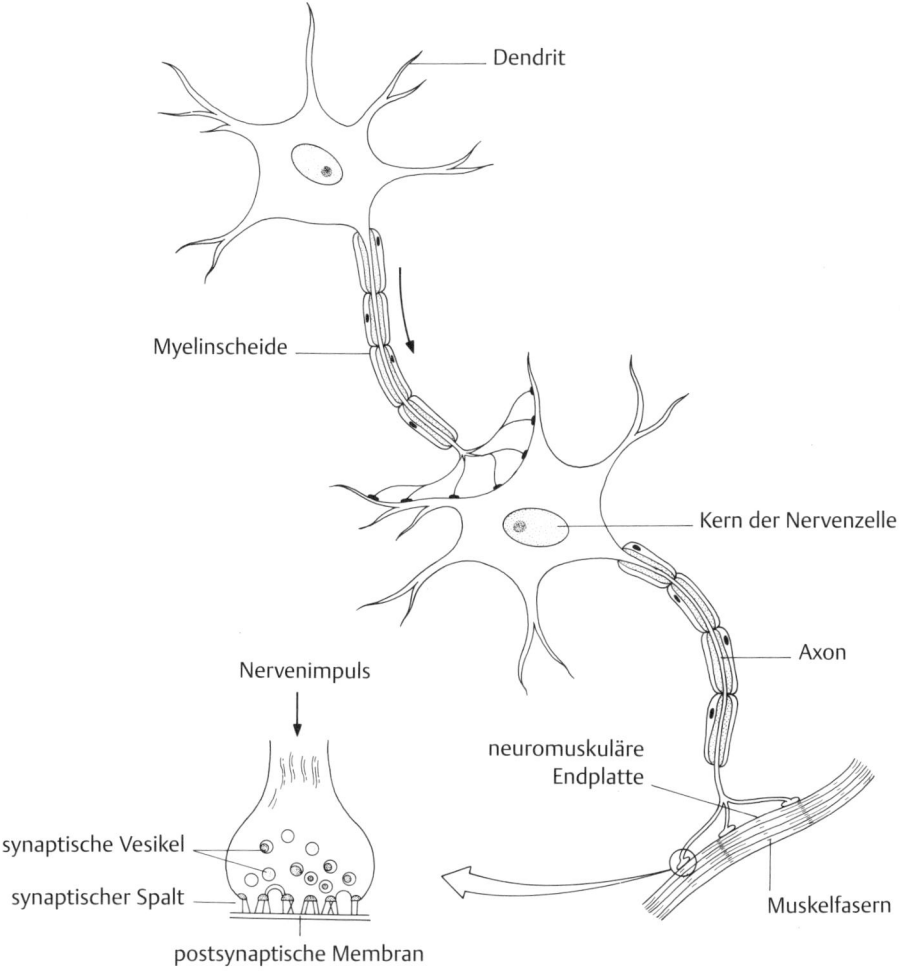

Abb. 3   Axon eines Nervs, Synapse und neuromuskuläre Endplatte.

handelt es sich um Atome oder Gruppen von Atomen, die eine elektrische Ladung tragen, weil sie entweder Elektronen angenommen oder abgegeben haben. Typische relative Konzentrationen für einige Ionen sind in Abb. 4 dargestellt. Eine dünne Membran, die hauptsächlich aus Lipiden (Fettsubstanzen) aufgebaut ist, umgibt das Axon; sie ist gekennzeichnet durch eine selektive Durchlässigkeit für Kalium- (K^+) und Chlorid (Cl^-)-Ionen und ist darüberhinaus mindestens 50–100mal weniger durchlässig für Natrium- als für Kalium-Ionen. Im Innern des Neurons besteht ein geringer Überschuß

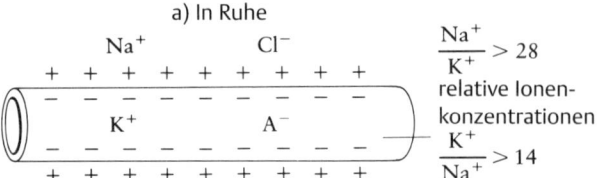

a) In Ruhe

In Ruhe ist die Axonmembran durchlässig für Kalium-Ionen (K^+) und Chlorid-Ionen (Cl^-), jedoch viel weniger durchlässig für Natrium-Ionen (Na^+), und praktisch undurchlässig für große (organische) Anionen (A^-). Dargestellt sind die relativen Ionenkonzentrationen außerhalb und innerhalb des Axons.

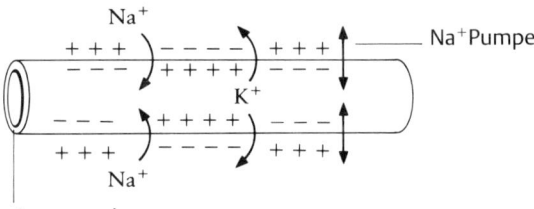

b) Während eines Nervenimpulses

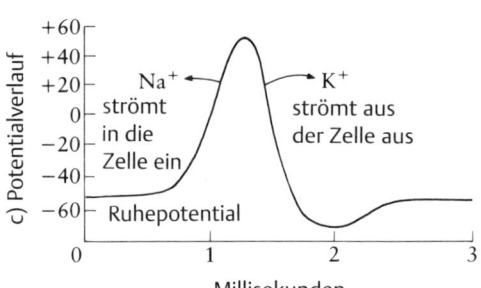

c) Potentialverlauf

Abb. 4   Ionen-Leitung im Axon.

an negativ geladenen Ionen, außerhalb des Neurons ein Überschuß an positiv geladenen Ionen; in der Ruhephase beträgt die elektrische Potentialdifferenz (»Spannung«) bis zu –85 Millivolt. Auch die meisten anderen Zellen besitzen diese Eigenschaften; der Unterschied zwischen einer Nervenzelle und diesen anderen Zellen besteht darin, daß Nervenzellen *erregbar* sind.

Die Erregung eines Neurons wird verursacht durch lokale Veränderungen in der Konzentration verschiedener Neurotransmitter und/oder gewisser Ionen, und als Folge davon kommt es zu einem selektiven Einstrom von Natrium-Ionen durch spezifische Natrium-Kanäle. Dies führt zu einer Depolarisierung, mit anderen Worten zu einem Anstieg der Potentialdifferenz auf ungefähr +30 Millivolt (Aktionspotential), und dies innerhalb eines Zeitraums von 1 Millisekunde ($^1/_{1000}$ Sekunde). An diesem Punkt schließen sich die Natrium-Kanäle, separate Kalium-Kanäle öffnen sich und ermöglichen einen Ausstrom von Kalium-Ionen und somit die Wiederherstellung der ursprünglichen Potentialdifferenz. Auf diese Weise breitet sich der Nervenimpuls als eine Abfolge von Depolarisationen und Repolarisationen aus. Um seinen Ausgangszustand wiederherzustellen, muß das Neuron nunmehr die überschüssigen Natrium-Ionen aus der Zelle pumpen und so die Aufnahme von Kalium ermöglichen; dieser Vorgang muß abgeschlossen sein, bevor das Neuron einen weiteren Impuls aufnehmen kann.

Es gibt keine direkte Verbindung zwischen den Nervenfasern untereinander oder zwischen Nervenfasern und Muskeln oder Drüsen. An der Verbindungsstelle zwischen diesen Zellen wird das elektrische Signal in ein chemisches Signal umgewandelt. Das elektrische Signal führt zur Freisetzung eines Neurotransmitters, der durch den Spalt (den sogenannten synaptischen Spalt) zwischen den beiden Zellen befördert wird. Im Zusammenhang mit dem Informationsaustausch zwischen den Zellen bezeichnet man diese Verbindung als Synapse; für andere Zelltypen gebraucht man die Bezeichnung »Neuroeffektor-Verbindung«.

Der Neurotransmitter bindet an einen spezifischen Rezeptor, so ähnlich wie ein Schlüssel in ein Schloß tritt, was in Abb. 5 dargestellt ist. Bei diesen Rezeptoren handelt es sich gewöhnlich um Glykoproteine mit spezifischer dreidimensionaler Struktur, die an der Oberfläche der aufnehmenden (= postsynaptischen) Zellmembran lokalisiert sind. Viele Arzneistoffe und andere Xenobiotika passen ebenfalls in verschiedene Rezeptortypen: solche, die eine gleichgerichtete Wirkung auslösen, werden als »Agonisten« bezeichnet; solche, die den Rezeptor blockieren, nennt man »Antagonisten«.

Der Neurotransmitter bindet also an einen Rezeptor, der auf dem nächstgelegenen Neuron lokalisiert ist und löst einen neuen elektrischen Impuls aus, oder aber er bindet an eine muskuläre Endplatte oder er innerviert Drüsen und verursacht eine Stimulation oder eine Hemmung. Wie diese Veränderungen ausgelöst werden, ist noch nicht vollständig geklärt, jedoch spielen wahrscheinlich Veränderungen in der Durchlässigkeit der Zellmembran für Kalzium-, Kalium- oder Chlorid-Ionen eine Rolle. Der Neurotransmitter wird sodann durch die Wirkung abbauender Enzyme zerstört

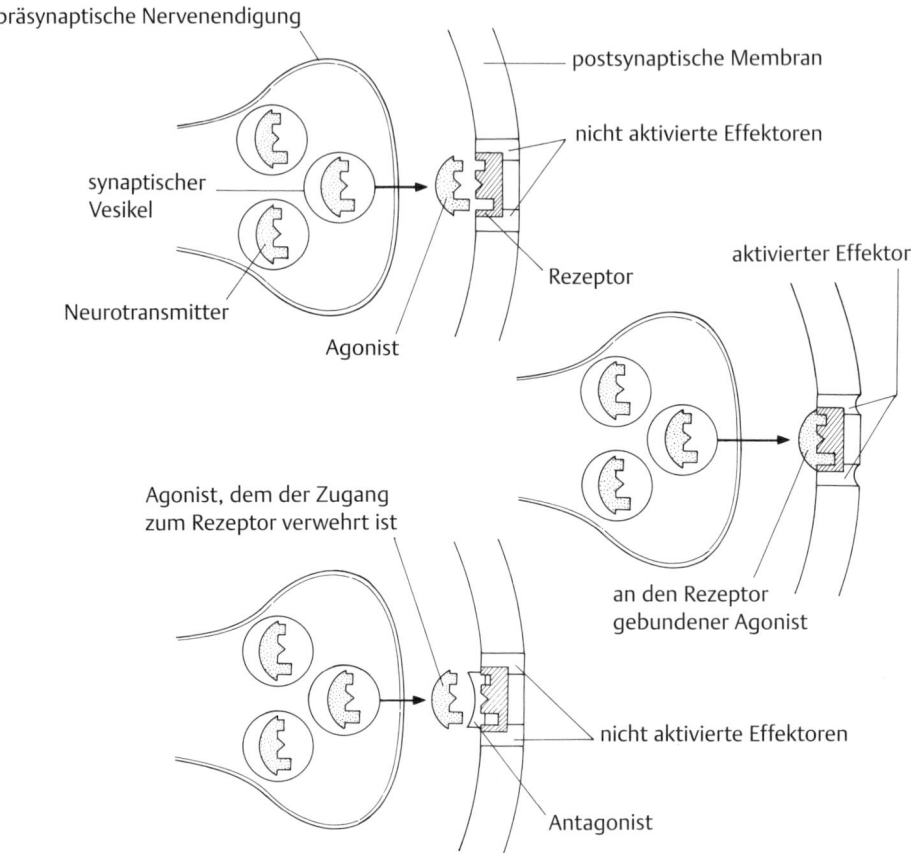

Abb. 5   Rezeptoren, Agonisten und Antagonisten.

oder kann wieder in die Nervenzelle aufgenommen werden, aus welcher er freigesetzt wurde.

Vielerlei Arzneistoffe und andere Xenobiotika üben ihre Wirkung dadurch aus, daß sie die Freisetzung von Neurotransmittern verhindern oder steigern, indem sie an deren Rezeptoren binden und ihnen so den Zugang verwehren, indem sie die Permeabilität verschiedener beteiligter Zellmembranen verändern, indem sie die Wirkung des Neurotransmitters nachahmen oder aber indem sie dessen Wiederaufnahme durch das Neuron verändern. Damit wir diese Wirkung verstehen können, müssen wir die normale Funktionsweise der wichtigsten Neurotransmitter betrachten.

Acetylcholin

Diese chemische Verbindung ist zweifellos der wichtigste Neurotransmitter. Sie interagiert mit zwei Untertypen von postsynaptischen Rezeptoren – den sogenannten Muskarin- und den Nikotin-Rezeptoren. Die Namen spiegeln die Tatsache wider, daß die natürlichen, aus Pflanzen gewonnenen Verbindungen Muskarin (aus dem Fliegenpilz *Amanita muscaria)* und Nikotin (aus der Tabakpflanze *Nicotiana tabacum*) mit Acetylcholin um die Bindung an ihren jeweiligen Rezeptoren konkurrieren und ebenfalls eine Stimulation verursachen. Einen Vergleich der Strukturen dieser Stoffe zeigt Abb. 6, S. 20.

Noradrenalin und Adrenalin (die Katecholamine)

An bestimmten Nervenverbindungen, insbesondere im Darm, in der Lunge und am Herzen führt eine Erregung zu einer Freisetzung von Noradrenalin (eine Verbindung, die strukturell dem bekannteren Adrenalin verwandt ist), wohingegen eine Stimulation der Nebennieren (die den Nieren direkt aufsitzen) zu einer Produktion von Adrenalin führt. Beide Neurotransmitter binden an sogenannte Adrenozeptoren (Rezeptoren für die Katecholamine), von denen mindestens drei Haupttypen identifiziert worden sind, und lösen eine Fülle an Wirkungen aus. Diese Wirkungen und jene, die auf Acetylcholin zurückzuführen sind, können am besten bildlich erklärt werden, siehe Abb. 7, S. 21.

Jene Nerven, die das Gehirn verlassen und alle Organe – mit Ausnahme der Skelettmuskulatur (diese unterliegt der willkürlichen Kontrolle) – innervieren, sind Teil des autonomen Nervensystems. Man hat zwei Arten von Nerven identifiziert, vor allem auf der Basis ihres anatomischen Ursprungs (obgleich es auch pharmakologische Unterschiede gibt): sympathische und parasympathische Nerven. Unsere Reaktion auf eine bedrohliche Situation (die sogenannte »Angst-Flucht«-Reaktion) ist ein gutes Beispiel dafür, welche Folgen die Stimulation des sympathischen Nervensystems hat. Adrenalin und Noradrenalin werden freigesetzt und wirken auf Herz, Lunge und die peripheren Blutgefäße. Als Folge davon steigt die Herzfrequenz, die Bronchiolen (die feinen Verästelungen in der Lunge) werden erweitert, um eine wirkungsvollere Sauerstoffaufnahme zu gewährleisten, und das Blut wird aus den Eingeweiden in die Skelettmuskulatur geleitet. Hinzu kommt, daß sich unsere Pupillen erweitern und daß uns die Haare zu Berge stehen können; die Verengung der peripheren Blutgefäße kann zu Blässe führen.

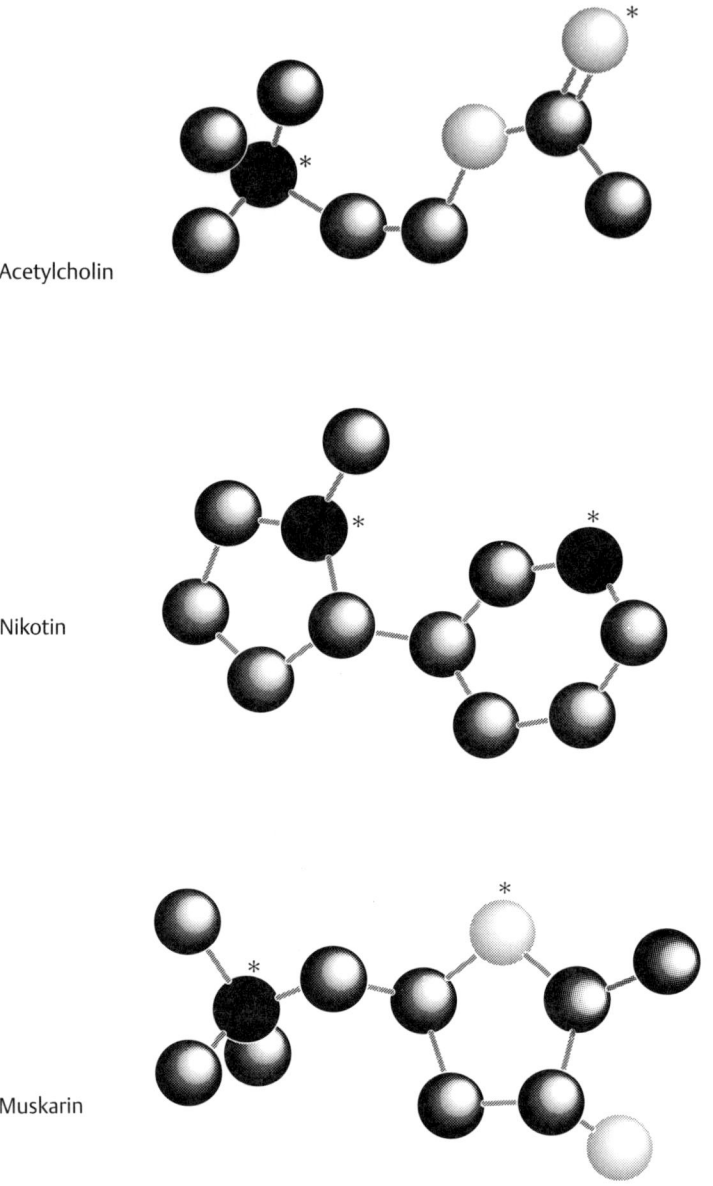

Acetylcholin

Nikotin

Muskarin

Abb. 6   Vergleich der Strukturen von Acetylcholin, Nikotin und Muskarin. Nikotin und Muskarin interagieren mit verschiedenen Acetylcholinrezeptoren. Sie benutzen dazu die mit * gekennzeichneten Atome. Beide Moleküle sind relativ starr und können nur an jeweils einen Rezeptortyp binden. Acetylcholin hingegen ist ein flexibles Molekül; es kann seine Konformation ändern und so mit beiden Rezeptortypen interagieren.

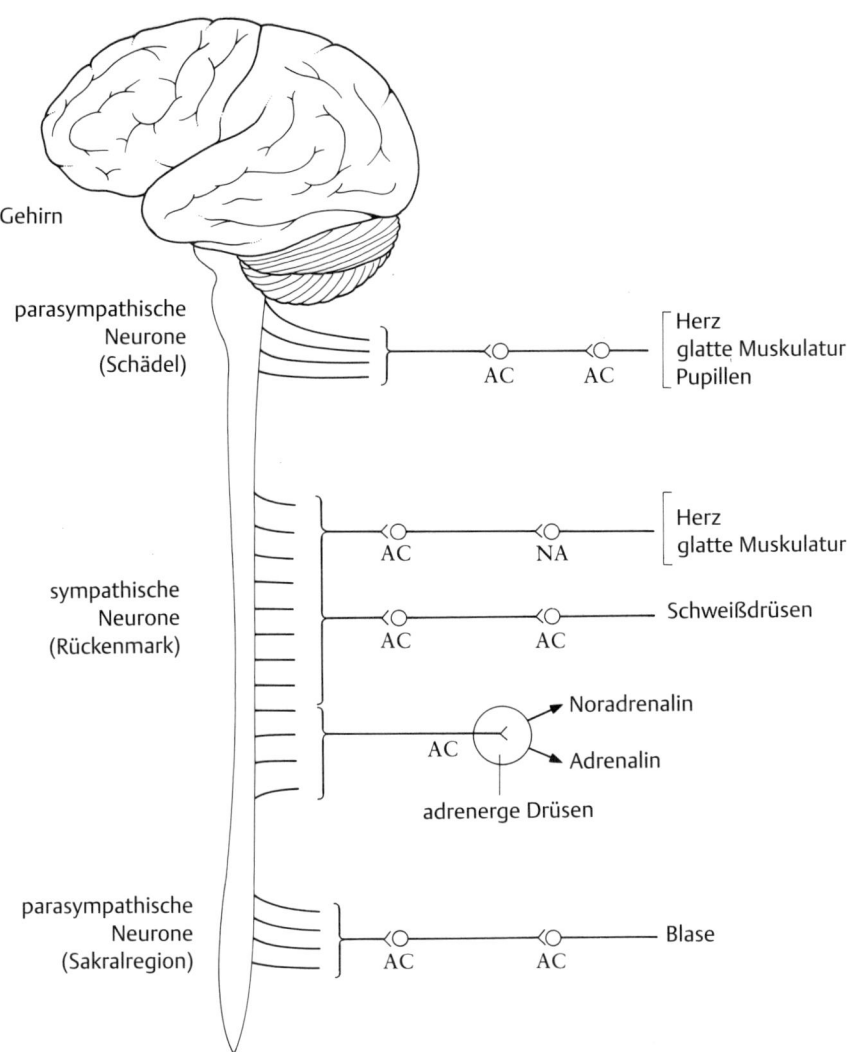

Gehirn

parasympathische
Neurone
(Schädel)

Herz
glatte Muskulatur
Pupillen
AC   AC

Herz
glatte Muskulatur
AC   NA

sympathische
Neurone
(Rückenmark)

Schweißdrüsen
AC   AC

Noradrenalin
AC
Adrenalin
adrenerge Drüsen

parasympathische
Neurone
(Sakralregion)

Blase
AC   AC

Abb. 7   Organisation der Nerven; AC und NA kennzeichnen jene neuronalen Verbindungs-
stellen, an denen Acetylcholin oder Noradrenalin eine Rolle spielen.

Im Gegensatz dazu herrscht, wenn wir entspannt sind, die Stimulation des parasympathischen Systems durch Acetylcholin vor; die Herzfrequenz fällt, während der Blutfluß zu den Eingeweiden umgeleitet wird, um z. B. die Verdauung zu fördern. Zweifellos beruht unser normales Funktionieren in hohem Maße auf einem empfindlichen Gleichgewicht zwischen diesen beiden Teilen des autonomen Nervensystems. Jedes Xenobiotikum, das dieses Gleichgewicht stören kann, wird eine pharmakologische Wirkung hervorrufen, mit Veränderungen in der gesamten Biochemie. Vom Ausmaß dieser Veränderungen hängt ab, wieviel wir von diesen Vorgängen spüren.

≡ Hormone

Der Begriff »Hormone« ist gewöhnlich den chemischen Verbindungen vorbehalten, die aus Drüsen, den sogenannten endokrinen Drüsen, freigesetzt und mit dem Blutstrom in entfernte Zellen befördert werden, wo sie ihre Wirkungen entfalten. Das Hormon Oxytocin stellt ein gutes Beispiel für diesen Typ dar, da es zwar aus der Hypophyse (einer kleinen Drüse an der Basis des Gehirns) freigesetzt wird, jedoch auf die Gebärmutter und die Brustdrüsen einwirkt. Am Ende der Schwangerschaft bewirkt Oxytocin die Kontraktionen des Uterus, d. h. die Wehentätigkeit; zur selben Zeit löst es die Milchbildung aus.

Ein zweites Beispiel ist Testosteron, welches zwar von den Hoden gebildet wird, jedoch die Entwicklung der männlichen Sexualorgane, die männlichen sekundären Geschlechtsmerkmale (wie Bartwuchs, Stimmbruch etc). und männliches Verhalten steuert. Oxytocin ist ein Peptid-Hormon, das heißt, es besteht aus Aminosäuren, den Grundbausteinen der Proteine, während Testosteron ein Steroid ist, eine Art Lipid, wie das Cholesterin.

Von direkterer Bedeutung für dieses Buch sind die lokalen Hormone (oder Autacoide). Von diesen sollen Histamin und Serotonin jetzt diskutiert werden, andere Hormone werden im Hauptteil des Buches erwähnt.

≡ Histamin

Histamin wird aus Zellen der Magenschleimhaut als Reaktion auf die Nahrungsaufnahme freigesetzt, und es wirkt als gewaltiges Stimulanz für die Produktion der Magensäure. Es wird auch aus Mastzellen (einem Typ von weißen Blutkörperchen) in der Lunge und anderswo als Reaktion auf ein allergisches Geschehen, wie z. B. Kontakt mit Gräserpollen oder Hausstaub ausgeschüttet. Die Verengung der Bronchiolen (Bronchokonstriktion), die einen asthmatischen Anfall hervorruft, sowie die laufende Nase und die tränenden Augen, die den Heuschnupfen begleiten, sind weithin bekannte Histamin-Wirkungen.

Serotonin

Serotonin (oder 5-Hydroxytryptamin) findet man ebenfalls vorwiegend in der Magenschleimhaut, aber es wird auch von bestimmten Neuronen im Zentralnervensystem produziert. Es gibt in der Tat gute Hinweise darauf, daß Serotonin in vielen Gehirnregionen als Neurotransmitter wirkt und anscheinend an der Kontrolle der Schlafstadien und am Erbrechen beteiligt ist. Ein Mangel an Serotonin im Gehirn wurde auch mit Migräne und Depressionen in Verbindung gebracht.

Signalübertragung

Alle diese chemischen Botenstoffe übermitteln ein primäres Signal an eine Zelle. Wenn sie einmal mit ihren jeweiligen Rezeptoren interagiert haben, muß das Signal irgendeinen Vorgang auslösen. Diese Reaktion wird Signaltransduktion genannt. Abb. 8 zeigt die hauptsächlichen Prozesse der Übertragung.

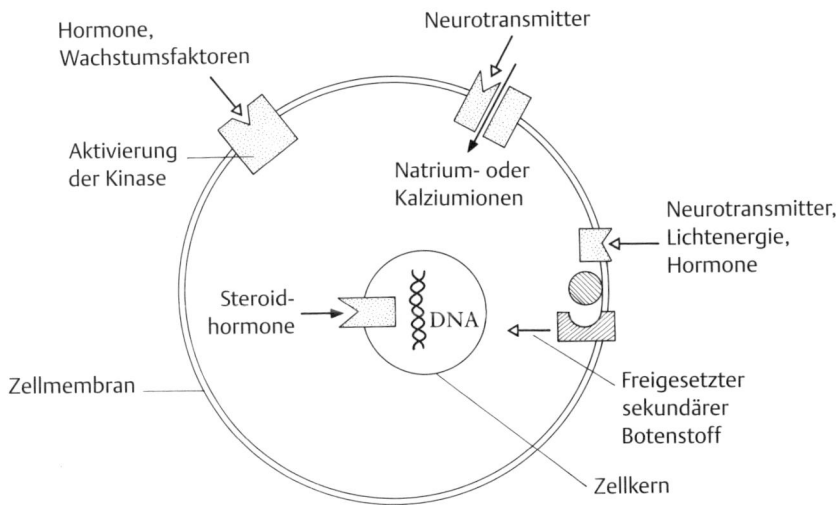

Abb. 8   Signalübertragung.

Viele der Neurotransmitter haben Rezeptoren, die eine Art »Tor« kontrollieren, das einen Kanal durch die Zellmembran »abschließt«. Normalerweise ist der Kanal geschlossen. Nachdem sich jedoch der Neurotransmitter angelagert hat, findet eine Veränderung in der Struktur statt, und das »Tor« öffnet sich, um kleinen Ionen wie Natrium und Chlorid den Durchgang durch den Kanal und den Eintritt in die Zelle zu ermöglichen. Die meisten der nichtsteroidalen Hormone und Wachstumsfaktoren (wie Insulin und Oxytocin) haben Rezeptoren, welche Enzyme aktivieren können, die als Tyrosinkinasen bekannt sind. Diese kontrollieren den Aktivitätsgrad von bestimmten anderen Schlüsselenzymen. Ein dritter Typ von Rezeptoren hat weder mit Kanälen noch mit Tyrosinkinasen zu tun, sondern er ist mit sogenannten G-Proteinen assoziiert, die nach ihrer Aktivierung eine Vielzahl von »sekundären Botenstoffen« (*secondary messengers*) freisetzen können, welche ein Signal in die Zelle übertragen. Adrenalin und Licht, das auf die Netzhaut des Auges einwirkt, wirken auf diese Weise.

Zu diesen sekundären Botenstoffen gehören die chemischen Verbindungen zyklisches Adenosinmonophosphat (cAMP) und Inositoltriphosphat, die beide die Freisetzung von Kalziumionen aus den intrazellulären Speichern auslösen. Die erhöhte Kalziumionenkonzentration führt dann zu einer Aktivierung (oder Hemmung) von bestimmten Schlüsselenzymen).

Die Steroidhormone schließlich, wie z. B. Testosteron und die weiblichen Hormone, die Östrogene, haben keine Rezeptoren an der Zelloberfläche. Sie passieren die Zellmembran und binden an Rezeptoren im Innern der Zelle. Wenn sie einmal gebunden sind, wird dieser Rezeptor-Hormon-Komplex in den Zellkern transportiert und interagiert dort mit dem Erbmaterial (DNA); dadurch wird ein Wachstums- oder Differenzierungsschub ausgelöst. Die DNA dient als Matrize für die Produktion der RNA, die ihrerseits als Matrize für die Produktion von neuen Proteinen und Enzymen innerhalb des Zytoplasmas der Zelle wirkt.

Unsere Kenntnis von den genauen Einzelheiten dieser Interaktionen ist immer noch in einem Anfangsstadium, aber was die Absichten dieses Buches anbelangt, genügt es zu wissen, daß nahezu alle Xenobiotika ihre Wirkungen dadurch entfalten, daß sie in irgendeiner Weise den Rezeptor einer Zelle beeinflussen und damit Veränderungen in der Biochemie der Zelle hervorrufen. Es waren immer schon die grundlegenden pharmakologischen und physiologischen Wirkungen, die für die Menschen von besonderem Interesse waren, und deretwegen sie gelernt haben, wie man pflanzliche und tierische Extrakte zu *Mord, Magie und Medizin* nutzt.

Mord

Schon seit Tausenden von Jahren nutzt der Mensch giftige pflanzliche und tierische Produkte für die Jagd, für Hinrichtungen und für das Kriegshandwerk. Gewöhnlich werden die giftigen Extrakte auf Pfeile oder Speere geschmiert. Der früheste, zuverlässige schriftliche Beweis für einen solchen Gebrauch erscheint in der Rig Veda, einer alten indischen Dichtung aus der Vedischen Periode (ca. 1200 v. Chr.). Das alte griechische Wort *toxikon* bedeutete ursprünglich »Pfeilgift«. Sowohl Homer als auch Vergil erwähnen den Gebrauch von Pfeilgiften, die einen natürlichen Ursprung haben. So erzählt zum Beispiel Athene in der »Odyssee«, daß Odysseus, als sie ihn zum ersten Mal traf, das »tödliche Gift suchte (wahrscheinlich Aconitum), mit dem er seine bronzenen Pfeilspitzen einschmieren wollte«. *Aconitum napellus*, der Eisenhut, war auch das am weitesten verbreitete Pfeilgift im Europa des Mittelalters; es war auf der Iberischen Halbinsel noch bis ins 17. Jh. hinein in Gebrauch. Auch wenn das Potential dieser Gifte für Kriegswaffen und für andere mörderische Aktivitäten groß war, so dienten sie doch ursprünglich als wichtige Jagdhilfsmittel. Die Pfeilgifte Südamerikas und Afrikas sind hierfür ausgezeichnete Beispiele.

☰ Pfeilgifte

Im 16. Jahrhundert berichteten Forscher, daß die Indianer von Brasilien, Peru, Ecuador und Columbien Pfeile benutzten, deren Spitzen mit *curari* oder *woorali* – ortsübliche Namen für das, was wir heute »Curare« nennen – eingeschmiert waren. Das ist ein roher getrockneter Extrakt aus der Pflanze *Chondrodendron tomentosum*, dem gewöhnlich verschiedene *Strychnos*-Arten beigemischt wurden. Anschauliche Berichte über die Wirksamkeit dieser Pfeilgifte wurden unter anderem von dem spanischen Forscher Francisco de Orellano überliefert: »Die Indianer töteten einen weiteren unserer Gefährten . . . und in Wahrheit hat der Pfeil nicht einmal den halben Finger durchdrungen. Da er jedoch vergiftet war, gab unser Gefährte seine Seele dem Herrn zurück.« Und Sir Walter Raleigh: »Die angeschossene Person erlitt die unerträglichste Qual . . . und es erwartete sie der häßlichste und erbärmlichste Tod.«

Aber meistens gelangten jedoch phantastische und irreführende Geschichten nach Europa. Insbesondere entstanden Mythen über die Art der Herstellung dieser Gifte, und man glaubte, daß ihre Wirksamkeit irgendwie mit der Form der benutzten Gefäße zusammenhing, z. B. »Tuben«-, »Topf«- oder »Kürbisflaschen«-Curare. Im Jahre 1800 gaben die Forscher

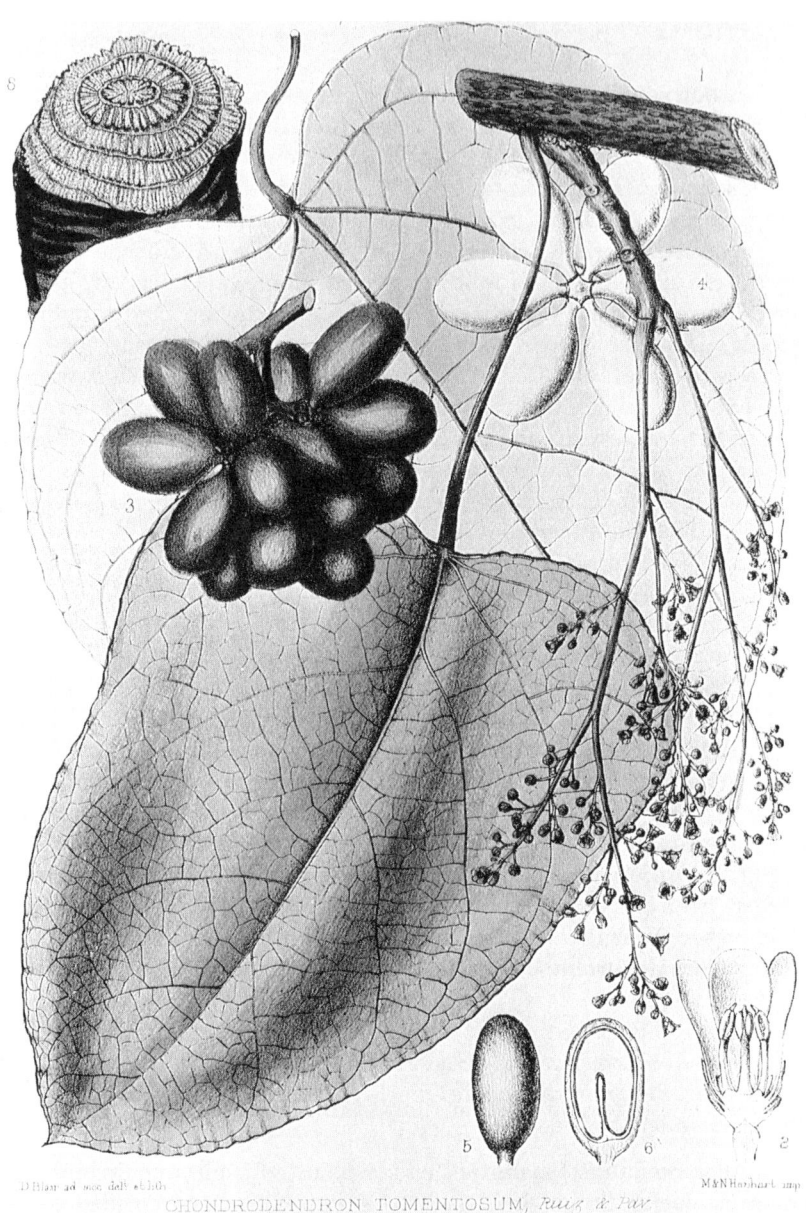

CHONDRODENDRON TOMENTOSUM, *Ruiz & Pav.*

Abb. 9   *Chondrodendron tomentosum.*

Humboldt und Bonpland den ersten genauen Bericht von einer Curare-Zubereitung: Man stellte einen wäßrigen Extrakt aus der Rinde der Pflanzen her, den man anschließend konzentrierte, bis die Masse teerartig war. Diese wurde als »Ein-Baum«-Curare bezeichnet, wenn ein verwundeter Affe nur noch einen Sprung machen konnte, bevor er starb; ein »Drei-Baum«-Curare konnte dazu benutzt werden, Tiere lebend zu fangen.

Was die Wirkungsweise der Gifte anbelangt, herrschte völlige Unwissenheit, bis Charles Waterton im Jahre 1820 mit seinen Tierexperimenten begann. Ein grausames Experiment wurde mit einem Esel durchgeführt, der 10 Minuten nach einer Gabe Curare zu verenden schien, dann aber wiederbelebt wurde, indem man ihn mit Hilfe eines Blasebalgs künstlich beatmete. Das Tier erholte sich vollständig, und die logische Folgerung war die, daß Curare den Tod durch Ersticken herbeiführte. Mit Hilfe von präparierten Nerven und Muskeln von Fröschen belegte der französische Physiologe Claude Bernard im Jahre 1844, daß Curare die Weiterleitung der Nervenimpulse zu den Muskeln blockiert. Er folgerte, daß die Injektion von Pfeilgift in den Blutkreislauf den Tod durch das Versagen der Atmung (Ersticken) herbeiführt, weil die Brust- und Bauchmuskulatur gelähmt wurde.

Ein Großteil des Verdienstes für die spätere Popularisierung und möglicherweise klinische Erforschung von Curare gebührt dem Amerikaner Richard Gill, der in den zwanziger Jahren bei den Indianern in Ecuador lebte und lernte, wie man Gifte herstellt und nutzt. Als er 1938 in die USA zurückkehrte, hatte er ungefähr 30 Pfund Curare bei sich. Seine Versuche, das Interesse verschiedener pharmazeutischer Unternehmen zu wecken, waren jedoch ein völliger Fehlschlag. In seiner Verzweiflung baute er ein eigenes Curare-Geschäft in Kalifornien auf. Ein Ergebnis seiner Abenteuer, das Buch »White Water and Black Magic« (Weißes Wasser und schwarze Magie), wurde weithin gelesen, und möglicherweise als Folge davon begannen zwei pharmazeutische Unternehmen – Squibb und Burroughs Wellcome – Experimente mit Curare.

Erste Versuche, Curare als Mittel zur Muskelerschlaffung zu benutzen, wurden in Verbindung mit Äther als Betäubungsmittel durchgeführt, wobei die Versuchstiere an Atemstillstand starben. 1942 stellten die Amerikaner Griffiths und Johnson zum ersten Mal fest, daß eine künstliche Beatmung notwendig war, wenn die Droge sicher in Verbindung mit einem Anästhetikum benutzt werden sollte. Noch im selben Jahr führten sie mit Hilfe dieser neuen Strategie Dutzende von erfolgreichen Operationen am Menschen durch.

Der wirksamste Bestandteil von Curare, das Tubocurarin, wurde 1935 von Dr. Harold King isoliert; da er jedoch kein frisches Curare zur Ver-

Abb. 10   Die Jäger der Maku-Indianer Kolumbiens sind bekannt für ihre wirksamen Curare-
Zubereitungen.

fügung hatte, war er gezwungen, altes getrocknetes Material aus dem Britischen Museum als Ausgangssubstanz zu benutzen. Diese Probe war in einem Röhrchen (englisch *tube*) aufbewahrt worden, weshalb der Hauptbestandteil von Curare »Tubocurarin« genannt wurde. Als bei Squibb und Burroughs Wellcome ausreichende Mengen an Tubocurarin erhältlich waren, konnte die klinische Erforschung beginnen, und man machte – wie damals üblich – die Angestellten der Gesellschaft gewissermaßen zu menschlichen Versuchskaninchen. Deshalb war Dr. Frederick Prescott, Direktor der klinischen Forschung bei Wellcome, einer der ersten, die sich selbst die neue Droge injizierten. Die sensationellen Presseberichte, zum Beispiel: »Arzt war sieben Minuten lang tot«, trugen zu einer beschleunigten Anwendung des Wirkstoffes im klinischen Bereich bei.

Der Nachschub an Curare kommt immer noch aus dem südamerikanischen Urwald; die Isolierung und Reinigung von Tubocurarin findet jedoch in den USA und Großbritannien statt. Die Indianer benutzen das Pflanzenprodukt weiterhin als ein höchst wirksames Pfeilgift, obgleich jetzt fast überall Gewehre erhältlich sind. Interessanterweise und zum Glück für diese eingeborenen Jäger, wird Curare nur in geringen Mengen durch den Magen-Darm-Trakt absorbiert, so daß der Verzehr der Beute, die mit dem Gift getötet wurde, nicht riskant ist.

Tubocurarin bindet sich an die Rezeptoren der motorischen Endplatte der Muskeln und verwehrt dadurch dem Neurotransmitter Acetylcholin den Zugang; das führt zu einer Lähmung der Muskeln. In der Chirurgie kann durch Tubocurarin die Dosis eines Anästhetikums, die normalerweise für eine vollständige Muskelentspannung nötig ist, verringert werden; allerdings macht die Lähmung der Atemmuskulatur eine künstliche Beatmung des Patienten notwendig. Normalerweise ruft eine Dosis von 20–30 mg eine ca. 30 Minuten dauernde Lähmung hervor.

Aus den verschiedenen Curare-Zubereitungen, die von den südamerikanischen Indianern benutzt werden, wurde eine Anzahl anderer Gifte isoliert. C-Toxiferin, aus *Strychnos toxifera*, ist wahrscheinlich das wichtigste nach Tubocurarin. Es ist ungefähr 25mal wirksamer als Tubocurarin und hat eine längere Wirkdauer, wenn es in der Chirurgie genutzt wird. Beide Substanzen werden jedoch weit übertroffen von anderen, rein synthetischen neuromuskulären Blockern, wie Pancuronium und Atracurium. Diese Blocker haben wie Tubocurarin eine starre molekulare Struktur mit zwei positiv geladenen Stickstoff-Atomen, die eine ähnliche räumliche Anordnung haben wie im Tubocurarin (siehe Abb. 11). Dadurch sind sie in der Lage, sich an den gleichen Acetylcholin-Rezeptor zu binden und damit die biologische Aktivität von Tubocurarin nachzuahmen, denn die Entfernung zwi-

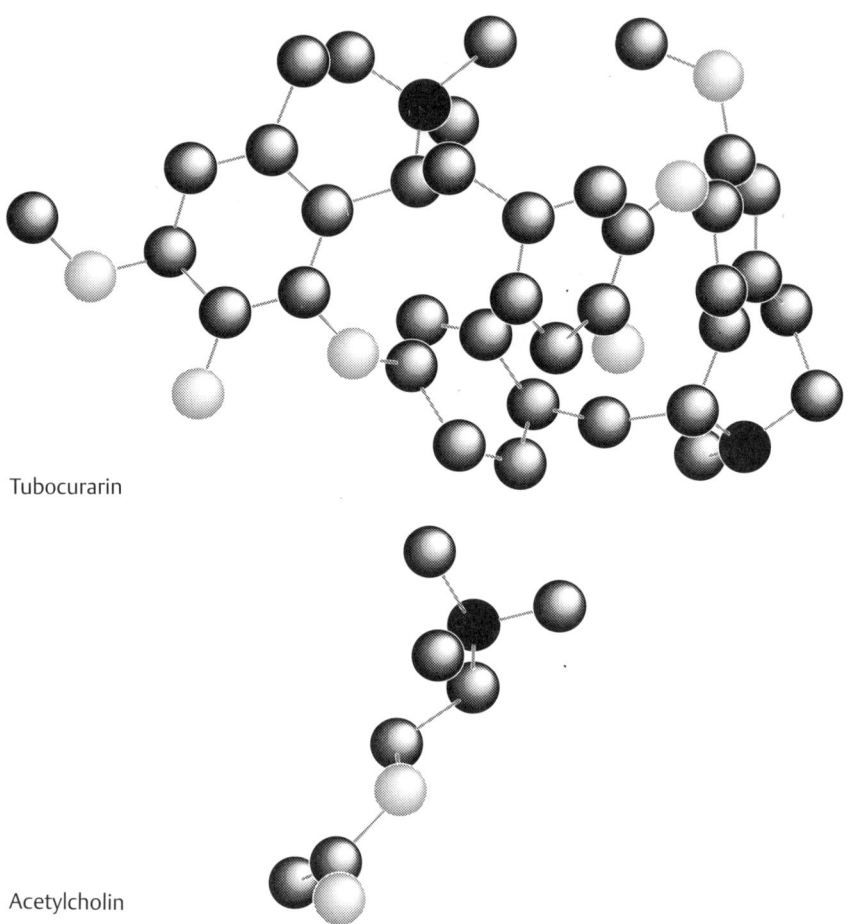

Tubocurarin

Acetylcholin

Abb. 11   Vergleich der Strukturen von Acetylcholin und Tubocurarin.

schen den kationischen Zentren (N^+ – N^+ -Entfernung) ist annähernd die gleiche. Der hauptsächliche Vorteil der neueren synthetischen Wirkstoffe ist ihre kürzere Wirkdauer; dadurch kann die hervorgerufene Lähmung leichter reguliert werden.

In Afrika bestand das Ausgangsmaterial für die Pfeilgifte gewöhnlich aus Extrakten verschiedener *Strophantus*-Arten. Der große viktorianische Forscher David Livingstone war einer der ersten, die den Gebrauch dieser Pflanzen durch die Eingeborenen beschrieben. Der hauptsächliche Wirkstoff von *Strophantus hispidus*, das Strophantidin, hat eine ähnliche Wirkung am Herzen wie Digitalis, das im Fingerhut enthalten ist (siehe S. 189 ff). Eine toxische Dosis ruft Übelkeit und Erbrechen hervor, eine deutliche Verringerung der Herzfrequenz und verschiedene Herzarrhythmien.

David Livingstone berichtete auch, daß eine verwandte Pflanzenart, *Strophantus gratus*, ein Pfeilgift lieferte, das sogar einen Elefanten wie angewurzelt stehenbleiben ließ. Der aktive Bestandteil, Ouabain, hat eine ähnliche Wirkung wie Strophantidin, jedoch bei einer wesentlich geringeren Dosierung. Ebenso wie Curare (jedoch im Gegensatz zu Digitalis) werden beide Pfeilgifte kaum über den Verdauungstrakt resorbiert, so daß Wild, das auf diese Weise getötet wurde, im allgemeinen ohne Gefahr verzehrt werden kann.

Die Wirkweise dieser Herzglykoside unterscheidet sich von der von Curare. Sie hemmen alle die Funktion einer Natrium-Kalium-Ionen-Pumpe, die für die Aufrechterhaltung des normalen Ionen-Gleichgewichts in den Herzmuskelzellen benötigt wird. Eine Folge davon ist die Zunahme der Natrium-Ionen-Konzentration in der Zelle; dies löst die Freisetzung von Kalzium-Ionen aus, woraus bei therapeutischer Dosierung eine wirksamere Muskelkontraktion resultiert. Dieser Effekt ist von beträchtlicher Bedeutung in der Behandlung von Herzinsuffizienz und Herzrhythmusstörungen. In beiden Fällen ist die Blutzirkulation vermindert, und ohne Behandlung erleidet das Zellgewebe (vor allem im Gehirn) einen Sauerstoffmangel. Die Verabreichung von Herzglykosiden vergrößert die Stärke und den Wirkungsgrad der Herzmuskelkontraktion und verlangsamt gleichzeitig die Pulsfrequenz. Der Blutausstoß des Herzens wird dadurch effizienter, und das ist lebenswichtig, wenn die Herzschwäche behoben werden soll.

In höheren, toxischen Dosen, verursachen die Herzglykoside ernsthafte Störungen im Ionengleichgewicht der Herzmuskelzellen und rufen dadurch Arrhythmien und schließlich Herzstillstand hervor. Der therapeutische Nutzen von Herzglykosiden aus dem Fingerhut wurde zum ersten Mal von William Withering im 18. Jahrhundert beschrieben; seine Studien werden in im Kapitel über Herz und Kreislauf dargestellt.

≡ Klassische Gifte I: Die Tropanalkaloide

Über ihren Gebrauch als Pfeilgifte hinaus wurden giftige Pflanzenprodukte auch häufig für Hinrichtungen benutzt. Eines der am besten dokumentierten Beispiele für eine Massenexekution erwähnt den Gebrauch von *Antiaris toxicaria* (Upasbaum), einem Baum, der in den asiatischen Tropen beheimatet ist. Der Saft dieses Baumes enthält Herzglykoside, obgleich die Legende behauptet, daß dem Baum ein giftiger Dampf entweicht. Das Geschehen ist anschaulich dargestellt auf einem Bild von Francis Danby mit dem Titel »Der Upasbaum«. Im Jahre 1776 bekundete einer der Landesfürsten auf Java sein Mißfallen an 13 untreuen Konkubinen, indem er sie mit dem Saft des Upas-Baumes hinrichten ließ. Sie wurden mit entblößter Brust an Pfähle gebunden, und der Henker verabreichte das Gift, indem er ihnen mit einem ahleähnlichen Instrument eine kleine Schnittverletzung zufügte. Sie starben alle innerhalb von Minuten unter größten Qualen. Der gleiche Pflanzenextrakt wurde auch dazu benutzt, die Brunnen der holländischen Kolonialherren zu vergiften. Spätere pharmakologische Untersuchungen schlugen den Gebrauch des Hauptbestandteils, Antiarin, als Herzdroge – in Konkurrenz zu Digitalis – vor; seine hohe Toxizität verhinderte jedoch die klinische Anwendung.

Die Grausamkeit dieser Exekutionsmethode hätte die Gift-Experten der alten Welt, die Meister (bzw. häufiger Meisterinnen) in der Kunst des Vergiftens waren, schockiert. Sie waren in der Lage, ein Gift auszuwählen, das erst nach Tagen oder sogar Monaten seine Wirkung entfaltete, um dadurch sicherzustellen, daß die oder der untreue oder untaugliche Geliebte die Ursache für seine Krankheit nicht vermuten konnte. In Fällen, wo ein schnelleres Ergebnis erforderlich war, konnte eine höhere Dosis oder ein stärkeres Gift verordnet werden. Als Kleopatra beschloß, sich das Leben zu nehmen, experimentierte sie zunächst mit verschiedenen Pflanzenextrakten und benutzte dazu ihre Sklaven als Testpersonen. Der Bilsenkrautextrakt (*Hyoscyamus niger*) und die tödliche Tollkirsche (*Atropa belladonna*) hatten eine schnelle, aber schmerzhafte Wirkung; Strychnin wirkte auch schnell, hinterließ jedoch ein verzerrtes Gesicht bei dem Toten (das sogenannte »sardonische Lächeln«). Schlangengift hingegen ermöglichte einen schnellen und ruhigen Übergang in die andere Welt.

Die beiden soeben erwähnten Pflanzen sind Mitglieder der Familie der Nachtschattengewächse (wie die Kartoffel, die Tomate, der Tabak), und sie waren für die Pharmazeuten des Altertums eine wichtige Quelle für Gifte, Halluzinogene und Medikamente. Eine einzige Beere der Tollkirsche, dem Essen oder Trinken beigemischt, enthielt genügend Gift, um den Tod herbeizuführen. Die lange Liste der Opfer, die von der Hand Livias, der

Abb. 12   *Atropa belladonna*, die Tollkirsche.

Frau des Kaisers Augustus, und Agrippinas, der Frau des Claudius, starben, ist ein Zeugnis für die Wirksamkeit von Belladonna. Augustus kannte anscheinend die bösen Absichten seiner Frau und vereitelte ihre Anschläge auf sein Leben, indem er sein Essen und seine Getränke selbst zubereitete. Schließlich war sie doch erfolgreich, indem sie die Feigen auf seinem ganz privaten Baum vergiftete.

Wenn der Saft der Tollkirsche in die Augen gespritzt wird, ruft das eine Vergrößerung der Pupillen hervor; das nutzten die Damen der Renaissance häufig, um sich das Aussehen einer »rehäugigen Schönheit« zu verleihen – daher der Name »bella donna« (die italienischen Worte für »schöne Frau«). Der Hauptbestandteil der Kirschen, das Atropin, wurde bis vor kurzem in der Augenheilkunde zum selben Zweck benutzt, da eine vollständig erweiterte Pupille die Untersuchung der Netzhaut erleichtert. Im Laufe der Zeit wurde Atropin durch sicherere synthetische, chemisch verwandte Verbindungen ersetzt; allerdings findet es vor Operationen noch breite Anwendung, wenn es darum geht, die Produktion von Bronchialschleim und anderen Sekreten zu unterdrücken.

Die andere Pflanze, die oben erwähnt wurde, nämlich das Bilsenkraut, wurde in kriminellen Kreisen ebenfalls häufig benutzt, und Plinius berichtet, daß nur fünf Blätter in einem Getränk genügten, um den Empfänger außer Gefecht zu setzen. Der wichtigste Bestandteil dieser Pflanze ist Hyoscin (Scopolamin), das in kontrollierter Dosierung eine nützliche beruhigende und lindernde Wirkung besitzt, die jedem bekannt ist, der es vor einer Operation erhalten hat. Seine Anwendung in Hexerei und Zauberei wird in dem Kapitel über Magie beschrieben werden.

Ein drittes Mitglied der Familie der Nachtschattengewächse, die Alraune (*Mandragora officinarum*), enthält ebenfalls Hyoscin, und mit ihrer Anwendung ist das phantastischste Brauchtum verbunden. Sie wächst in den Mittelmeerländern, und die Y-Form ihrer Wurzel kann der menschlichen Gestalt ähneln. Gemäß der Signaturenlehre, die der Alchemist Paracelsus als erster vorschlug, konnten die magischen oder heilenden Eigenschaften einer Pflanze aus ihrer äußeren Erscheinung abgeleitet werden. Somit würde eine Pflanze, die der menschlichen Form ähnelt, die Reproduktion dieser Form begünstigen. Deshalb wurde die Alraune immer mit einer Steigerung der Fruchtbarkeit in Verbindung gebracht. Ein frühes Beispiel für diesen Glauben findet sich in Genesis 30, 14, wo die kinderlose Rachel ihre überaus fruchtbare Schwester Leah beschwört: »Gib mir, ich bitte dich, von den Alraunen deines Sohnes«, nachdem Reuben einige in einem Weizenfeld gefunden hatte. In den folgenden Zeilen von John Donne finden wir einen weiteren Beweis für diesen Glauben und seine Verbindung mit den schwarzen Künsten:

Abb. 13   Sammeln der Alraunewurzel, dargestellt in einer Schrift aus dem 16. Jahrhundert.

Geh' und fange einen fallenden Stern,
Hole eine Alraunenwurzel mit Kind,
Sage mir, wo all die vergangenen Jahre sind,
Oder wer den Fuß des Teufels gespalten hat.

Angeblich besaß die Wurzel auch aphrodisierende Eigenschaften, deshalb wurde die Pflanze mit Aphrodite, der griechischen Götting der Liebe, in Verbindung gebracht.

Das größte Problem für diejenigen, die die Alraune nutzen wollten, war das Sammeln der Wurzel. Im dritten Jahrhundert vor Christus beschrieb der griechische Pharmazeut Theophrastus spezielle Vorschriften für das Sammeln. Dazu gehörte, daß man mit einem Schwert einen dreifachen Kreis um die Pflanze zieht und sie dann abschneidet, wobei man sich nach Westen wendet. Später riet Plinius der Ältere auch, sich in Windrichtung zu halten, um den faulen Gestank der entwurzelten Pflanze zu meiden.

Da die Wurzel im Preis stieg, vor allem in Mitteleuropa, erfanden die Kräutersammler immer noch phantastischere (und abschreckendere) Legenden; eine typische warnt vor dem schrillen Schrei, der sich der Alraune entringen soll, wenn sie aus der Erde gezogen wird. Dieser Laut sei so schrecklich, daß der Sammler, wenn er ihn hörte, sterben müßte. Um diesem Schicksal zu entgehen, mußte man sich eines Hundes bedienen (ein Seil wurde an seinem Hals und an der Pflanze befestigt), um die Alraune zu entwurzeln, während der Sammler seine Ohren mit Wachs verstopfte.

Diese Legenden wurden weithin geglaubt, und man hielt die Vorsichtsmaßnahmen für notwendig, wollte man die Dämonen, die mit der Wurzel in Verbindung standen, meiden. Die Zuhilfenahme eines Hundes kann bis ins erste Jahrhundert n. Chr. zurückverfolgt werden, als der jüdische Historiker Josephus diese Sammelmethode in Verbindung mit einem reichlichen Begießen der Pflanze mit weiblichem Urin und Menstruationsblut beschrieb.

Bezüge auf diese Legenden finden sich auch in Shakespeares Werken. In »Romeo und Julia« fürchtete sich Julia vor dem »Gekreisch wie von Alraunen, die man aufwühlt, das Sterbliche, die's hören, sinnlos macht« (IV, iii). In »Heinrich VI.« (Teil II) sehnt sich der Graf von Suffolk danach, den Mord am Grafen von Gloucester zu rächen: »Ach, wenn doch Verwünschungen töten könnten, wie es der Alraune Stöhnen vermag« (III, ii); und schließlich in »Macbeth«: »Oder aßen wir von jener gift'gen Wurzel, die die Vernunft bewältigt?« (I, iii). Aber der vielleicht beste literarische Hinweis wurde in einem anonymen Gedicht aus dem Mittelalter gefunden:

Dann in der stillen Luft der Nacht
Hört man das Bellen eines Hundes.
Ein Kreischen! Ein Stöhnen!
Ein menschlicher Schrei. Ein Trompetenton,
Der Alraune Wurzel liegt gefangen auf der Erde.

Es war jedoch nicht allein der Schrei, der zum Tode führte, denn die vergorene Wurzel der Alraune war bei den Giftmischern der Renaissance, wie etwa Cesare Borgia, sehr beliebt. Wenn jemand Anzeichen einer Vergiftung feststellte (Zittern, Magenschmerzen, Gelbfärbung der Augen etc.), gab es ein Gegengift, aber die lange Liste der Zutaten (Honig, Butter, Hafermehl, Pfefferminzblätter, Anis, Muskatnuß, Fenchelsamen, Gewürznelkenrinde, Ingwer, Zimt, Salbei, Rettich, Dill etc.) stellte ihrerseits eine Art Herausforderung dar für jene, welche die beinahe unentrinnbaren Folgen – epileptische Anfälle und Tod – vermeiden wollten. Auch Dr. Crippen benutzte Hyoscin als Gift und er konnte es sogar in einer Apotheke in der New Oxford Street kaufen.

Aber noch ein weiteres Mitglied der Familie der Solanaceen, der Stechapfel (*Datura stramonium*) und viele andere *Datura*-Arten, waren aufs engste mit Verbrechen und Verführung verbunden. Der Stechapfel ist beinahe überall zu finden, und seine Samen und Früchte sind besonders giftig; sein Hauptbestandteil ist wiederum Hyoscin. In toxischen Dosen gewährleistete es Empfindungslosigkeit vor einem nahezu schmerzlosen Tod; wenn der Extrakt allerdings in kleineren Mengen verabreicht wurde, hatte er eine beruhigende (und möglicherweise aphrodisierende) Wirkung. Auf diese Weise konnten weiße Sklavenfänger Jungfrauen gewaltsam entführen; andererseits übten hinduistische Huren im 16. Jahrhundert eine Art Rache an ihren Kunden, indem sie diese mit *Datura*-Extrakten betäubten und dadurch die Anforderungen an ihre Liebesdienste verminderten. In Kolumbien greifen neuerdings Diebe auf den Gebrauch von Extrakten verschiedener *Datura*-Arten zurück. Sie benutzen sie als Grundlage für eine berauschende Mischung, welche sie ihren Opfern ins Gesicht sprühen. Diese Mischung ruft anscheinend einen Zustand der Unterwürfigkeit und vollständigen Gedächtnisverlust hervor, wodurch der Diebstahl erleichtert und späteres Wiedererkennen verhindert wird.

Die toxische Wirkung von *Datura* war vermutlich verantwortlich für die Verluste, die Mark Antons Armee im Jahre 36 n. Chr. erlitten hat. Während seines Feldzuges gegen die Parther in Kleinasien waren seine Truppen gezwungen, unbekannte Pflanzen zu essen. Und sie »aßen von einer Pflanze, die sie tötete, nachdem sie den Verstand verloren hatten«. Ein eher absichtlicher Gebrauch dieser Vergiftungsmöglichkeit war im alten Ko-

Abb. 14   *Datura stramonium*, der Stechapfel.

lumbien weitverbreitet, wo die stillenden Mütter Kindesmord betrieben, indem sie ihre Brustwarzen mit *Datura*-Extrakten einrieben. Der Chibcha-
Stamm (ebenfalls in Kolumbien beheimatet) verabreichte Gift von *Datura
aurea* an Frauen und Sklaven von gerade verstorbenen Herrschern, bevor

sie bei lebendigem Leibe verbrannt wurden. Der spanische Forscher Quesada berichtete im Jahre 1537, daß 40 Männer aus seiner Gruppe zu toben begannen, als sie sich in einem Chibcha-Dorf aufhielten. Zum Glück entdeckte er die Ursache – Essen, das mit *Datura*-Extrakten vergiftet war –, und seine Männer erholten sich wieder.

Später erhielt *Datura stramonium* einen schlechten Ruf in der Neuen Welt, als einige der frühen Siedler in der Nähe von Jamestown, Virginia, es für Spinat hielten und nur um Haaresbreite dem Tod entkamen. Daraufhin wurde die Pflanze als Jamestown-Kraut (jimsonweed) oder Jimson-Kraut bekannt und wurde für eine Vielzahl von medizinischen Zwecken benutzt, inklusive der Behandlung von Wahnsinn, Epilepsie und Schwermut. Im 19. Jahrhundert wurde sie von der spanischen Zigarettengesellschaft sogar in Form von Pflanzenzigaretten verkauft, und es wurde behauptet, daß diese für Erleichterung bei Bronchialasthma und anderen Atemproblemen sorgen würden. Ein zeitgenössisches Gegenstück ist der Arzneistoff Ipratropium (Atrovent®), eine synthetische Verbindung, die chemisch mit Atropin verwandt ist. Ipratropium hat eine anti-asthmatische Wirkung, wenn es inhaliert wird.

Atropin wurde zum ersten Mal im Jahre 1831 isoliert, und im Jahre 1902 wurde ein wasserlösliches Salz, nämlich Atropinmethonitrat, in die Augenheilkunde eingeführt. Hyoscin wurde im Jahre 1910 erstmals klinisch angewandt zur Prämedikation, das ist eine auf den eigentlichen Eingriff vorbereitende Medikamentengabe, z. B. zur Ruhigstellung. Beide Arzneistoffe üben ihre Wirkung durch eine selektive Blockade der muskarinergen (auf Muskarin ansprechenden) Anteile der Acetylcholin-Rezeptoren aus. Ihre Pharmakologie und ihre seit langem bestehende Verbindung mit Hexerei und Magie wird in dem Kapitel über Magie beschrieben werden.

Gerichtsverfahren per Gottesurteil

In primitiven Gesellschaften war es oft üblich, eine Person, die einer Straftat angeklagt war, einem Gottesurteil zu unterziehen, indem ein giftiger Pflanzenextrakt verabreicht wurde. Wenn der Angeklagte daran starb, bedeutete dies, daß er schuldig war; wenn er überlebte, galt er als unschuldig. Der Trick dabei war, das Gebräu rasch zu trinken, weil dann die gewaltigen erbrechenauslösenden Eigenschaften der Toxine dafür sorgten, daß man das Gift schnell wieder los wurde. Eine tatsächlich unschuldige Person mochte das auch wirklich tun; eine schuldige Person würde an dem Trank wahrscheinlich nur nippen und damit die Aufnahme des Giftes durch den Magen-Darm-Trakt ermöglichen. Diese Vermutung schließt allerdings ein Eingreifen der Prozeßrichter aus, die den Ausgang des Prozesses vermutlich dadurch beeinflußten, daß sie eine entsprechende Dosis wählten, um Überleben oder Tod zu gewährleisten.

Zwei Pflanzen, die eine lange Verbindung mit dieser Art Gottesurteil haben, sind *Tanghinia venenifera* und *Physostigma venenosa*. Die Samen der ersteren enthalten Herzglykoside und ihre Nutzung war auf Madagaskar weit verbreitet, bis die Insel im Jahre 1883 von den Franzosen besetzt wurde. Diese waren entsetzt über die barbarischen Gerichtsverfahren und ordneten die Zerstörung aller *Tanghinia*-Bäume an.

Physostigma venenosa findet man in Teilen von West-Afrika, vor allem in der Nähe der Calabar-Küste, und seine Frucht ist gewöhnlich als Calabar-Bohne bekannt. Sie enthält eine Substanz, die Physostigmin (oder Eserin) genannt wird und einen wichtigen Platz in der klinischen Medizin einnimmt. Ihre Entdeckung war – wie viele andere solcher Entdeckungen – aufs innigste mit der Missionierung verbunden. Etwa um das Jahr 1840 beobachtete ein britischer Missionar namens William Daniell als erster, daß das Volk der Efiks Extrakte der Calabar-Bohne für Gottesurteile benutzte, die in jener Gegend als »esere« bekannt waren. Sein Bericht wurde im Jahre 1846 der Ethnologischen Gesellschaft von Edinburgh vorgetragen und lautete:

> *»Die verurteilte Person muß, nachdem sie eine gewisse Menge der Flüssigkeit geschluckt hat, umhergehen, bis die Wirkung augenfällig wird. Falls jedoch nach Ablauf einer bestimmten Zeit der Angeklagte das Glück haben sollte, das Gift aus seinem Magen loszuwerden, wird er als unschuldig angesehen und darf sich ungehindert entfernen.«*

Das Gift wurde auch in einer unverhüllteren Weise für Exekutionen benutzt. Die Könige des alten Calabar wurden gewöhnlich zusammen mit Hunderten von Männern, Frauen und Kindern beigesetzt, die entweder geköpft wurden, denen man «esere« gab oder die man schlicht bei lebendigem Leibe begrub. Sogar in jüngster Zeit wurden die Extrakte für die Überführung von Hexen benutzt. So schrieb der Anthropologe Donald Simmons im Jahre 1956 über seine Begegnung mit dem Volk der Efiks:

> *»Die Efiks glauben, daß ›esere‹ die Macht besitzt, Zauberkraft zu enthüllen. Einer verdächtigen Person gibt man acht gemahlene Bohnen mit Wasser vermischt zu trinken. Wenn sie schuldig ist, zittert ihr Mund, und aus ihrer Nase kommt Schleim. Ihre Unschuld ist dann erwiesen, wenn sie ihre rechte Hand hebt und dann erbricht. Wenn der Trank den Verdächtigen weiterhin beeinträchtigt, nachdem sich seine Unschuld erwiesen hat, gibt man ihm ein Gebräu zu*

*trinken, das aus Exkrementen besteht, die mit Wasser vermischt
wurden, mit dem man die äußeren Genitalien einer Frau gewaschen hatte.«*

Die Ähnlichkeit dieser Beschreibung mit derjenigen, die von Daniell stammt, ist offensichtlich.

Das zweite Stadium in der Verwertung von Eserin fand in der Medizinischen Fakultät von Edinburgh statt. Diese berühmte Institution hat ihren Ursprung in der Absicht ortsansässiger Ärzte, einen Kräutergarten zu schaffen, der ihren Bedarf an Arzneistoffen decken sollte: So entstand eine lang andauernde Verbindung zwischen der Botanik und der Medizin. Der erste Professor für Botanik wurde im Jahre 1676 ernannt, und die Mehrheit der Mediziner waren auch ausgezeichnete Botaniker. Einer von ihnen – John Hutton Balfour – war der erste, der im Jahre 1846 eine Beschreibung von *Physostigma venenosa* lieferte; die Pflanze wuchs damals (gezüchtet aus Samen, den die Missionare beschafft hatten) im Königlich-Botanischen Garten von Edinburgh.

Toxikologische Untersuchungen wurden in den 30er Jahren des 19. Jahrhunderts begonnen und im Jahre 1855 im *Monthly Journal of Medicine* (Monatszeitschrift für Medizin) veröffentlicht. Der Autor dieses Berichtes war Robert Christison, ein Professor für Arzneimittelkunde. Anfänglich experimentierte er mit Tieren, und er wies nach, daß letzten Endes die Todesursache ein Atemstillstand war, obgleich dieser eher von einer Lähmung des Herzmuskels verursacht war als von einer Lähmung der Atem- oder Bauchmuskeln, wie das bei Curare auftritt. Da Robert Christison mit seinen Tierversuchen nicht zufrieden war, tat er das, was alle wahren Pioniere der Arzneimittelforschung tun – er probierte Eserin selbst aus.

Zunächst nahm er nur ein Achtel eines Samens (ca. 0,35 g) zu sich und verspürte lediglich eine leichte Taubheit in den Extremitäten. Deshalb erhöhte er die Dosis auf das Doppelte. Nach 15 Minuten verspürte er ein leichtes Schwindelgefühl – dennoch fuhr er mit seinen morgendlichen Waschungen fort. Das Schwindelgefühl verstärkte sich schnell, und da er beunruhigt war, »ergriff (er) sofort Maßnahmen, um es (das Gift) loszuwerden, indem ich das Rasierwasser trank, das ich gerade benutzt hatte«. Innerhalb von 40 Minuten mußte er sich mit einem schwachen Puls und einer extremen Blässe ins Bett legen, wobei seine geistigen Fähigkeiten ungeschmälert blieben. Zwei Stunden nachdem er den Samen eingenommen hatte, wurde er schläfrig und schlief zwei Stunden lang; als er erwachte, schlug sein Herz immer noch sehr schwach. Nach einer weiteren Stunde und einer Tasse starken Kaffees war seine Herzfunktion wieder in den normalen Zustand zurückgekehrt; dennoch blieb er »so schwindlig, daß ich froh war, mich für den Rest des Abends aufs Sofa legen zu können«.

Nebenbei sollte man erwähnen, daß diese Erfahrung ihn nicht von weiteren toxikologischen Untersuchungen abhielt. Bis zum Alter von 78 Jahren experimentierte er mit Kokain, indem er lange Strecken zurücklegte und Berge hinaufkletterte, um zu zeigen, daß diese Droge Müdigkeit und Hunger unterdrücken konnte.

Einer von Christisons Assistenten, Thomas Fraser, führte seine Untersuchungen weiter und bewies, daß eine geringe Dosis von Eserin in der Hauptsache die Nerven des Rückenmarks beeinflußte und daß der Tod (falls er eintrat) einer Lähmung der Atemmuskulatur zuzuschreiben war. Größere Dosen zogen das Herz in Mitleidenschaft, und der Tod war letzten Endes auf Herzversagen zurückzuführen. Aber Frasers wichtigster Beitrag war die Entdeckung, daß die Einträufelung eines Samenextraktes in das Auge »reichlichen Tränenfluß hervorrief und nach fünf Minuten eine deutliche Kontraktion der Pupille, die auf die Seite beschränkt blieb, auf der der Samenextrakt angewandt wurde«. Diese Wirkung stand deutlich im Gegensatz zu der, die von Atropin hervorgerufen wird, und dies veranlaßte Fraser zu einer weiteren Untersuchung, in der er zeigte, daß der tödliche Effekt des Bohnenextraktes durch die Verabreichung von Atropin verhindert werden konnte.

Die Arbeit über die ophthalmologischen Eigenschaften von Eserin wurde unter der Anleitung von Douglas Robertson, einem Augenchirurgen am Königlichen Krankenhaus in Edinburgh, fortgesetzt. Er bestätigte, daß der Extrakt in der Lage war, die Wirkungen von Atropin zu neutralisieren, und vermutete, daß dieser Extrakt seine Wirkung über eine Stimulation der Ziliar-Nerven entfaltete, jener Nerven, die für die Kontrolle der Muskeln des Augapfels verantwortlich sind. Er empfahl, den Extrakt zur Behandlung der Lichtempfindlichkeit und der Lähmung der Ziliarmuskeln zu nutzen, aber er versäumte, seinen möglichen Nutzen bei der Behandlung des Glaukoms zu würdigen. Beim Glaukom (»grüner Star«) handelt es sich um eine Augenerkrankung, bei der der Augeninnendruck zu hoch ist, was zu einer Schädigung des Sehnervs und schließlich zur Erblindung führt.

1864 wurde der Hauptbestandteil der Calabar-Bohne in reiner Form von Jobst und Hesse isoliert, und sie nannten ihn Physostigmin. Die tatsächliche Struktur der Verbindung wurde erst im Jahre 1925 vollständig aufgeklärt, aber für die Anwendung in der Augenheilkunde waren Proben von reinem Physostigmin bereits in den 70er Jahren des 19. Jahrhunderts erhältlich. 1875 benutzte Ludwig Laqueur Physostigmin für die Behandlung des Glaukoms, nachdem er beobachtet hatte, daß es den Augeninnendruck senken konnte. Von diesen zaghaften Anfängen an und trotz des Auftretens von rein synthetischen Arzneistoffen, wurde Physostigmin einer der wichtigsten Arzneistoffe zur Behandlung des Glaukoms.

Eine weitere wichtige Entwicklung begann im Jahre 1906, als Anderson zeigte, daß Physostigmin selbst dann noch eine Kontraktion der Pupille hervorrief, wenn man die peripheren Nerven durchtrennte, obgleich dieser Effekt verschwand, wenn man zuließ, daß die abgetrennten Nerven degenerierten. Dies ließ auf die Freisetzung eines chemischen Transmitters aus nicht-degenerierten Nervenendigungen schließen und darauf, daß diese Substanz irgendwie von Physostigmin modifiziert wurde. Die Beteiligung von Acetylcholin als Neurotransmitter wurde erst 1926 endgültig nachgewiesen, vor allem dank der Bemühungen des Engländers Henry Dale und des Österreichers Otto Loewi. Sie teilten sich im Jahre 1936 den Nobelpreis für ihre Arbeit. Eines der Hauptmerkmale der Wirkungsweise von Acetylcholin ist seine kurze biologische Lebensdauer, und Otto Loewi zeigte, daß die Zerstörung von Acetylcholin vermutlich auf die Anwesenheit eines Enzyms zurückzuführen war. Der potenzierende Effekt von Physostigmin basierte somit auf einer Hemmung dieses Enzyms.

All dies wurde erst kürzlich erhärtet, und das Enzym Acetylcholinesterase war hinsichtlich Struktur und Wirkungsweise Gegenstand von ausgedehnten Forschungen. Das Verstehen der Wirkungsweise von Physostigmin führte zu zwei sehr unterschiedlichen Anwendungen. Für die erste müssen wir auf die Arbeit von Frederik Jolly über Myasthenia gravis zurückgreifen. Das ist eine chronische Krankheit, die sich durch eine Muskelschwäche während einer Anstrengung bemerkbar macht und oft zum ersten Mal an den Augenlidmuskeln auftritt. Jolly war Professor für Medizin an der Universität Straßburg und er erforschte beinahe zwanzig Jahre lang Myasthenia gravis und verwandte Zustände. Er vermutete eine Störung in der Chemie der Muskeln oder der Nerven, von denen sie aktiviert werden, und im Jahre 1894 schlug er vor, Physostigmin und andere Arzneistoffe, die eine tonisierende Wirkung auf die Muskulatur ausüben, in der Therapie einzusetzen. Aber erst im Jahre 1934 benutzte Mary Walker den Wirkstoff, um Patienten zu behandeln, und das führte zu dem, was später als das »Wunder von St. Alpheges« bekannt wurde. Sie glaubte, daß die Folgen dieser Krankheit denen ähnlich waren, die durch eine Vergiftung mit Curare hervorgerufen werden, für das Physostigmin ein Gegenspieler war. Ihr erster Patient im Woolwich Krankenhaus war eine 56jährige Frau, die mit den klassischen Symptomen der Myasthenia gravis eingeliefert wurde: »Sie war unfähig, ihre Einkaufstasche zu tragen, und ihr Kopf fiel immer nach vorne, wenn sie sich hinkniete, um Feuer zu machen.« Nach einer Serie von 26 Physostigmin-Injektionen ging es der Patientin deutlich besser. Andere Patienten wurden ähnlich behandelt – entweder mit Physostigmin oder einem synthetischen Derivat namens Neostigmin, obgleich man letzteres für den allgemeinen Gebrauch für zu teuer hielt: »eine Ampulle, die 0,5 mg des Wirkstoffes enthielt, kostete neun Pence.«

Obgleich nicht bekannt ist, wodurch Myasthenia gravis tatsächlich hervorgerufen wird, ist es mittlerweile unzweifelhaft, daß Personen, die an dieser Krankheit leiden, Antikörper gegen ihre eigenen Acetylcholin-Rezeptoren bilden. Diese Antikörper binden sich an die Rezeptoren und zerstören sie (so als ob sie Fremdeiweiße wären), und obgleich neue Rezeptoren produziert werden, reichen sie nicht aus, damit eine wirksame Interaktion mit Acetylcholin möglich wird. Physostigmin und Neostigmin verlängern die biologische Lebensdauer des Neurotransmitters, indem sie seine Zerstörung verhindern und erhöhen dadurch die Chancen für seine Interaktion mit den verbleibenden Rezeptoren. Beide Wirkstoffe werden immer noch häufig zur Behandlung dieser schwächenden, aber glücklicherweise seltenen Erkrankung verwendet. Erst in jüngster Zeit wurde gezeigt, daß Physostigmin den Gedächtnisverlust signifikant mindert, der infolge der Alzheimer-Krankheit auftritt. Es ist jedoch noch zu früh, um eine Aussage darüber machen zu können, ob der Wirkstoff eine echte klinische Bedeutung in der Behandlung dieses Leidens haben wird.

Die Hemmung des Enzyms Acetylcholinesterase hat sich auch als Schlüssel für den Wirkmechanismus der Organophosphate, wie z. B. Malathion, und der sogenannten Carbamate, wie z. B. Carbaryl, herausgestellt, die beide als Insektizide verwendet werden. Diese Insektizide stimmen in ihrer Struktur mit Physostigmin überein, und natürlich erleiden die Insekten ein ähnliches Schicksal wie diejenigen, die Eserin zu sich genommen haben. Keiner dieser Wirkstoffe verursacht eine irrversible Hemmung des menschlichen Enzyms, und mit der Zeit gewinnt dieses seine biologische Aktivität wieder zurück. Dennoch konnte Mitte der 30er Jahre gezeigt werden, daß ganz bestimmte Organophosphate, die von der deutschen Firmengruppe I. G. Farben produziert wurden, zu einer schnellen und irreversiblen Hemmung des Enzyms Acetylcholinesterase führten. Es überrascht nicht, daß die potentielle Verwendung dieser Verbindungen als neurotoxische Wirkstoffe (Nervengase) erkannt wurde; zwischen 1938 und 1944 wurden ungefähr 2000 Wirkstoffe hergestellt und auf ihre Wirksamkeit hin getestet. Die wirksamsten Verbindungen, wie Tabun, wurden während des Krieges tonnenweise produziert. Die Deutschen glaubten jedoch, daß die Alliierten diese chemischen Waffen auch besaßen, so daß sie glücklicherweise niemals zum Einsatz kamen, denn nur 1 mg Tabun, das durch die Haut aufgenommen wird, kann bei einem Erwachsenen innerhalb von zwanzig Minuten zum Tod führen.

Die Untersuchung von Eserin war zweifellos von großem Wert für das Verständnis der Übertragung von Nervenimpulsen, und mehrere klinisch und landwirtschaftlich nützliche Wirkstoffe sind dabei herausgekommen; aber der Mensch hat mit Eserin auch ein »primitives« Gift genommen und es dazu benutzt, ein viel wirksameres »zeitgemäßes« Gift zu entwickeln.

Andere moderne Insektizide entstanden aus dem Brauchtum, und das bekannte »derris dust« steht tatsächlich in einer langen Verbindung mit dem Vergiften von Fischen in primitiven Gesellschaften. Ortsansässige Fischer im Fernen Osten und in Südamerika weichen Pflanzen der *Derris*-Art (Fernost) oder der *Lonchocarpus*-Art ein und schütten die Extrakte dann in das Wasser; die Fische werden gelähmt und treiben an die Oberfläche. Noch einfacher ist das Kauen der Pflanzen und das Ausspeien des Breies in das Wasser. Alternativ dazu deponieren Fischer in Melanesien und Polynesien eine nasse Masse von *Derris*-Blättern in Senkungen auf dem Riff und warten dann darauf, daß die Fische, die vorbeikommen, betäubt werden.

Dieser Praxis entspricht das australische Vorgehen, bei dem man die Blätter des *Duboisia hopwoodii*-Busches in Wasserlöcher fallen läßt. Es wird behauptet, daß dadurch Fische und sogar Emus getötet werden, obgleich nur solche Pflanzen wirksam waren, die an bestimmten Stellen in Zentralaustralien gesammelt wurden. Die Aborigines, die am östlichen Ende der großen Zentralwüste leben, kauten Blätter der heimischen *Duboisia*-Art um ihrer stimulierenden Wirkung willen. Eine vor kurzem durchgeführte chemische Analyse hat gezeigt, daß die erstgenannte Unterart von D. *hopwoodii* vor allem das relativ giftige Alkaloid Nornikotin enthält, wohingegen die letztgenannte Unterart vorwiegend das Stimulanz Nikotin enthält.

Die Aborigines präparierten ihre *Duboisia*-Prieme, die sogenannten »pituri«, aus sonnengetrockneten Blättern. Diese wurden pulverisiert oder gekaut, um einen ganz fein verteilten Zustand zu erhalten, und danach wurde diese Masse mit alkalischer Asche vermischt. Das löste das Nikotin aus der pflanzlichen Grundsubstanz und erleichterte die Aufnahme der Droge durch die Zellmembran. Diese Art der Zubereitung und des Verzehrs ähnelt sehr derjenigen, die von den südamerikanischen Indianern angewendet wird, wenn sie ihre Coca-Blätter (reich an Kokaın) (siehe S. 73 ff) nutzten. Das ist sicherlich von großem ethnopharmakologischem Interesse. Zwei Kulturen, die geographisch weit voneinander entfernt sind, erfinden nahezu identische Methoden zur Gewinnung stimulierender Wirkstoffe.

≡   Gifte von Fischen, Schnecken und Lurchen

Obgleich der Mensch wahrscheinlich seit Tausenden von Jahren toxische Pflanzen benutzt, um Fische zu vergiften, haben bestimmte Fischarten den Menschen vergiftet, seitdem dieser sich als Fischer betätigt. Der Kugelfisch und andere Mitglieder der Familie der Tetraodontoiden, wie der Mondfisch und der Igelfisch, enthalten das tödliche Nervengift Tetrodotoxin. Die alten Ägypter kannten den Mondfisch sicherlich, denn er ist auf dem Sarg des Pharao Ti (ca. 2500 v. Chr.) dargestellt. Berichte, die aus der Zeit der Han Dynastie in China datieren (200 v. Chr. bis 220 n. Chr.), bestätigen ganz einwandfrei, daß der Fugu (oder Kugel-) Fisch giftig war. Eine spätere chinesische Abhandlung, genannt »Studien über die Ursprünge von Krankheiten«, von Chaun Yanfang (ca. 600 n. Chr.), identifizierte die Leber, die Eierstöcke und den Rogen des Fisches als dessen giftigste Teile, und der vorsätzliche Verzehr dieser Teile war keine ungewöhnliche Selbstmordmethode im mittelalterlichen China und Japan.

Einer der ersten »modernen« Berichte über die Auswirkungen einer Fugu-Vergiftung stammt von James Cook aus dem Jahre 1774. Er war auf seiner zweiten Weltumsegelung, als man ihm am 8. September einen Fisch präsentierte, den sein Naturforscher bis zu diesem Zeitpunkt nicht gekannt hatte. Dieser fertigte sorgfältig Zeichnungen an und machte andere Untersuchungen, dann ließ Cook den Fisch zum Essen zubereiten. Glücklicherweise nahm keiner von ihnen mehr als eine Kostprobe der Leber und des Rogens zu sich, aber dennoch waren die Nachwirkungen reichlich dramatisch. Von Cook stammt der folgende Bericht über ihre Erfahrungen:

> *»Ungefähr um drei oder vier Uhr morgens ergriff uns eine ganz außergewöhnliche Schwäche in den Gliedmaßen, die von einer Gefühlstaubheit begleitet wurde, wie die, die sich in durchgefrorenen Händen und Füßen breitmacht, wenn man sie dem Feuer aussetzt. Ich hatte beinahe jedes Gefühl verloren und konnte nicht mehr zwischen leichten und schweren Objekten unterscheiden – ein viertel Liter Wasser und eine Feder wogen in meiner Hand gleich viel. Jeder von uns erbrach sich und nahm danach ein Schwitzbad – das brachte uns große Erleichterung. Am Morgen wurde ein Schwein, das die Innereien gefressen hatte, tot aufgefunden. Als morgens die Eingeborenen an Bord kamen und den Fisch hängen sahen, gaben sie uns augenblicklich zu verstehen, daß er auf keinen Fall gegessen werden darf. Dabei brachten sie ihre äußerste Abscheu über den Fisch zum Ausdruck. Allerdings konnte man diese Abscheu bei keinem von ihnen beobachten, als der Fisch verkauft wurde – nicht einmal, nachdem er gekauft war.«*

Ob die Eingeborenen versucht hatten, die Fremden zu ermorden, muß dahingestellt bleiben, aber diese hatten Glück, daß sie überlebten, denn die tödliche Dosis für einen Mann ist wahrscheinlich ähnlich der für eine Maus, d. h. ungefähr 10 Mikrogramm/kg Körpergewicht bei Injektion (etwas mehr bei oraler Gabe). Eine ähnliche Geschichte wurde von dem mexikanischen Historiker Francisco Xavier Clavijero erzählt. Vier Soldaten fanden einige Reste eines Eingeborenenmahls, das mit dem Kugelfisch *Spheroides lobatus* (»botete«) zubereitet worden war, der auch Tetrodotoxin enthält. Einer dieser Soldaten aß ein kleines Stück von der Fischleber, und ein anderer kaute nur eine kleine Portion, ohne sie zu schlucken. Dennoch waren sie beide innerhalb einer Stunde tot.

Solcherart Vergiftungen sind nicht nur von historischem Interesse, denn jedes Jahr werden in den USA mehrere Menschen durch den Verzehr von Kugelfischen getötet. In Japan ist das Problem noch gravierender, denn Fugu gilt als Delikatesse. Bei der Zubereitung und dem Kochen des Fisches muß man große Sorgfalt walten lassen, und der Chef eines Restaurants braucht eine Lizenz, bevor er Fugu auf die Speisekarte setzen darf. Die Attraktion scheint in dem köstlichen Aroma zu liegen, das Spuren von Tetrodotoxin den Speisen oder Getränken verleihen, und die Versuchung ist groß, kleine Portionen des Fisches zu diesem Zweck zu benutzen. Ein höchst treffender Kommentar zu dieser Gewohnheit erschien vor kurzem in einer Ausgabe der »Trends in Pharmacological Sciences«:

> *Die Freuden von Fugu sind zwiespältig – man kann sie sowohl schmecken als auch fühlen. Das Vorhandensein von Spuren von Tetrodotoxin im Essen ruft anscheinend ein kribbelndes Gefühl in den Extremitäten hervor, begleitet von einem Gefühl der Wärme und Euphorie. Das erste Anzeichen dafür, daß etwas ganz, ganz schief läuft, ist das Auftauchen der gleichen Gefühle in anderen Bereichen als den Extremitäten und dem Verschwinden der Euphorie.«*

Die Vergiftung kommt dadurch zustande, daß Tetrodotoxin die Nervenübertragung zum Stillstand bringt, indem es die Aufnahme der Natrium-Ionen durch die Natrium-Kanäle in den Nervenmembranen hemmt und dadurch das empfindliche Gleichgewicht von Natrium- und Kalium-Ionen, das für die Signalübertragung notwendig ist, durcheinanderbringt. Der Tod ist gewöhnlich auf Atemstillstand zurückzuführen. Nachdem man die Pharmakologie des Giftes verstanden hatte, wurde es als Hilfsmittel bei der Erforschung von Signalübertragungsmechanismen an Nerven eingesetzt und diente als Modell bei der Entwicklung von weniger komplexen Wirkstoffen. Beispielsweise führte die Verwendung von Tetrodotoxin und anderen Nervengiften dazu, daß man die Struktur der Natrium-Kanäle und der verschiedenen Einschleusungsmechanismen besser verstand. Man stellt sich den

Natrium-Kanal in drei Konformationszuständen vor: einen (elektrisch) nicht leitenden Ruhezustand, einen leitenden Zustand und einen nicht leitenden, nicht aktivierten Zustand.. Eine Wiedergabe des Acetylcholinrezeptors und dessen Natrium-Kanals findet sich in Abb. 15.

Ein anderes Meeresgift, das einen Bezug zum Menschen hat, ist das Palytoxin aus Algen der Gattung *Palythoa*. Diese sind vor allem in der Karibik und um Hawaii weit verbreitet, und die Eingeborenen der hawaiianischen Inseln pflegten Extrakte dieser Algen auf die Speere zu schmieren, die sie für die Jagd und den Kampf benutzten. Palytoxin wurde 1968 zum ersten Mal isoliert, und die vollständige Aufklärung seiner Struktur zog sich durch die 70er Jahre. Es ist derzeit das komplexeste bekannte Molekül, das weder ein Kohlenhydrat noch ein Eiweiß ist, und es ist das giftigste aus dem Meer kommende Molekül: die tödliche Dosis für eine Maus liegt im Bereich von 50 – 100 Nanogramm pro Kilogramm Körpergewicht (1 Nanogramm ist ein milliardstel Gramm!). Es depolarisiert alle erregbaren Zellgewebe, die bisher untersucht wurden – inklusive Herzmuskel, Neuriten, Skelettmuskulatur und glatte Muskulatur (wie in den Eingeweiden) –, und es führt auch dazu, daß rote Blutkörperchen platzen, indem es einen schnellen Austritt von Kalium-Ionen herbeiführt. Diese Wirkungen werden anscheinend durch eine Öffnung der Poren in den erregbaren Membranen und durch die verstärkte Durchlässigkeit für verschiedene Ionen verursacht.

Meeresschnecken von der Gattung *Conus* entfalten möglicherweise das exotischste Aufgebot an Strategien, um ihre Beute und ihre Jäger zu vergiften, aber es deutet wenig daraufhin, daß das Gift auch vom Menschen verwendet wird. Diese Schnecken produzieren eine Vielfalt an sogenannten Conotoxinen (und anderen Toxinen), die alle Polypeptide sind und die alle

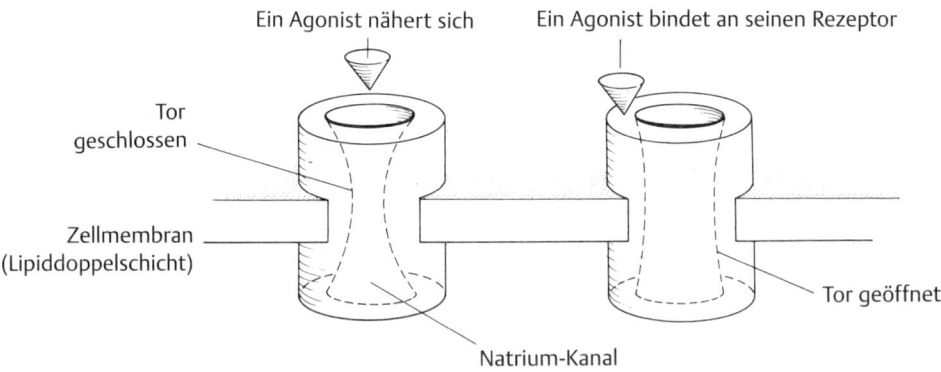

Abb. 15   Der Acetylcholin-Rezeptor und sein Natrium-Kanal.

zu einer totalen Muskellähmung führen. α-Conotoxin blockiert den Acetyl-cholin-Rezeptor an der postsynaptischen Stelle, während ω-Conotoxin die Transmitterfreisetzung aus der präsynaptischen Stelle blockiert. Schließlich hemmt das μ-Conotoxin selektiv die Funktion des Natrium-Kanals der Skelettmuskulatur und verhindert dadurch seine Erregung.

Alle diese marinen Toxine gäben ideale Pfeilgifte ab, und wahrscheinlich wurden diese Geschöpfe nur deshalb nicht zu diesem Zweck benutzt, weil sie relativ schwer zugänglich sind. Diese Schwierigkeiten sind bei Lebewesen, die auf dem Land leben, weniger gegeben, und besonders Amphibien wurden ausgiebig als Quellen für Gifte genutzt.

Die meisten Zaubertränke, sowohl fiktive als auch reale, beinhalteten Teile von Amphibien (Lurchen) – »Auge vom Wassermolch und Zeh' vom Frosch« –, und viele Amphibien können toxische Sekrete produzieren, um Verfolger abzuschrecken. Zum Beispiel ist der kalifornische Wassermolch *Taricha torosa* dafür bekannt, daß er eine hochgiftige Substanz produziert. In den 60er Jahren wurde zum ersten Mal reines Toxin isoliert (12 mg aus 100 kg Wassermolcheiern), und die Strukturaufklärung zeitigte das überraschende Ergebnis, daß dieses sogenannte Tarichatoxin tatsächlich identisch war mit Tetrodotoxin. Um eine Vorstellung von der Potenz dieses relativ weitverbreiteten Giftes zu vermitteln, ist der Vergleich mit anderen gutbekannten Giften aufschlußreich. Die gezeigten Daten beziehen sich auf die Mindestmenge einer letalen Dosis pro kg Körpergewicht bei Mäusen.

Tab. 1

Gift	Herkunft	Tödliche Dosis (Mikrogramm)
Botulinustoxin	*Clostridium botulinus*	0,03
Tetanustoxin	*Clostridium tetani*	0,07
Kobra-Neurotoxin	*Naja naja*	0,3
Tetrodotoxin	Kugelfisch	8–20
Curare oder Strychnin	*Strychnos*-Arten	500
Samandarin	*Salamandra maculosa*	1500
Natriumcyanid		10 000

Zu den giftigsten Amphibien zählen Frösche von der Gattung *Phyllobates* und *Dendrobates*, die West-Kolumbien und Teile von Panama und Costa Rica bewohnen. Ihre Gifte haben eine lange und interessante ethnopharmakologische Geschichte. Die Frösche scheiden ihr Gift aus, wenn sie unter Streß stehen, z. B. wenn sie von einem Räuber erbeutet werden; die Eingeborenen benutzen diese Gifte als Pfeilgifte.

Einer der ersten Berichte darüber stammt von Kapitän Charles Stuart Cochrane – einem britischen Marine-Offizier –, der Kolumbien in den Jahren 1823–24 erforschte. Er schrieb:

>*»Jene, die Gift benutzen, fangen die Frösche in den Wäldern und sperren sie in ein hohles Rohr, in dem sie sie regelmäßig füttern, bis sie ihr Gift brauchen. Dann nehmen sie eines der unglücklichen Tiere und stecken ihm ein angespitztes Stück Holz in den Rachen, welches an einem seiner Beine wieder herauskommt. Diese Tortur führt dazu, daß das Tier heftig schwitzt, und das vor allem auf dem Rükken, der von einem weißen Schaum bedeckt wird. Das ist das stärkste Gift, das es hervorbringt, und in dieses Gift tippen oder rollen sie ihre Pfeilspitzen, die ihre zerstörende Kraft ein Jahr lang behalten werden. Unter dieser weißen Substanz erscheint später ein gelbes Öl, das sorgsam abgeschabt wird und seine tödliche Wirkung für vier oder sechs Monate behält – entsprechend der ›Güte‹ (wie sie sagen) des Frosches. Auf diese Weise erhält man von einem Frosch genügend Gift für ungefähr fünfzig Bogen.«*

Neuere anthropologische Berichte stützen diese Beschreibung, und in den 60er Jahren wurde die Aufklärung der Struktur der Gifte im National Institut for Health (Nationalinstitut für Gesundheit) in Washington DC durchgeführt und zwar von Witcop, Daly und ihren Mitarbeitern. Mindestens 200 Strukturen sind bis jetzt identifiziert, und die meisten dieser Toxine beeinträchtigen in der einen oder anderen Weise die Reizübertragung der Nerven. Eines der wirksamsten ist Batrachotoxin, welches ungefähr fünfmal so wirksam ist wie Tetrodotoxin und von dem Frosch *Phyllobates aurotaenia* stammt. Ungefähr 7000 Frösche wurden gesammelt, um genügend Gift für die chemischen und pharmakologischen Untersuchungen zu erhalten. In deutlichem Kontrast zu Tetrodotoxin steigert Batrachotoxin den Transport von Natrium-Ionen und anderen Ionen in die Nervenzellen, indem es den Verschluß des Kalium-Kanals verhindert. Und es überrascht nicht, daß die Wirkung des Giftes durch die Verabreichung von Tetrodotoxin blockiert werden kann. Letzten Endes ist die Todesursache gewöhnlich Herzversagen, das durch die Zerstörung des Gleichgewichts zwischen Natrium- und Kalium-Ionen hervorgerufen wird.

Von den anderen Giften, die von Fröschen der beiden Gattungen produziert werden, wirken sowohl die Pulmilio-Toxine, als auch die Histrionico-Toxine und die Gephyro-Toxine durch die Unterbrechung des Ionentransports, der durch die Membran von erregbaren Zellen erfolgt. Untersuchungen ihrer verschiedenartigen Wirkungsweisen haben einerseits in großem Maße dazu beigetragen, daß wir die Neuropharmakologie (besser) verstehen, und halfen andererseits bei der Erklärung der alchemistischen Anwendung von »Wassermolchaugen und Froschzehen«.

≡ Gifte von Mikroorganismen

Eine viel ernstere Quelle menschlicher Vergiftungen sind die verschiedenen Mikroorganismen, die Lebensmittel verderben. Die sogenannte lähmende Schellfisch-Vergiftung wird durch den Genuß von Schellfisch hervorgerufen, der bestimmte rote Algen (Dinoflagellaten) gefressen hat, die in periodisch auftretenden »Red Tides« (roten Gezeiten) in riesigen Kolonien vorkommen. Es wurde vermutet, daß die erste der zehn großen ägyptischen Plagen von einer solchen Red Tide verursacht wurde: »... und alles Wasser, das im Fluß war, wurde zu Blut. Und die Fische, die im Fluß waren, starben; und der Fluß stank, und die Ägypter konnten das Wasser aus dem Fluß nicht trinken« (Exodus, 7:20, 21). Eine Red Tide, die noch nicht so lange zurückliegt, ereignete sich im Golf von Mexiko im Jahre 1946/47 und hinterließ Tonnen von toten Fischen an den Küsten von Florida. Der Dinoflagellat, der dafür verantwortlich war, ist *Ptychodiscus brevis*, der Brevetoxine produziert. Diese rufen eine Depolarisierung von Nerven- und Muskelzellmembranen hervor, die zur unkontrollierten Ausschüttung von Neurotransmittern führt. Die Brevetoxine erreichen das, indem sie sich an die Natrium-Kanäle binden und einen Natrium-Einstrom auslösen. Besonders interessant dabei ist, daß sich die Bindungsstelle offenbar von der für Tetrodotoxin und Saxitoxin (ein Toxin von einem Cyanobakterium) unterscheidet, die beide den Natrium-Zufluß verhindern und auch von der für Batrachotoxin, das den Natrium-Zufluß erhöht. Experimente mit diesen Neurotoxinen liefern somit eine Menge an Information über die komplexe Struktur und Funktion der Natrium-Kanäle.

Keines dieser Gifte könnte als »völkermordend« bezeichnet werden, da sie höchstens einige hundert Todesfälle pro Jahr verursachten. Ernsthaftere Verunreinigungen von Lebensmitteln werden gewöhnlich von Pilzen und ihren Bestandteilen, den Mykotoxinen, verursacht. Einer der berüchtigtsten unter ihnen ist der Mutterkorn-Pilz *Claviceps purpurea*, der Roggen und anderes Getreide infiziert und bis vor vergleichsweise kurzer Zeit der schlimmste »Mörder« war – abgesehen von Bakterien und Viren. Der Pilz produziert Mutterkorn-Alkaloide, die dann das Roggenbrot vergiften. Ganz bestimmte dieser Alkaloide bewirken hauptsächlich neurologische Störungen, und diese können so ernst sein, daß sie Krämpfe und epileptische Anfälle hervorrufen. Andere Alkaloide führen zu einer Verengung der Blutgefäße und können zum Absterben von Fingern und Zehen (Gangrän) führen. Die klinischen Symptome des Ergotismus (Mutterkornvergiftung), wie die Krankheit heute genannt wird, wurden schon seit langem beobachtet. Bereits im sechsten Jahrhundert v. Chr. sprachen die Assyrer von einer »schädlichen Pustel im Ohr des Korns« und die Parner (ungefähr 350 v. Chr.) berichteten davon, daß »schädliche Gräser dazu führen, daß schwangere Frauen einen Gebärmuttersturz erleiden und im Kindbett sterben«. Aber der erste gut dokumentierte Bericht über die Mutterkornvergiftung datiert aus dem zehnten Jahrhundert und bezieht sich auf die Epidemie im Jahre 994 in Aquitanien und Limousin in Frankreich. Nicht weniger als 40 000 Menschen sollen gestorben sein: »Viele wurden durch eine Kontraktion der Nerven gequält und verdreht; andere starben jämmerlich, wobei ihre Glieder von dem heiligen Feuer aufgefressen und wie Holzkohle geschwärzt wurden.« Eine Beschreibung der Symptome aus dem siebzehnten Jahrhundert ist sogar noch plastischer:

> *»Es befiel die Menschen mit einem Zucken und einer Art Gefühllosigkeit in den Händen und Füßen … Schreckliche Schmerzen begleiteten dieses Übel, und die Kranken machten ein großes Geschrei und Kreischen … und einige hatten epileptische Anfälle, nach denen manche sechs oder acht Stunden lang wie tot dalagen.«*

Die Bezugnahme auf das »heilige Feuer« kam deshalb auf, weil die Menschen vermuteten, daß ihre geschwärzten (gangränen) Glieder und die brennenden Empfindungen, die sie erleiden mußten, die Strafe für ihre Sünden waren. Beinahe zwangsläufig wandten sie sich an die Kirche, um Hilfe zu erhalten, und im besonderen widmeten sie ihre Gebete dem Hl. Antonius, dem Heiligen, der spezielle Kräfte besaß, die gegen Feuer, Infektionen und Epilepsie schützten. Sein beispielhaftes Leben begann mit einer langen Zeit der Meditation in der Sinai-Wüste, wo er anscheinend von Visionen über Ausschweifungen und unheimliche Tiere gequält wurde. Er überlebte diese Feuerprobe, und begründete danach christliches Mönchstum. Er starb mit 105 Jahren im Jahre 356 n. Chr. Seine Überreste wurden aus Konstantinopel im Jahre 1070 von zurückkehrenden Kreuzrittern zurückgebracht und in einer Kirche in der Nähe von Vienne in Dauphiné in Frankreich aufgebahrt. Der Orden des Hl. Antonius wurde im Jahre 1093 begründet, und seine Überreste waren der Mittelpunkt des Pilgertums für jene, die am heiligen Feuer litten. Es wurde von vielen wunderbaren Heilungen berichtet, obgleich diese wahrscheinlich ebensosehr einer geänderten Ernährung und der Aufmerksamkeit der Ärzte in Vienne zuzuschreiben waren, wie der Kraft des Gebetes. Dennoch wurde die Macht der Kirche (und die von St. Antonius) enorm gesteigert.

Abb. 16   St. Antonius und ein Opfer des Ergotismus, das ganz offensichtlich an einer Gangrän leidet: Seine Hand ist von ›heiligem Feuer‹ umgeben.

Die Mutterkornvergiftung war nicht nur im Mittelalter ein Problem. Eine Vielzahl von neueren Beispielen von zivilem Ungehorsam und Hexerei wurden den physiologischen Wirkungen dieser Erkrankung zugeordnet. Zum Beispiel könnten die angeblichen Verhexungen, die in Salem in Massachusetts im Dezember 1691 auftraten, von dem milden Ausbruch einer Mutterkornvergiftung verursacht worden sein. Sicherlich wurde gesagt, daß die Betroffenen von verschiedenen »Krankheiten« und »Krampfanfällen« geplagt wurden, und während der Gerichtsverfahren beklagten sich viele der Ankläger darüber, daß sie an starker Übelkeit und Erbrechen gelitten hatten und daß ihnen »die Gedärme fast herausgerissen« wurden als Folge der Verhexung. Die meisten beklagten sich auch über Halluzinationen und »Ameisenkriechen auf der Haut«. Dieses letzte Symptom ist bei Opfern der Mutterkornvergiftung besonders verbreitet.

Es gibt glaubhafte Wetteraufzeichnungen für das Jahr 1691, und daraus wird klar, daß die Wetterlage für ein gutes Gedeihen des Mutterkorns am Roggen förderlich war, das heißt, daß es frühen Regen gab und daß einem warmen Frühling ein heißer, feuchter Sommer folgte. Im Gegensatz dazu gab es 1692 eine Dürre, und die »Epidemie der Verhexungen« endete abrupt. Wir werden nie zweifelsfrei wissen, was diese »Epidemie der Verhexungen« verursachte, aber als Ergebnis davon wurden 20 Menschen exekutiert und zwei weitere starben im Gefängnis.

Eine noch bizarrere Serie von Ereignissen trat in Frankreich im späten Juli des Jahres 1789 auf. Sie wurde die »Große Angst« (La Grande Peur) genannt und zog Tausende von Bauern in eine Orgie der Zerstörung hinein, die sich hauptsächlich gegen die reichen Landbesitzer richtete. Dieser zivile Ungehorsam könnte natürlich als Teil der französischen Revolution betrachtet werden, nur daß es eine große Anzahl von Berichten über Bauern gibt, die »den Verstand verloren« hatten, und zahlreiche Ärzte schrieben dies »schlechtem Mehl« zu. Die Wetterbedingungen in Nordfrankreich waren auch hier für das Pilzwachstum hervorragend gewesen – ein feuchter warmer Frühling, gefolgt von einem warmen, nassen Sommer. Hinzu kommt, daß die Bauern unglaublich hungrig waren, denn die Ernte von 1788 war verheerend gewesen. Somit wurde der Reinigung des Roggenkorns wenig Aufmerksamkeit gewidmet. Bemerkenswert ist auch, daß jene Gebiete, in denen es keine zivilen Unruhen gab, andere Kohlenhydratquellen hatten oder den Ausbruch einer Mutterkornvergiftung in der Vergangenheit schon erlebt hatten (wie in der Region Sologne) und sich deshalb mit der Reinigung des Korns mehr Mühe gaben. Wir können nicht sicher sein, wie sehr die Mutterkornvergiftung (der Ergotismus) zu der Woge der Bauernunruhen beitrug, die der tatsächlichen Revolution vorausging, aber ihre Beteiligung kann nicht übersehen werden.

Der Roggen war in Großbritannien nie ein Hauptgetreide, aber es gab eine Reihe von gut dokumentierten Ausbrüchen von Ergotismus, wie zum Beispiel jener, der die Familie eines Landarbeiters in Wattisham in der Nähe von Bury St. Edmunds im Jahre 1762 befiel. Zwei seiner Kinder hatten Schmerzen in den Beinen, und die Mutter und fünf weitere Kinder verloren alle einen Fuß oder beide Füße oder ganze Beine, während der Vater nur über Mattigkeit in den Gliedern berichtete.

Wesentlich ernsthaftere Epidemien traten in Rußland während der vergangenen drei Jahrhunderte auf. So wurden zum Beispiel zwischen September 1926 und August 1927 in der Umgebung von Sarapoul in der Nähe des Urals 11 319 Fälle gezählt – bei einer Bevölkerungszahl von 506 000. Weil man inzwischen genaueres über die Ursachen dieser Krankheit weiß, ist der Ergotismus heutzutage jedoch extrem selten.

Die Pharmakologie der Mutterkornalkaloide ist natürlich von großem Interesse, und ihre neurologischen und vasokonstriktiven Wirkungen sollen in den Kapiteln »Magie« bzw. »Medizin« näher betrachtet werden.

Andere Pilzgifte sind noch tückischer, da sie über einen Zeitraum von vielen Jahren Leberkrebs verursachen; allerdings ist der Ausbruch von akuteren Vergiftungen auch bekannt. Die bekanntesten dieser Gifte sind die Aflatoxine, die zum ersten Mal im Jahre 1960 identifiziert wurden, als man dem Tod von Zigtausenden von Truthähnen in Britannien und anderswo nachging. Die Vögel hatten Erdnußmehl (aus Brasilien) verzehrt, das mit dem Pilz *Aspergillus flavus* verunreinigt war, und der Tod wurde von schweren Leberschäden verursacht. Es gibt keinen direkten Beweis, daß beim Menschen Lebererkrankungen durch Aflatoxine verursacht werden können (obgleich Graham Greene in seinem Roman »Human Factor« eine Figur an einer Aflatoxin-Vergiftung sterben läßt). Es gibt jedoch ein gehäuftes Auftreten von Leberkrebs in Teilen Afrikas, wo Erdnußmehl ein Hauptbestandteil der Ernährung darstellt. So tritt zum Beispiel im Hochland von Kenia, wo die durchschnittliche tägliche Aufnahme von Aflatoxinen 3,5 Nanogramm pro Kilogramm Körpergewicht beträgt, Leberkrebs weniger als 1mal pro 100 000 Einwohner pro Jahr auf. In Teilen von Mozambique betragen die entsprechenden Zahlen 220 Nanogramm pro Kilogram Körpergewicht pro Tag und 13 Fälle pro 100 000 pro Jahr.

Während der vergangenen zwanzig Jahre wurden viele andere Mykotoxine identifiziert, die hauptsächlich aus *Aspergillus-, Penicillium-* und *Fusarium*-Arten stammen. Von den meisten glaubt man, daß sie eine kleine, jedoch reale Langzeitgefahr für den Menschen darstellen, und sowohl ihre krebsauslösende als auch ihre teratogene (Mißbildungen bei Föten verursachende) Wirkung muß sehr ernst genommen werden. Die Aflatoxine wirken zum Beispiel teratogen, wenn man sie Ratten oder Hamstern in den mittleren Stadien der Schwangerschaft verabreicht (1 – 1,5 mg pro kg Tiergewicht), sie haben jedoch keine Wirkung auf Mäuse; ihre Wirkungen auf den menschlichen Fötus sind unbekannt.

Lebensmittel sind hauptsächlich dann die Ursache für eine Vergiftung, wenn sie unter feuchten Bedingungen gelagert werden, obgleich die optimale Temperatur für das Pilzwachstum von Art zu Art verschieden ist: *Aspergillus* bevorzugt Temperaturen zwischen 20 und 30 °C, während *Fusarium* bei einer Temperatur zwischen 2 und 15 °C am besten gedeiht. Ein dramatisches Beispiel dafür, auf welchem Weg geschichtliche Umstände und das Wetter den Pilzbefall von Lebensmitteln beeinflussen können, zeigt ein Ereignis, das in Rußland in den Jahren 1942 – 43 stattfand. Aufgrund der herrschenden Kriegszustände blieb das Getreide während der Wintermonate auf den Feldern und hatte bei der Ernte einen schweren *Fusarium*-Befall. Das Brot, das aus diesem Getreide gemacht wurde, verursachte das, was als »toxische Nahrungsaleukie« bekannt wurde. Es traten anhaltende Halsschmerzen und eine generelle Verminderung der weißen Blutkörperchen auf, verbunden mit einer Anfälligkeit für andere Infekte. Tausende von Menschen starben innerhalb von zwei Wochen durch den Verzehr des Brotes.

Seltener, jedoch nicht ungewöhnlich, sind Todesfälle bei Biertrinkern, die Bier zu sich genommen haben, das aus schimmligem Getreide hergestellt wurde; in alten Zeiten war das wahrscheinlich viel häufiger auf eine Verunreinigung des gärenden Getreides zurückzuführen. Die Toxine, die in *Fusarium*-infizierten Produkten vorkommen, gehören zur Familie der Trichothecene und diese üben ihre Wirkung aus, indem sie die Protein-Biosynthese hemmen. Die Trichothecene errangen eine Starrolle in den frühen 80er Jahren, als sie angeblich von den Russen als Wirkstoff in der biologischen Kriegsführung benutzt wurden. Die Amerikaner behaupteten, daß ein »gelber Regen« (von *Fusarium*-Sporen) auf Laos, Kambodscha und Afghanistan niedergegangen sei, und man gab Unsummen für eine Kampagne aus, die eine weithin skeptische Welt von der Wahrheit der Behauptung überzeugen sollte.

Am 13. September 1981 gab der Staatssekretär Alexander Haig bekannt:

> *»Seit einiger Zeit wird nun die internationale Gemeinschaft von fortgesetzten Berichten darüber alarmiert, daß die Sowjetunion und ihre Alliierten in Laos, Kambodscha und Afghanistan tödliche chemische Waffen benutzt haben ... Wir haben jetzt den physischen Beweis aus Süd-Ost-Asien; dieser wurde analysiert und man stellte ex-*

trem hohe Werte an drei potenten Mykotoxinen fest – giftige Substan-
zen, die in dieser Region nicht heimisch und für Mensch und Tier
hochgiftig sind.«

In diesem Stadium umfaßte der physische Beweis ein Blatt und einen Zweig aus Kambodscha, die beide mit Spuren von Trichothecenen verunreinigt waren. Aber zu gegebener Zeit wurden Blut-, Urin- und andere
Proben von angeblichen Opfern geliefert, um den Fall zu untermauern. Es
muß angemerkt werden, daß diese Personen meist ungebildete Leute aus
den Bergen der betroffenen Länder waren und daß es nur geringer Einflüste-
rung bedurft hätte, um sie glauben zu machen, daß sie die Opfer chemischer
Kriegsführung waren.

Die wichtigste Behauptung war die, daß Trichothecene im tropischen Südostasien nicht von Natur aus vorkommen, oder zumindest nicht
in der Menge, in der sie isoliert wurden. Aber alle Versuche, die von unab-
hängigen Forschern unternommen wurden, um die Behauptungen der Amerikaner zu erhärten, scheiterten vollständig. Natürlich wurde das Wachsen
von *Fusarium* im tropischen und (vor allem) im gemäßigten Südostasien beobachtet, und somit ist ein natürlicher Ursprung für Trichothecene völlig
einsichtig. Was die Entstehung des »gelben Regens« anbelangt, berichtete
schon Charles Darwin etwas Ähnliches im Jahre 1863. Und in China ging
im Jahre 1976 für zwanzig Minuten ein »gelber heftiger Regenguß« über einem Gebiet von zwanzig Morgen Land nieder. Endgültige wissenschaftliche
Forschung hat nun gezeigt, daß die Tröpfchen sowohl Pollen und Algen als
auch andere Bestandteile des Kots der großen Honigbiene *Apis dorsata* enthalten. Wenn der Bienenstock einem Wärmestreß ausgesetzt wird, dann
fliegt etwa die halbe Population von Bienen auf und setzt Kot ab. Damit ist
ein echter Wärmeverlust durch die Anstrengung des Fliegens gewährlei-
stet; hinzu kommt, daß der Verlust an Körpergewicht die Wirksamkeit der
Regulierung der Körpertemperatur verstärkt.

Damit war die angebliche chemische Kriegsführung offenbar
nichts anderes als ein natürliches Phänomen. Die Logik hinter einem solchen versuchten Völkermord wäre sowieso fehlerhaft, denn es wurde geschätzt, daß ungefähr 3 Tonnen puren Gifts pro Quadratmeile benötigt würden, um eine wirksame tödliche Dosis zu garantieren. Eines der Nervengase wäre für diesen Zweck weitaus tauglicher.

Vermutlich tragen viele andere Mykotoxine zur Verursachung von
Krankheiten bei und verschlimmern die Mängel in der Ernährung, vor allem unter der Bevölkerung der Entwicklungsländer. Eine wörtliche Übersetzung des Alten Testaments läßt vermuten, daß dies schon immer der Fall
war. So zum Beispiel die Beschreibung Hiobs von seiner Ruhr: »Meine Ge-

därme kochten und ruhten nicht« (Hiob, 30:27); von seiner Hautentzündung: »Meine Haut ist gebrochen und ist widerlich geworden« (7:5); und von seinen neurologischen Störungen: »Du erschreckst mich mit Träumen und ängstigst mich durch Visionen« (7:14). Seine Lebensumstände hatten ihn dazu gebracht, auf (schimmliges) Gemüse zu vertrauen, und nun litt er an den Folgen einer Fehlernährung und einer Mykotoxin-Vergiftung.

Selbst in der entwickelten Welt ist eine Verunreinigung mit Mykotoxinen nicht unbekannt, und wenn wir an exotischem Käse und anderen Speisen Gefallen finden, bedeutet dies, daß wir möglicherweise den Mykotoxinen begegnen, die von *Penicillium roquefortii* und *Penicillium camembertii* produziert werden – um nur zwei Schimmelpilze zu nennen, die in der Käseherstellung verwendet werden.

Mit Ausnahme der beiden letztgenannten Substanzen werden die meisten Mykotoxine zufällig aufgenommen. Dennoch hat der Mensch immer nach eßbaren Pilzen gesucht, und viele von ihnen sind ein fester Bestandteil seiner Ernährung geworden. Von den üblichen Pilzen meidet man möglichst jene der Gattung *Amanita*, zu denen beispielsweise der Fliegenpilz und der Pantherpilz gehören, da manche von ihnen tödliches Gift enthalten und andere unerfreuliche Nachwirkungen zeitigen. Der schwedische Mykologe Waldemar Bulow hat es folgendermaßen formuliert: »Sie gehören zu der beträchtlichen Zahl an Pilzen, denen man besser ein rein botanisches Interesse widmet, als daß man ihnen einen Platz auf dem Tisch einräumt.«

Die meisten Todesfälle in Westeuropa und Nordamerika, die einer Pilzvergiftung zugeschrieben werden, werden von dem im Englischen bezeichnenderweise »*death cap*« genannten Pilz, auch bekannt als »Todesengel« oder *Amanita phalloides* (Knollenblätterpilz), verursacht. Die Symptome der Vergiftung ähneln stark jenen, die von vielen aus der Geschichte bekannten Giftopfern beschrieben wurden. Das verzögerte Auftreten der Symptome sowie der in die Länge gezogene Zeitraum bis zum Eintritt des Todes müssen denen entgegengekommen sein, die die Geldangelegenheiten des Opfers neu ordnen wollten. Ungefähr sechs bis zwölf Stunden nach dem Verzehr von nur einem einzigen Pilz (ca. 50 g) treten Bauchkrämpfe und Erbrechen auf, gefolgt von Durchfall und Atembeschwerden. Oft klingen dann die Beschwerden ab, aber nach drei bis acht Tagen zeigen sich Leberschäden, und der Tod ist gewöhnlich auf Leberversagen mit begleitender Gelbsucht und Koma zurückzuführen.

Die Gifte, die in den Pilzen vorhanden sind, sind von zweierlei Art: die Phallotoxine und Amatoxine. Bei beiden handelt es sich um komplexe Peptide, von denen Phalloidin und α-Amanitin stets reichlich vorhanden sind. Während die Phallotoxine für Säugetiere eine niedrige Toxizität haben, liegt die tödliche Dosis für Amatoxine bei 0,1 mg pro Kilogramm Körpergewicht – das sind ungefähr 5 – 7 mg für einen Erwachsenen.

Wie dem auch sei – ein Gutes hat α-Amanitin doch: Es hemmt speziell die Funktionen der sogenannten RNA-Polymerase das ist eines der Enzyme, die an der Produktion der RNA beteiligt sind (Abb. 17). Dieses Enzym ist eng mit der in der Zelle stattfindenden Übertragung der Erbinformation von der DNA in RNA beteiligt, die dann wiederum als Matrize bei der Neubildung von Proteinen dient. Die so entstandenen Strukturproteine (wie das Kollagen der Haut und der Sehnen) und die katalytisch wirkenden Proteine (Enzyme) kontrollieren unsere Gestalt, Konstitution und Biochemie. α-Amanitin ist deshalb ein nützliches Werkzeug für die Erforschung der Regulation der RNA und der Proteinbiosynthese.

Weitaus berüchtigter als der Knollenblätterpilz ist der Fliegenpilz (*Amanita muscaria*), der rote Pilz mit den weißen Punkten – beliebt bei Märchenillustratoren. Er kommt in den gemäßigten Regionen vor und gedeiht am besten im Herbst in feuchten Birkenwäldern. Er wurde jahrhundertelang mit Dämonen und dem Bösen in Verbindung gebracht. In früheren Zeiten wurde ein Brei aus dem Pilz als Insektizid auf die Hauswände geschmiert – daher der Name. Es sind jedoch die halluzinogenen Eigenschaften des Pilzes, die von höchstem historischem Interesse sind. Das soll in dem Kapitel über Magie diskutiert werden.

Einige Pilze, obgleich eßbar, sind nur für Abstinenzler geeignet. Einer der bekannteren unter ihnen ist der Knotentintling (*Coprinus atramentarius*). Er enthält eine ungewöhnliche Aminosäure, nämlich Coprin, die eines der Enzyme, das am Metabolismus von Alkohol beteiligt ist, hemmt. Wenn man den Pilz in Verbindung mit Alkohol verzehrt, tritt der »Kater« sofort und ziemlich unangenehm auf – begleitet von starker Übelkeit und Erbrechen. In dieser Hinsicht ähnelt die Wirkung jener, die man mit dem Arzneistoff Disulfiram (Antabus®) erlebt, mit dem Alkoholiker behandelt werden. Die Idee dabei ist, daß die unangenehmen Empfindungen mit dem Genuß von Alkohol in Verbindung gebracht werden und der Süchtige so »entwöhnt« wird.

Es gibt noch zahlreiche andere Pflanzen, die Toxine enthalten und unerfreuliche (obgleich selten fatale) Nachwirkungen hervorrufen. Sie werden vor allem dann gegessen, wenn keine nahrhafteren Pflanzen zur Verfügung stehen. Da ist zum Beispiel die Wurzel der Maniok-Pflanze (*Manihot esculenta*). Sie ist eine wichtige Pflanze in den Tropen und stellt für ungefähr 300 Millionen Menschen die Hauptquelle für Kohlenhydrate dar. Sie ist im wesentlichen frei von Proteinen, reich an Stärke und wird zur Tapio-

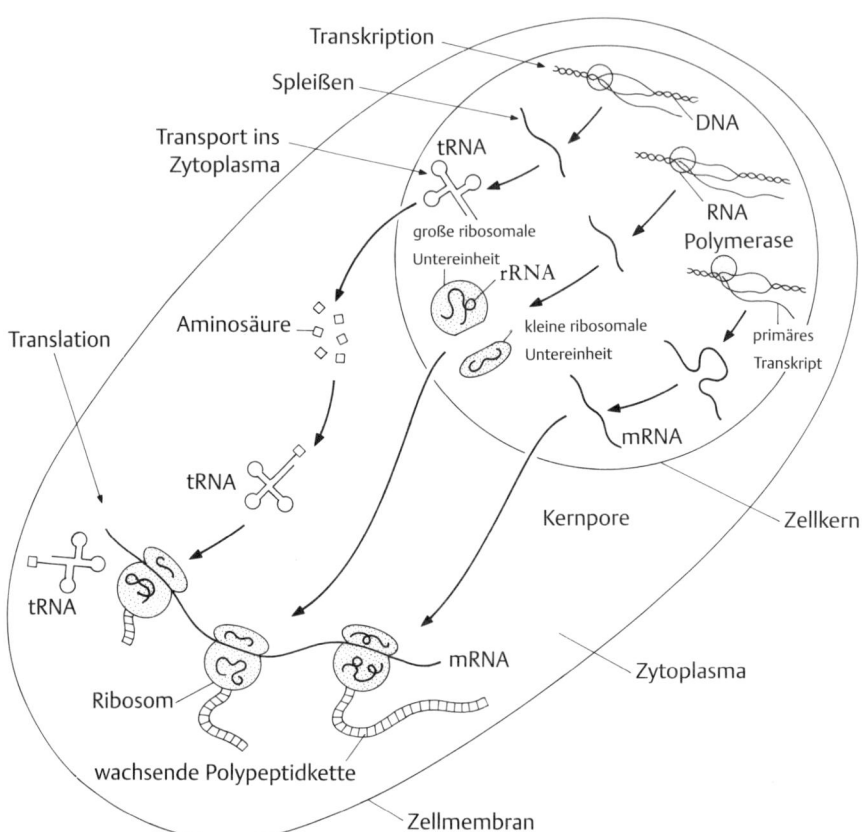

Abb. 17   DNA-Transkription und die Proteinbiosynthese: Der Prozeß, bei dem genetische
Information in Form der DNA als Matrize für die Produktion von Proteinen und Enzymen benutzt wird, hat drei Stadien. Zuerst entwinden sich die Doppelstränge
der DNA (Doppelhelix), und die genetische Botschaft wird mit Hilfe des Enzyms
RNA-Polymerase als Code für die Produktion von RNA benutzt. Diesen Vorgang
nennt man Transkription. In einem zweiten Schritt wird die RNA in eine Vielzahl
von kleineren RNA-Formen umgewandelt: transfer-RNA (tRNA), messenger-RNA
(mRNA) und ribosomale RNA (rRNA). Diese verlassen den Zellkern und gelangen
in das Zytoplasma. Dort nehmen die verschiedenen Formen der tRNA bestimmte
Aminosäuren auf. Diese Verbindungen aus tRNA und Aminosäure können Codes
auf der mRNA erkennen, die typisch sind für die spezifischen Aminosäuren. Wenn
sich dann die mRNA durch das Ribosom bewegt (eine komplexe Struktur, die die
rRNA und eine Anzahl verschiedener Proteine umfaßt), werden Aminosäuren in einer vorgegebenen Sequenz verbunden, wodurch eine wachsende Polypeptid-Ket-
te entsteht. Dies führt schließlich zu dem vollständigen Protein oder Enzym. Diesen Vorgang nennt man Translation.

ka-Herstellung verwendet. Vorausgesetzt die frische Wurzel wird sorgfältig geschält, gewaschen und gekocht, besteht keine Gefahr, aber wehe der Person, die die nicht zubereitete Wurzel in einem geschlossenen Gefäß kocht – denn aus 100 g frischen Wurzeln können 250 mg Blausäure (Zyanwasserstoff) freigesetzt werden. Dieser Vorgang ist verantwortlich für sowohl akute als auch chronische Zyanid-Vergiftungen unter Maniokessern.

Auch andere gut bekannte Pflanzenprodukte enthalten zyanogene Glykoside, die Zyanid freisetzen, wenn das pflanzliche Gewebe zerquetscht oder aufgebrochen wird. Dazu zählen Bittermandeln, die Steine von Kirschen, Pfirsichen und Aprikosen und unreife Bambussprossen. Die Extrakte von Aprikosensteinen wurden unter dem Namen Laetrile® als Krebsmittel abgegeben – wenngleich mit anscheinend geringem Effekt und einigen Fehlgeburten in der Folge.

Eine dramatischere Wirkung hat die unreife Frucht des Akee-Baumes *Blighia sapida*, die auf den Westindischen Inseln vorkommt. Sie ruft einen dramatischen Abfall der Blutzuckerkonzentration hervor, vor allem wenn Kinder oder unterernährte Menschen die unreife Frucht essen. Die Folgen sind Erbrechen, Krämpfe und sogar Tod.

Alle diese Toxine werden von den Pilzen oder Pflanzen vermutlich zu dem Zweck produziert, vorbeikommende Pflanzenfresser abzuschrekken. Die meisten von ihnen sind ja auch erstaunlich wirksam. Wer käme denn schließlich auf die Idee, einen Knotentintling zusammen mit Alkohol ein zweites Mal (nach einer ersten Begegnung) zu verzehren? Doch die meisten Abschreckungsmittel erfordern weniger esoterische Strategien, und der Mensch hat durch Versuch und Irrtum gelernt, welche Pflanzen und Pflanzenteile schädlich sind. Nehmen wir zum Beispiel die Rizinusbohne (*Ricinus communis*). Wie schon in der Einleitung erwähnt, hat das ausgepreßte Öl abführende Eigenschaften. Aber die Früchte enthalten auch ein Gift, dessen Toxizität nur von den Botulinus- und Tetanustoxinen übertroffen wird. Es wird behauptet, daß acht Samen (wenn sie gekaut werden) Übelkeit, Muskelkrämpfe, Erbrechen, Zuckungen und den Tod herbeiführen. Mit typischer Voraussicht erwirkten die USA 1962 ein Patent für die Nutzung von pulverisiertem Samen für die chemische Kriegsführung.

Das Toxin ist ein Glykoprotein (ein Protein mit angehängten Kohlenhydratketten), genannt Ricin. Ein Teil dieses komplexen Moleküls (die Untereinheit B) funktioniert als Anker, der sich an die Zellen bindet, und der andere, toxische Teil des Moleküls (die Untereinheit A) dringt dann in die Zelle ein und hemmt die Proteinbiosynthese. Diese Wirkungsweise ist derzeit von beträchtlichem klinischem Interesse, denn von der Untereinheit A wird behauptet, daß sie für entartete, d. h. Krebs-Zellen giftiger sei als für normale Zellen. Folglich wurde sie an spezifische Antikörper für Krebszellen angebunden. Wenn diese Antikörper in die entarteten Zellen eindringen, tragen sie das Ricin A mit sich, das dann die Zellen abtötet. Das ist eine Form des »drug targeting« (gezielter Einsatz von Arzneistoffen), und nach ersten klinischen Versuchen bleibt Raum für gedämpften Optimismus für diese Form der Chemotherapie.

Ricin wurde auch in einer unheilvolleren Weise benutzt. Zumindest gab es gute Gründe für die Annahme, daß der bulgarische Stücke- und Romanschreiber Georgy Markov in London im September 1978 von der bulgarischen Geheimpolizei mit Ricin hingerichtet wurde. Das Gift wurde ihm mit Hilfe eines Regenschirms verabreicht, in dessen Spitze eine Nadel versteckt war. Damit stach man ihn ins Bein mit dem Ergebnis, daß er einige Tage später eines scheinbar natürlichen Todes starb.

Solche Mantel- und Degenvergiftungen des zwanzigsten Jahrhunderts können mit ähnlichen Aktionen verglichen werden, wie sie in Shakespeares Stücken beschrieben werden:

... mit dem Gift will ich die Spitze meines Degens netzen, so daß es, streif ich ihn nur obenhin, den Tod ihm bringt.

Hamlet, IV, viii

Dieses Kapitel soll mit der Beschreibung einiger Giftarten enden, die weithin für schändliche Zwecke benutzt worden sind.

≡ Klassische Gifte II: Aconit, Arsen und Schierling

Die Pflanze *Aconitum napellus* wird erstmals in der klassischen Mythologie erwähnt. Herkules stieg in den Hades hinab, um den dreiköpfigen Hund Zerberus zu fangen, und bei seiner Rückkehr konnte der Hund »die Strahlen der Sonne nicht ertragen; er erbrach, und aus dem Erbrochenen entsprang die Pflanze ...« die folgerichtig *akonitos* genannt wurde – so behauptete (zumindest) Ovid in seinen »Metamorphosen«. Die giftige Natur der Pflanze wurde zum ersten Mal von Hekate erwähnt, der Göttin der Hexenkunst, die mit Circe auf der Insel Kolchis lebte. Diese beiden waren gemeinsam verantwortlich für die Einführung zahlreicher Gifte und für die Verbreitung der Kunst des Vergiftens.

Die Pflanze hat seit der Antike zahlreiche Namen – unter anderem Eisenhut, Wolfsgift (weil seine Wurzel zusammen mit rohem Fleisch als Köder benutzt wurde, um Wölfe zu töten), Mönchskapuze (weil die helmartige Blüte einer Mönchskutte mit Kapuze glich), Leopardentöter, Untiertöter,

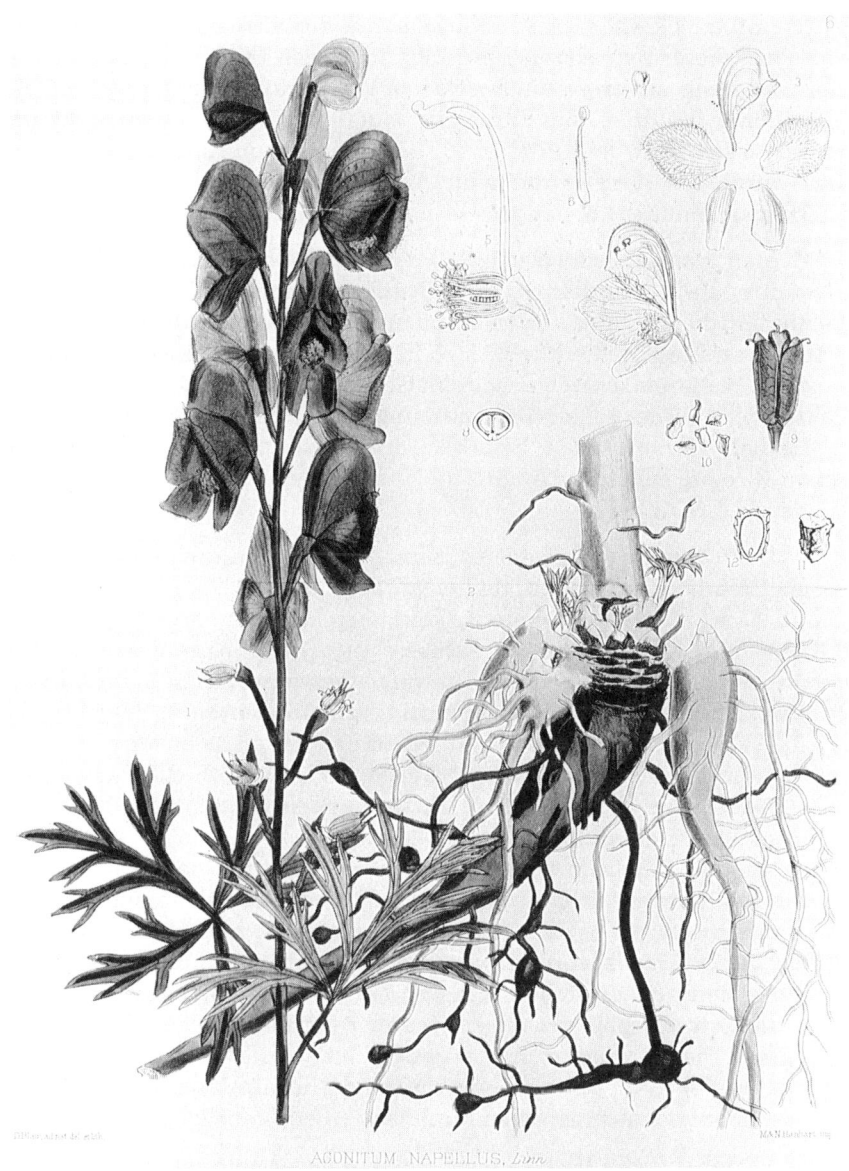

Abb. 18 *Aconitum napellus,* der Eisenhut.

und Frauentöter. Gewöhnlich wird das Gift aus der getrockneten Wurzel gewonnen, und dieser Extrakt war als Pfeilgift in vielen Teilen Europas und besonders in Asien weitverbreitet. Doch seine Verwendung durch professionelle Giftmischer im alten Rom nahm ein beinahe epidemisches Ausmaß an und zwar so sehr, daß die Kultivierung der Pflanze zum Kapitalverbrechen erklärt wurde. Dennoch wurde seine Anwendung als Sterbehilfe für alte und schwache Männer auf der griechischen Insel Chios geduldet.

Man konnte nachweisen, daß der aktive Bestandteil der Pflanze, das Aconitin, die Ionenselektivität der Natrium-Kanäle reduziert, mit dem Ergebnis, daß die Aufahme von Natrium und anderen Ionen durch diese Kanäle zunimmt. Dies führt schließlich zu Herzrhythmusstörungen und Atemdepression. Wie so oft schon war es John Gerard, der elizabethanische Kräuterdoktor, der eine der besten Beschreibungen der Aconit-Wirkungen in seinem »Herball« (Kräuterbuch) lieferte: »Ihre Lippen und Zungen schwellen sofort an, ihre Augen hängen heraus und ihre Schenkel sind steif und sie verlieren den Verstand.«

Die Symptome von Napoleons letzter Erkrankung sind weniger extrem, obgleich behauptet wird, daß er an periodischen Anfällen von Übelkeit und Erbrechen, an Durchfall, Teilnahmslosigkeit, Muskelschwäche und Kribbeln in den Gliedern (Parästhesie) litt. Dies alles könnte man dem Magenkrebs zuschreiben, welchen man üblicherweise für die Erkrankung hielt, unter der er litt. Wie dem auch sei – sein Tod wurde wahrscheinlich durch die Verabreichung eines Cocktails aus den besten Arzneien des neunzehnten Jahrhunderts beschleunigt. Dieser Cocktail enthielt unter anderem Brechweinstein (Antimonsalze), Bittermandeln (zyanidhaltig) und Kalomel (Quecksilberchlorid). Am interessantesten von allem ist jedoch die Vermutung, daß Napoleon auch mit Arsen vergiftet wurde. Verschiedene Analysen von Haarproben konnten bedeutende oder unbedeutende Mengen an Arsen nachweisen – je nachdem auf welche Quelle man sich beruft. Die Herkunft dieses Arsens wurde sowohl der menschlichen Hand als auch Tapetenpigmenten zugeschrieben, die von Schimmelpilzen assimiliert und dann in die Luft abgegeben wurden oder aber der Fowlerschen Lösung, die eine weitere therapeutische Mixtur jener Zeit war. Wie auch immer die Wahrheit aussieht, Napoleon scheint vor seinem Tod im Jahre 1826 ein veritables Hexengebräu aus toxischen Metallsalzen erhalten zu haben.

Versehentliche Vergiftungen durch Schwermetallsalze kamen besonders häufig als Begleiterscheinung der industriellen Revolution vor. Viele neue Lebensmittelprodukte enthielten gefärbte Blei-, Quecksilber-, Kupfer- und Chromsalze. So war zum Beispiel Bleichromat (Chromgelb) ein beliebtes gelbes Färbemittel für Süßigkeiten, Eierkrempulver und Schnupfta-

bak, während Kupferarsenit (Scheeles Grün) Bestandteil von grünem Man-
delpudding und anderem grünem Konfekt war. Das Blei, das im Lötmetall
von Lebensmitteldosen enthalten ist, war eine andere übliche Ursache für
Erkrankungen, und vor kurzem stellte sich heraus, daß es mit höchster
Wahrscheinlichkeit den Tod der 129 Mitglieder von Sir John Franklins Expedition im Jahre 1848 verursacht hat. Bei ihrem Versuch, eine Nord-West-
Passage durch das Meer zu finden, blieb ihr Schiff im Packeis stecken; die
bleihaltige Dosennahrung war ihre einzige Versorgungsquelle, und sie trüb-
te vermutlich ihre Sinne und beschleunigte ihren Tod. Die Leichen einiger
Expeditionsmitglieder wurden 1988 entdeckt, und die Analyse der Proben
dieser Überreste ergab sehr hohe Bleiwerte, die mit einer akuten Bleivergif-
tung vereinbar sind.

Im anderen Kapitel über klassische Gifte wurde ein Beispiel für le-
galisierten Mord (mit dem Extrakt des Upas-Baumes) erwähnt, und dieses
Kapitel soll mit einem anderen, sogar noch berühmteren Beispiel enden –
dem von Sokrates und seinem Schierlingsbecher. Der Bericht, den uns Plato
in seinem »Phaidon« gegeben hat, bewegt uns noch heute, dreiundzwanzig
Jahrhunderte später und stellt eine lebhafte Beschreibung der Blockade
der sensorischen und motorischen Neuronen dar, mit einem Tod, der letzt-
lich auf Atemstillstand zurückzuführen ist:

> »*Und der Mann, der ihm das Gift gab, begann seine Füße und seine*
> *Beine zu untersuchen ... dann drückte er heftig seinen Fuß und frag-*
> *te ihn, ob er irgendetwas spüre; und Sokrates sagte nein; dann*
> *drückte er seine Beine und immer höher und höher und zeigte uns,*
> *daß er kalt und steif war.*«

Keats nahm dieses Thema in seiner »Ode an eine Nachtigall« auf:

> »*Es schmerzt mein Herz und schläfrige Dumpfheit peinigt meine*
> *Sinne, als ob Schierling ich getrunken hätte.*«

Gegenstand des nächsten Kapitels werden andere Möglichkeiten
sein, die Sinne durch den Gebrauch von Stimulanzien, Halluzinogenen und
Rauschmittel zu verändern.

Magie

»Mille phantasmata e daemonu obversatium effigies circumspecta-
rent.«

Diese Beschreibung der halluzinogenen Wirkungen, die die »magische« Zubereitung der Azteken, genannt *ololiuqui* hervorbringt, stammt
von Francisco Hernandez, dem persönlichen Arzt von Philipp II. von Spanien. Er führte in den Jahren 1570 bis 1575 ausgedehnte Untersuchungen
der Flora und Fauna Mexikos durch, und sein Bericht »Rerum Medicarum
Novae Hispaniae Thesaurus« (Der Arzneischatz Neu-Spaniens) wurde
schließlich im Jahre 1651 veröffentlicht. Dieser enthält eine detaillierte Beschreibung der Zubereitung und der Anwendung von *ololiuqui* und Hernandez schreibt:»Wenn die Priester mit ihren Göttern kommunizieren und eine
Botschaft von ihnen erhalten wollten ... aßen sie diese Pflanze, und es erschienen ihnen tausend Visionen und teuflische Halluzinationen.«

Dies ist einer der frühesten schriftlichen Berichte über den Gebrauch von Halluzinogenen und er unterstützt in zwingender Weise die Annahme, daß primitive Kulturen psychoaktive Pflanzenextrakte eher dazu
benutzten, einen Zugang zum Übernatürlichen zu bekommen als zu ihrem
Vergnügen. Diese ursprünglichen Gesellschaften betrachteten die magischen Zubereitungen als Geschenke der Götter und vergöttlichten sie. Sie
wurden fast ausschließlich von den Priestern (oder Schamanen) benutzt
und man glaubte, daß sie die Kommunikation mit der spirituellen Welt erleichtern würden, um dann Diagnosen von Erkrankungen stellen oder Vor-
aussagen für die Zukunft machen zu können. Schließlich glaubte man, daß
die Götter alle Aspekte der menschlichen Existenz kontrollieren würden:
Geburt, Gesundheit, Fruchtbarkeit, Krankheit und Tod.

Über die Rituale, die mit dem Sammeln und dem Gebrauch der psychoaktiven Pflanzenextrakte verbunden sind, gibt es zahlreiche neuere Studien, und die Ethnobotanik und Ethnopharmakologie sind mittlerweile
anerkannte wissenschaftliche Disziplinen. Die Anwendung solcher Tränke
war und ist immer noch auf Zentral- und Südamerika, vor allem Mexiko, beschränkt, obgleich es keinen Mangel an geeigneten Pflanzen in der Alten
Welt gibt. Dieser Unterschied ist viel eher kulturell bedingt, denn das Aufkommen der strengen monotheistischen Religionen, vor allem des Juden-
tums, des Christentums und des Islam machte die Notwendigkeit eines
Glaubens an eine Geisterwelt und die damit verbundenen schamanischen
Rituale überflüssig.

Eine völlig zufriedenstellende Klassifizierung der verschiedenen
psychoaktiven Substanzen ist schwierig. Der deutsche Toxikologe und Phy-

siologe Lewis Lewin ordnete sie fünf Kategorien zu: Excitantien (Aufputsch-mittel), Inebriantien (Rauschmittel), Hypnotika (Mittel mit hypnotisieren-der Wirkung), Euphorika (euphorisierende Mittel) und Phantastika (hallu-zinogene Mittel). Albert Hofmann, der Entdecker des LSD, bezeichnete sie als Stimulanzien, Intoxikanzien, Hypnotika, Sedativa und Tranquilizer, Analgetika und Euphorika, Psychomimetika und Halluzinogene.

In diesem Kapitel soll eine einfache Einteilung in Stimulanzien, Psychomimetika und Rauschmittel vorgenommen werden. Deshalb wird Opium (es enthält hauptsächlich Morphin), das ein Analgetikum und Eu-phorikum ist, in dem Kapitel über Medizin behandelt werden. Die Eintei-lung ist etwas willkürlich, aber sie spiegelt im wesentlichen die Ethnophar-makologie der beteiligten psychoaktiven Substanzen wider.

≡ Stimulanzien

In unserer modernen Gesellschaft sind milde Stimulanzien wie Tee und Kaffee in erster Linie von gesellschaftlicher Bedeutung, während potentere wie Kokain und die Amphetamine mißbräuchlich verwendet wer-den. In primitiven Kulturen wurden Stimulanzien eher wegen ihrer Fähig-keit, die Ausdauer zu stärken und die Hungerqualen zu beseitigen, als we-gen ihrer sozialen und den »Geist beugenden« Eigenschaften geschätzt. Die-se ursprünglichen Gesellschaften müssen in großem Umfang mit Pflanzen-extrakten experimentiert haben, denn es gibt sicher Hunderte von gut doku-mentierten traditionellen Mixturen, und viele von ihnen waren sehr wirk-sam. Die Zubereitung der aktiven Bestandteile konnte auf zweierlei Art er-folgen – als Getränk oder in Form eines »Priems« (Kautabak) – und es liegt nahe, die verschiedenen Zubereitungsarten unter diesen Überschriften zu beschreiben.

═ Getränke

Viele stimulierende Genußmittel beziehen ihre Wirkung aus den in ihnen enthaltenen Xanthinen wie Koffein, Theophyllin und Theobromin; Tee, Kaffee, Cola, Kakao und Mate sind wahrscheinlich am besten bekannt.

Obgleich man oft Konfuzius den ersten, wenngleich schiefen Hin-weis auf Tee um zirka 500 v. Chr. zuschreibt, findet sich der erste echte Hin-weis in einem Wörterbuch, das von Kuo P'o herausgegeben wurde und das ungefähr 350 n. Chr. erschien. Tee war ein wertvoller Handelsartikel im al-ten China und wurde verschiedentlich »Schaum des flüssigen Jade« oder einfach *cha* genannt. Buddhistische Mönche schätzten ihn wegen der medizinischen Eigenschaften, die man ihm zuschrieb, und sie tranken ihn, damit er sie während ihrer langen Stunden der Meditation unterstützte. Die Japaner übernahmen später viele chinesische Gebräuche, und die Teezeremonie wurde ein integraler Bestandteil der Zen-Kultur während des fünfzehnten Jahrhunderts. *Cha-no-yu* oder »der Weg des Tees« ist immer noch ein wesentlicher Bestandteil des japanischen Lebensstils, und Teezeremonien können bis zu vier Stunden dauern, wobei eine Vielzahl von Teesorten genossen wird.

Die Teepflanze selbst, *Thea sinensis*, die jetzt *Camellia sinensis* genannt wird, ist im nördlichen Thailand, Ost-Burma, Assam, der Yunnan-Insel und in Nord-Vietnam heimisch. Infolgedessen haben die Europäer den Tee erst im sechzehnten Jahrhundert entdeckt. Ein erster Hinweis auf Tee findet sich in den Memoiren des Giovanni Ramusio, die im Jahre 1559 unter dem Titel »Delle navigationi et viaggi« veröffentlicht wurden. Die englische Ostindische Gesellschaft verschiffte Tee erstmals im frühen siebzehnten Jahrhundert, sie gründete ihre eigenen Plantagen in Indien jedoch erst im Jahre 1836 und in Ceylon in den 70er Jahren des 19. Jahrhunderts. Die Holländer begannen etwas früher und hatten seit 1826 Plantagen auf Java. In der amerikanischen Geschichte spielte Tee eine kleine, wenn auch bedeutende Rolle, denn die Erhebung einer Importsteuer auf Tee und der daraus resultierende zivile Ungehorsam durch die Kolonisten (die Boston Tea Party, etc.), waren ein Vorspiel des Unabhängigkeitskrieges.

Die Briten sind immer noch die größten Tee-Importeuere der Welt und sie haben einen jährlichen Pro-Kopf-Verbrauch von 4,5 kg. Der Xanthin-Gehalt von Tee ist relativ gering; eine normale Tasse Tee enthält ungefähr 100 mg Koffein. Das reicht aus, um eine leichte Stimulation des zentralen Nervensystems hervorzurufen. Auch Theophyllin ist im Tee vorhanden. Es besitzt eine bemerkenswerte bronchienerweiternde Eigenschaft und wurde in reiner Form zur Behandlung von Asthma genutzt.

So wie Tee das Getränk der Briten ist, ist Kaffee das Volksgetränk der Amerikaner. Die Amerikaner konsumieren jährlich etwa 8 kg Kaffee pro Person, was einer Menge von ungefähr 250 mg Koffein pro Tag entspricht. Die Kaffee-Pflanze, *Coffea arabica*, stammt wahrscheinlich aus Äthiopien, und der einheimische Volksmund schreibt die Entdeckung seiner stimulierenden Eigenschaften einem heiligen Mann zu. Dieser wollte bei seinen Meditationen wach bleiben. Als er bemerkte, daß Ziegen lebhafter wurden, nachdem sie die Früchte der Kaffeepflanze gefressen hatten, bereitete er daraus ein Getränk zu. Ob diese Geschichte nun wahr ist oder nicht – die Kaffee-Kultivierung begann tatsächlich in der Nähe der Stadt Mocha im Jemen im neunten Jahrhundert.

Obgleich der persische Philosoph Avicenna im elften Jahrhundert ausführlich über Kaffee berichtete, war dieser bis zum sechzehnten Jahrhundert in Europa unbekannt. Anthony Sherley führte *kahveh* in England im Jahre 1601 ein, und die Kaffee-Häuser schossen wie Pilze aus dem Boden, um diesen Handel zu unterstützen.

Südamerika wurde im achtzehnten Jahrhundert zum Zentrum des Massenanbaus. Mittlerweile liefert die Provinz São Paulo ungefähr die Hälfte des Weltverbrauchs von 4,5 Millionen Tonnen pro Jahr. Jede der roten Früchte der Kaffeepflanze enthält zwei Samen mit einem Koffeingehalt von ungefähr 1 Prozent; diese werden getrocknet, geschält und dann geröstet, um die bekannten Kaffeebohnen zu produzieren.

Theobroma cacao ist vom ethnopharmakologischen Standpunkt aus gesehen von weit größerem Interesse, und unser Wissen von seinem ursprünglichen Gebrauch stammt aus Berichten, die Cortez von seinen Feldzügen mitbrachte. Im Jahre 1519 fiel er auf der Halbinsel Yucatan ein, auf der heute Mexico liegt und unterwarf die dort lebenden Mayas. Ein Ergebnis dieser Eroberung war eine beträchtliche Kriegsbeute, zu der ein bestehender Harem von 19 Mädchen gehörte. Eines der Mädchen konnte die Sprache der Mayas und Azteken sprechen. Cortes gab ihr den Namen Doña Marina; sie lernte schnell Spanisch und konnte somit Cortes während der restlichen Zeit seines mörderischen Feldzugs als Dolmetscher dienen.

Das aztekische Königreich von Montezuma sollte als nächstes fallen, und inmitten des unglaublichen Reichtums enthüllte Doña Marina Cortes die Geheimnisse des »Chocolatl«. Dieses bittere Getränk enthielt rohe Kakao-Bohnen, roten Pfeffer und verschiedene Pflanzen und war Montezuma und dem aztekischen Adel vorbehalten. Doña Marina behauptete, daß diese »Nahrung der Götter« große aphrodisierende Eigenschaften besitze und sicherte damit den Erfolg von Chocolatl, als es zum ersten Mal in Europa eingeführt wurde. Im Jahre 1550 entdeckten die Nonnen von Chiapas, wie man einen einfachen Kakao herstellen kann, indem sie die gemahlenen Kakaobohnen, Vanille und Zucker in Wasser auflösten. Dieses erfrischende und angeblich aphrodisierende Gebräu wurde ein augenblicklicher Erfolg. Im Jahre 1700 gab es allein in London 2000 »Schokolade-Häuser«. Heutzutage kommen die meisten Kakaobohnen aus Brasilien, Nigeria und Ghana; sowohl Schokolade als auch Kakao werden aus Bohnen hergestellt, die fermentiert, geröstet und schließlich gemahlen wurden. Deren Hauptbestandteil ist Theobromin, und dieses hat eine ähnlich stimulierende Wirkung wie Koffein. Die »suchterzeugende« Eigenschaft der Schokolade scheint jedoch mehr mit der angenehmen Wirkung ihrer Beschaffenheit und Süße als mit ihrem Theobromingehalt zu tun zu haben. Der ständige Genuß von Koffein hingegen führt vermutlich zur körperlicher Abhängigkeit, und zu den Entzugserscheinungen gehören Kopfweh, Müdigkeit, Lethargie und Nervosität.

Die anderen gut bekannten stimulierenden Getränke sind Maté yerba – ein Aufguß aus Blättern der südamerikanischen Pflanze *Ilex paraguaensis* – und Cola aus Früchten der westafrikanischen Pflanzen *Cola nitida* und *Cola acuminata*. Beide werden seit Hunderten von Jahren angewandt. Die Guarani-Indianer Brasiliens machen immer noch Teeparties, bei denen sie den grünen Aufgruß von *Ilex*-Blättern in Wasser verwenden, wohingegen die Eingeborenen Jamaicas und aus Teilen Afrikas die sternenförmigen Früchte von *Cola nitida* kauen, um Anzeichen von Hunger und Müdigkeit zu unterdrücken. Die Blätter von *Ilex* (Maté) haben einen geringen Koffeingehalt, die *Cola*-Samen hingegen enthalten bis zu zwei Prozent Koffein und sind natürlich der Rohstoff der Limonaden-Industrie.

Keines dieser Gebräue ist besonders gehaltvoll – zumindest im Vergleich mit den südamerikanischen Getränken Guarana und Yopa. Guarana stammt von den Samen der Liane *Paullinia cupana*, die im Amazonasgebiet beheimatet ist. Die Guaranapaste wird aus den gemahlenen Früchten, Maniokmehl und Wasser zubereitet. Diese Paste wird dann in Zylinder geformt und getrocknet. Die Rückstände zerreibt man und löst die entstehenden Schnitzel in heißem, gesüßtem Wasser auf. Typisch für das entstehende Gebräu ist, daß es ungefähr fünf Prozent Koffein enthält. Der Forscher Robert Spruce berichtete ungefähr im Jahre 1870, daß die Indianer Südvenezuelas »morgens beim Verlassen ihrer Hängematte als erstes dieses Getränk zu sich nahmen und es als Schutz gegen die tödlichen Gallen-Fieber betrachten, die eine Plage der Region sind«.

Die Rinde der in Kolumbien wachsenden, verwandten Liane *Paullinia yopa*, enthält ungefähr 3 Prozent Koffein und wird zur Herstellung von Yopa verwendet. Von diesem Getränk wird behauptet, daß es die einzige Nahrung für die Indianer der Putamayo-Region darstellt, die jeden Morgen ein rituelles Fasten veranstalten.

Alle diese Getränke verdanken ihre stimulierende Wirkung den Xanthinen: Die Xanthine steigern die Produktion verschiedener sekundärer Botenstoffe (siehe S. 24) innerhalb der Zelle. Das wiederum führt zu einer Stimulierung zahlreicher biochemischer Prozesse und daraus ergeben sich Veränderungen in verschiedenen körperlichen Vorgängen.

Schließlich gibt es noch ein häufig genutztes Stimulans, dessen Wirkung nicht auf Xanthinen beruht, und zwar »Qat« – verschiedentlich auch *Khat* oder *Khattee* genannt. Es wird aus den jungen Blättern, Zweigen und Schößlingen des afrikanischen Busches *Catha edulis* zubereitet. Diese werden entweder gekaut oder mit heißem Wasser aufgegossen. Man sagt, daß bei ihrem Genuß ein anfängliches Gefühl der Erregung und Fröhlichkeit entsteht und sogar ein leicht halluzinogener Effekt. Die wichtigste Wirkung ist jedoch ein genereller »Auftrieb« und die Unterdrückung des Hunger- und Müdigkeitsgefühls. Dies ist auf die zentralstimulierende Wirkung von Norpseudoephedrin zurückzuführen, das eine ähnliche Struktur besitzt wie die Amphetamine. Die Anwendung von Qat hat jedoch ihren Preis, denn der langfristige Gebrauch führt zu einer Verminderung des Geschlechtstriebs. Das wird besonders deutlich im Yemen, wo der Genuß von Qat weit verbreitet ist und eine große Zahl der Männer Junggesellen bleiben.

Wahrscheinlich ist Qat in Äthiopien beheimatet – es gibt jedoch einen Hinweis auf Arabien aus dem Jahre 1333; heutzutage hat der Yemen den höchsten Verbrauch. Es gibt sogar eine zweifelhafte Geschichte, nach der die »Ethiopian Airlines« gegründet wurden, um die tägliche Lieferung sicherzustellen. Ob diese Geschichte nun wahr ist oder nicht – in Nordamerika wurde jedenfalls ein ähnliches Gebräu erfunden, und der »Mormonen-Tee« oder der »Wüsten-Tee« wurde wegen seiner stimulierenden Eigenschaften von den Siedlern und den Indianern gleichermaßen geschätzt. Der Wüstenstrauch *Ephedra trifurea* war Hauptbestandteil dieses Aufgusses und auch er enthält reichlich Norpseudoephedrin.

Kautabak

Wenn ein Priem aus Pflanzenmaterial gekaut wird, dann gelangen die stimulierenden Bestandteile über die Mundhöhle in den Blutstrom und gewährleisten damit einen augenblicklichen ›Auftrieb‹. Es überrascht daher nicht, daß diese Art der Verabreichung weitverbreitet ist. Drei Stimulanzien aus drei verschiedenen Kontinenten sind von hervorragender geschichtlicher und zeitgenössischer Bedeutung: Betel aus Asien, Pituri aus Australien und Kokain aus Südamerika.

Betel ist ein Gemisch aus den Blättern der Kletterpflanze *Piper betle* und Teilen des Samens der Palme *Areca catechu* in Verbindung mit Kalk, welcher dazu beiträgt, die Alkaloid-Bestandteile aus der Pflanzenmasse freizusetzen. In Asien werden der Mischung auch noch verschiedene Gewürze wie Gewürznelke, Tamarinde und Kardamom zugesetzt; der entstehende Priem wird gekaut und produziert reichliche Mengen roten Speichels. Man schätzt, daß derzeit 200 Millionen Menschen in Südasien und den Inseln des Indischen und Pazifischen Ozeans Betel nutzen, und obgleich sein Ursprung unbekannt ist, wird es seit vielen Jahrhunderten verwendet. Er besitzt leicht stimulierende Eigenschaften, manche sagen, daß er ein Gefühl von Euphorie hervorruft – ähnlich dem, das durch Alkohol erzeugt wird. Obwohl die enthaltenen Alkaloide identifiziert wurden, ist nicht bekannt, wie Betel seine psychoaktiven Wirkungen hervorruft.

Die Ethnopharmakologie von Pituri wird nicht von einer derartigen Ungewißheit begleitet. Die Aborigines Australiens haben jahrhundertelang die Blätter gewisser Arten des Wüstenstrauches *Duboisia hopwoodii* als Stimulans genutzt. Die Blätter werden geröstet, getrocknet, zu Priemen geformt und dann gekaut. Während sozialer Riten – »Big Talks« genannt – wurde ein Priem für alle von Mund zu Mund herumgereicht. Der Hauptbestandteil, das Nikotin, steigert die Produktion von Adrenalin und unterdrückt Hunger- und Müdigkeitsgefühle, in hohen Dosen ist es allerdings giftig. Wie schon im Kapitel über Gifte erwähnt, benutzten die Aborigines bstimmte Arten von *D. hopwoodii*, welche viel Nornikotin enthalten (das viel giftiger ist als Nikotin), um die Wasserstellen zu vergiften und damit das Wild zu betäuben, oder um in früheren Zeiten die Siedler zu vergiften.

Obgleich diese Pflanzen von beträchtlicher Bedeutung sind, verblassen sie beinahe zur Bedeutungslosigkeit, verglichen mit der Coca-Pflanze *Erythroxylon coca* mit ihrem aktiven Bestandteil Kokain. Die Pflanze wurde vermutlich zum ersten Mal in Zentralamazonien kultiviert, mittlerweile wird sie aber an den Ausläufern der Anden in Peru und Bolivien extensiv angebaut. Sie gedeiht in den warmen und feuchten Tälern zwischen 1500 und 6000 Metern über dem Meeresspiegel. Die stimulierenden Eigenschaften ihrer Blätter sind mindestens seit der Nazca-Periode (ca. 500 n. Chr.) bekannt. Dieses Wissen stammt von der Entdeckung der mumifizierten Überreste eines peruanischen Herrschers dieser Gegend, bei dem man mehrere Taschen mit Coca-Blättern gefunden hat. Dazu kommt, daß Tonwaren aus dieser Zeit häufig Coca-Kauer mit ihren charakteristischen aufgeblasenen Wangen darstellen.

Im zehnten Jahrhundert, als die Inka-Zivilisation auf ihrem Höhepunkt war, war Coca in den Anden gut eingeführt. Die Inkas glaubten, daß die Götter den Menschen Coca schenkten, um ihren Hunger zu stillen, um ihnen Kraft zu geben und um sie ihr Elend vergessen zu lassen. Sie verehrten Coca, das aufs innigste mit ihren religiösen Zeremonien und den verschiedenen Initiationsriten verknüpft war. Die Schamanen benutzten es, um einen tranceartigen Zustand hervorzurufen, damit sie mit den Geistern in Verbindung treten konnten. Coca war eine viel zu wichtige Ware, als daß es von den gewöhnlichen Indianern benutzt wurde; sie hatten bis zur Invasion durch Pizarro und seinen Konquistadores nur wenig Kontakt damit.

Abb. 19   Kleine Statue eines Coca-Kauers aus der Moche-Kultur (III. Periode, ca. 300 v. Chr.).

Pizarro erreichte die Hauptstadt der Inkas, Cuzco, im Jahre 1533, und das Inkareich zerfiel unter dem spanischen Ansturm. Ein unmittelbares Ergebnis war, daß sich die Indianer dem Coca-Kauen hingeben konnten, und die Kokainsucht verbreitete sich sehr rasch. Die Spanier waren von seiner stimulierenden Wirkung sehr beeindruckt: »Dieses Kraut ist so nahrhaft und kräftigend, daß die Indianer den ganzen Tag arbeiten, ohne irgend etwas anderes zu sich zu nehmen.« Die Spanier machten sich das zunutze und zwangen die Indianer, in den Silberminen zu arbeiten, wobei durch den Genuß von Coca ihr Geist betäubt und ihr Appetit unterdrückt war.

In Europa wurde Coca zum ersten Mal durch die rückkehrenden Konquistadores eingeführt, und es begannen sich unsinnig übertriebene Behauptungen über seine Eigenschaften zu verbreiten. Man nannte es ein »Lebenselixier«, und das »Gentleman's Magazine« enthielt im Jahre 1814 einen Leitartikel, der Sir Humphry Davy (als einem führenden Wissenschaftler der damaligen Zeit) gut zuredete, mit Experimenten zu beginnen in der Hoffnung, daß Coca als »Nahrungsersatz benutzt werden könnte, damit die Menschen gelegentlich einen Monat lang ohne zu essen leben könnten ...« Aber einen wirklich kommerziellen Erfolg gab es erst mit der Erfindung des »Vin Mariani«. Er war das geistige Kind des Angelo Mariani, der seinen Wein, Pastillen und verschiedene andere Zubereitungen in den 60er Jahren des 19. Jahrhunderts einführte. Von ihnen wurde behauptet, daß sie schmerzlindernde, betäubende und beruhigende Eigenschaften besäßen. Es überrascht sicher nicht, daß ihnen ein durchschlagender Erfolg beschieden war, da alle Produkte eine großzügige Menge an Coca-Extrakt enthielten. Sogar der Vatikan unter Papst Leo XIII. gab dem Wein ein offizielles Siegel der Anerkennung.

Ein ähnliches Getränk wurde auch in den USA unter dem Namen »Peruanischer Coca-Wein« populär; ein Auszug aus dem Verbraucherführer von Sears, Roebuck und Co. aus dem Jahre 1900 gibt einige Hinweise zu den Eigenschaften des Weines:

> *»Er stärkt und erfrischt sowohl den Körper als auch den Geist ... Er kann über beliebige Zeit mit völliger Sicherheit eingenommen werden ... es wurde mit Gültigkeit nachgewiesen, daß im gleichen Zeitraum mehr als die doppelte Menge an Arbeit verrichtet werden kann, wenn man den Peruanischen Coca-Wein zu sich genommen hat – und man verspürt garantiert keine Müdigkeit.«*

Ein noch berühmteres Getränk – Coca Cola – enthielt ursprünglich Auszüge aus *Erythroxylon coca*, zusammen mit Auszügen aus *Cola nitida* (d. h. Koffein) und Wein. Es wurde von einem Apotheker, John S. Pemberton aus Atlanta in Georgia erfunden. In den frühen 80er Jahren des 19. Jahrhunderts führte er ein Tonikum ein mit dem Namen »Pemberton's French wine Coca«. Dieses basierte auf dem Vin Mariani, und Pemberton behauptete, daß es sich um ein ausgezeichnetes Tonikum handle, eine Hilfe für die Verdauung und ein Stimulans für das Nervensystem – ein »intellektuelles Getränk«. Als in Atlanta im Jahre 1886 die Prohibition begann, nahm Pemberton den Wein aus seiner Rezeptur und ersetzte ihn durch Zuckersirup. Er nannte das neue Getränk »Coca Cola: the temperance drink« (Coca Cola: das Getränk für Abstinenzler). Im Jahre 1904 führten Befürchtungen hinsichtlich der narkotisierenden Eigenschaften von Kokain zur Streichung der Coca-Extrakte, und infolgedessen versuchte die US-Regierung das Unternehmen Coca-Cola zur Änderung des Namens ihres Getränks zu zwingen. Nach manchem gesetzlichem Gerangel wurde der Name gerettet, vor allem deswegen, weil »Coca Cola« und »Coke« gebräuchliche Namen gewor-

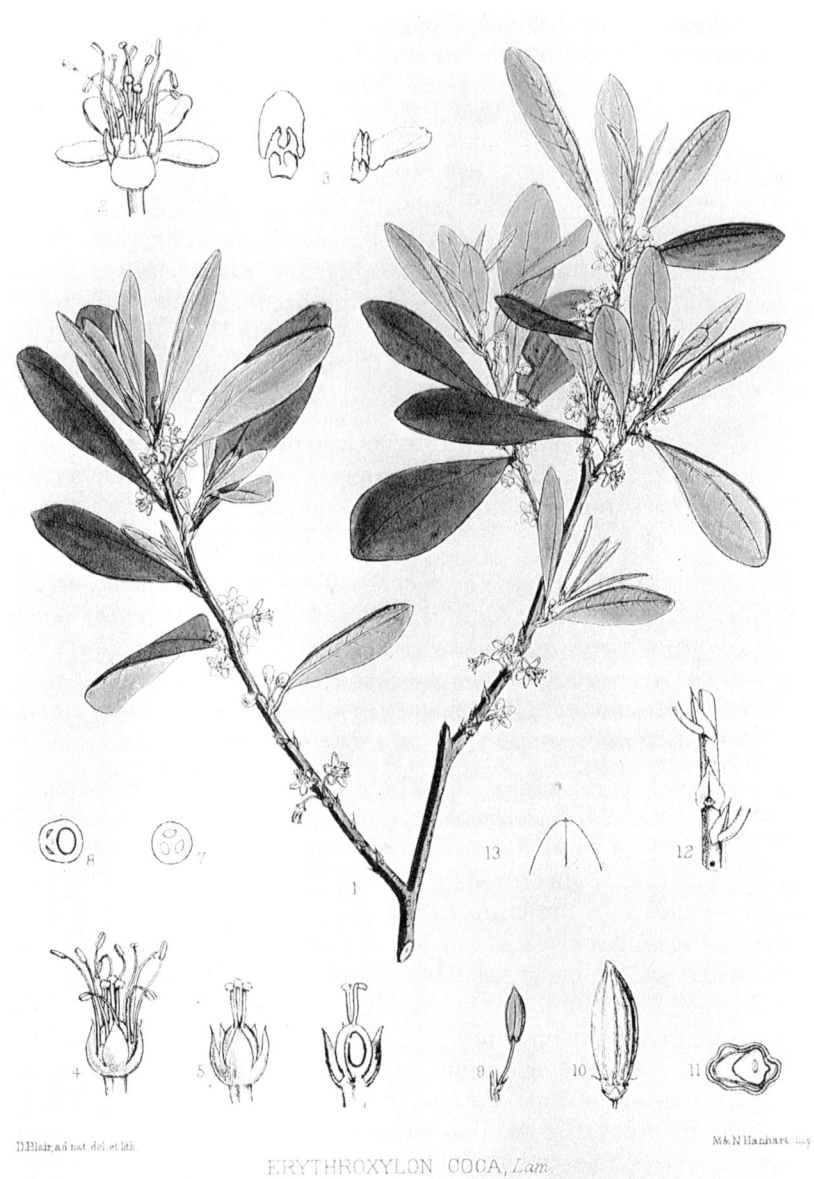

ERYTHROXYLON COCA, *Lam.*

Abb. 20   *Erythroxylon coca*, die Coca-Pflanze.

den waren, und man hielt es für unangemessen, daß die Regierung an der Sprache herumpfuschte.

Methoden zur Isolierung von Kokain standen im Jahre 1860 zur Verfügung, und Sigmund Freud war einer der ersten, der mit der reinen Droge experimentierte. In einem begeisterten Bericht mit dem Titel ›Ueber Coca‹, den er im Jahre 1884 schrieb, heißt es: »Wenige Minuten nach der Einnahme stellte sich eine plötzliche Aufheiterung und ein Gefühl von Leichtigkeit her. Man fühlt dabei ein Pelzigsein an den Lippen und am Gaumen, dann ein Wärmegefühl an denselben Stellen . . .« In einer leichteren Tonart warnte er seine Verlobte, Martha Bernays, was sie zu erwarten hätte, wenn er sie nach der Einnahme von Kokain besuchen würde. »Wehe, Prinzeßchen, wenn ich komme. Ich küsse Dich ganz rot und füttere Dich ganz dick, und wenn Du unartig bist, wirst Du sehen, wer stärker ist, ein kleines sanftes Mädchen, das nicht ißt, oder ein großer wilder Mann, der Cocain im Leib hat.«

Es war jedoch Sigmund Freuds junger Assistent Carl Köller, der im Jahre 1884 als erster die Wirksamkeit von Kokain als Lokalanästhetikum nachwies. Freud hatte ihn gebeten herauszufinden, wie Kokain das Hungergefühl vermindert und die Müdigkeit verringert, und er experimentierte mit einer verdünnten, wäßrigen Kokainlösung. Er gab etwas davon auf seine Zunge, worauf diese mit Taubheit und Geschmacksverlust reagierte. Köller untersuchte anfänglich die Verwendung von Kokain als Lokalanästhetikum in der Augenchirurgie. Nach einigen vorbereitenden Tierexperimenten träufelten er und ein Assistent sich gegenseitig die Kokainlösung in die Augen. Sie spürten nichts, als sie deren Hornhaut danach mit einer Nadelspitze berührten. Damit war die Wirksamkeit von Kokain nachgewiesen. Köller blieb viele Jahre lang in der Augenheilkunde tätig – zuerst in Wien, dann in New York. Kokain wurde das Lokalanästhetikum der Wahl bei der Entfernung des grauen Stars und bei anderen Augenoperationen.

Man weiß immer noch sehr wenig über die Wirkweise der Anästhetika, aber man geht davon aus, daß sich Kokain mit den Acetylcholinrezeptoren auf der Nervenmembran verbindet und die Durchlässigkeit der Membran für Natrium-Ionen verändert, wodurch es in die Reizübertragung eingreift. Mittlerweile wurde es von rein synthetischen Arzneistoffen wie dem Procain (Novocain – allen bekannt, die den Zahnarzt aufsuchen) weitgehend verdrängt, und der größte Teil des Kokains, das aus Südamerika importiert wird, wird nun für unerlaubte Zwecke benutzt. Wenn Kokain über die Nasenschleimhäute aufgenommen wird (daher: Kokain »schnupfen«), hat es eine unmittelbare und enorm stimulierende Wirkung auf das Lustzentrum im Gehirn. Im Verlauf von einigen Wochen zerstört es jedoch die

Nasenscheidewand (Süchtigen läuft gewöhnlich die Nase), und führt auch zu körperlicher Abhängigkeit.

Die suchterzeugenden Eigenschaften von Kokain treten am deutlichsten zutage, wenn das freie Alkaloid geraucht wird. Das ist das mittlerweile berüchtigte »Crack«, das das bewirkt, was Süchtige oft als »Orgasmus in jeder Körperzelle« bezeichnen. Man erlebt ein intensives »Hoch«, schnell gefolgt von einer tiefen Depression und einem heftigen Verlangen nach mehr Kokain. Abhängige können Crack in Abständen von fünfzehn Minuten rauchen und das bis zu 72 Stunden lang, ohne zu essen oder zu schlafen, und brechen dann einfach zusammen.

Man versteht inzwischen ein wenig von der Pharmakologie dieser Abhängigkeit, und es sieht so aus, als ob Kokain die Wiederaufnahme des Neurotransmitters Dopamin im Gehirn blockiert. Diese Substanz ist besonders wichtig in dem Teil des Gehirns, der die positiven Gefühlsreaktionen

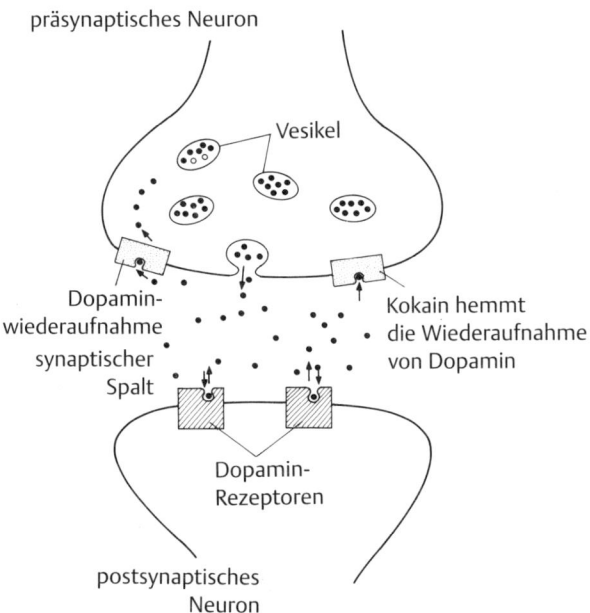

Abb. 21   Mechanismus der Kokainwirkung. Die Stimulierung einer dopaminergen Nervenendfaser bewirkt, daß Dopamin freigesetzt wird; es durchquert dann den synaptischen Spalt und wirkt auf die Dopaminrezeptoren des postsynaptischen Neurons. Das Kokain blockiert die Wiederaufnahme des überschüssigen Dopamins, das dann die Synapse überflutet.

kontrolliert – dem sogenannten Lustzentrum; und wie andere Synapsen haben auch diejenigen, bei denen das Dopamin eine Rolle spielt, einen Wiederaufnahmemechanismus für den nicht verbrauchten Neurotransmitter. Indem es die Wiederaufnahme von überschüssigen Mengen an Dopamin verhindert, potenziert Kokain dessen Wirkung auf die Neuronen des Lustzentrums (siehe Abb. 21).

Im Jahre 1988 schätzte das National Institut for Drug Abuse (Amt für Drogenmißbrauch), daß 35 – 40 Millionen Amerikaner Kokain in der einen oder anderen Form ausprobiert hatten. Diese Angewohnheit ist mittlerweile auch in den meisten anderen Teilen der Welt ein Problem. Im Gegensatz dazu wird es in Südamerika immer noch weithin gekaut, und man geht davon aus, daß mindestens 15 Millionen Indianer – die sogenannten *Coqueros* – Kokain gewohnheitsmäßig anwenden. Sie benutzen es, um ihre Ausdauer zu steigern, um den Hunger zu unterdrücken, um ein Wohlgefühl hervorzurufen, aber wahrscheinlich vor allem, um das Elend ihres täglichen Lebens zu erleichtern. Der Wirkmechanismus von Kokain ist hierbei ähnlich und doch ganz verschieden von dem, der im Gehirn eine Rolle spielt. An den adrenergen Nervenverbindungen wird der Überschuß des Transmitters Noradrenalin in die freisetzenden oder empfangenden Zellen aufgenommen und steht dann nicht zu einer Interaktion mit den Noradrenalinrezeptoren zur Verfügung. Kokain verhindert diese Wiederaufnahme und potenziert dadurch die Aktivität des Transmitters mit den daraus folgenden Auswirkungen auf die Ausdauer etc.

Die Indianer bereiten ihre Prieme aus Coca-Blättern und etwas Kalk zu, das sich mit den Kokainsalzen, die in den Blättern enthalten sind, verbindet, um den reinen Wirkstoff freizusetzen. Die durchschnittliche Aufnahme von Kokain auf diesem Weg beträgt ungefähr 400 mg aus etwa 50 g Blättern. Das entspricht etwa der Menge an Kokain, die von einem typischen »Schnupfer« aufgenommen wird, aber die Indianer ziehen möglicherweise tatsächlich einen gewissen Nutzen aus den Blättern. Diese haben einen hohen Gehalt an Vitamin C, Vitamin B_1 und Riboflavin, und das Kauen der Prieme mag Skorbut und andere Mangelkrankheiten in solchen Regionen verhindern helfen, in denen frisches Obst und Gemüse rar sind. Die Indianer benutzen Coca auch, um Rheuma- und Kopfschmerzen und die Symptome von Asthma zu lindern sowie als Aphrodisiakum. Es gibt jedoch kaum einen Beweis für die Wirksamkeit.

Heutzutage können wir somit auf mindestens 1500 Jahre indianische Coca-Kultur, auf ungefähr 100 Jahre klinische Anwendung und vielleicht auf 15 Jahre ernsthaften Drogenmißbrauch zurückblicken – alles basierend auf dem selben Stimulans: Kokain.

☰ Psychomimetika

☰ Psychotrope Pflanzen und Pilze der Alten Welt

Die stimulierenden Wirkungen der soeben beschriebenen Pflanzen waren der Hauptgrund für ihre Anwendung. Ihre »den Geist beugenden« Eigenschaften – soweit diese existieren – waren zufällig. Im Gegensatz dazu wurden die Pflanzen und Pilze, die halluzinogene Substanzen enthalten, für ihre magischen Eigenschaften gepriesen. Es muß eine wahrhaft erhebende Erfahrung für die Urvölker gewesen sein, die zum ersten Mal mit Ololiuqui oder dem Fliegenpilz experimentierten, und ihre ursprünglichen Gesellschaften verehrten verständlicherweise diese neue und verblüffende Magie.

Zu definieren, woraus eine Halluzination besteht oder ein reines Halluzinogen klar zu identifizieren, ist nicht einfach. Hoffer und Osmond beschrieben sie in einem Buch mit dem Titel »Halluzinogens« folgendermaßen:

> *»Chemikalien, die, in nicht toxischen Dosen, Veränderungen in der Wahrnehmung, im Denken und im Verhalten hervorrufen, aber selten geistige Verwirrung, Gedächtnisverlust oder Desorientierung für Personen, Ort oder Zeit.«*

Das ist mehr oder weniger eine Bestätigung für Albert Hofmanns klassische Beschreibung:

> *»Auf ganz spezifische Art rufen (Halluzinogene) tiefe psychische Veränderungen hervor, die mit Veränderungen in der Wahrnehmung von Ort und Zeit ... Körpergefühl und Persönlichkeit verbunden sind. Dennoch bleibt das Bewußtsein erhalten.«*

Mit anderen Worten: Sie rufen eine Bewußtseinsveränderung hervor, eine Art von Traumwelt, in der der Anwender eine in hohem Maße veränderte Wahrnehmung von Raum, Zeit, Farbe, Klang, Geruch und Geschmack erfährt. Dennoch trüben sie nicht die Sinne, wie das bei Alkohol und Morphium der Fall ist. Es wird unmittelbar deutlich, warum die Schamanen ihre Geheimnisse gänzlich für sich selbst behielten, oder ihre magischen Zubereitungen höchstens mit einem Lehrling oder mit einem Patienten teilten, der sich der Diagnose einer Krankheit unterzog.

Die Anwendung von halluzinogenen Pflanzen war in der Neuen Welt in höchstem Maße entwickelt, vor allem in Mittel- und Südamerika, und noch immer werden diese Pflanzen weithin angewendet. Aber es gab auch verschiedene Pflanzenextrakte in der Alten Welt, die von großer ethnopharmakologischer Bedeutung waren: Soma, Haschisch und die verschiedenen Zaubertränke.

—— *Soma*

In Aldous Huxleys »Brave New World« (deutscher Titel: »Schöne neue Welt«) war Soma die gesellschaftliche Droge der Zukunft. Sie hatte »alle Vorteile des Christentums und des Alkohols und keinen ihrer Mängel« und sie ermöglichte es den Menschen »Urlaub zu nehmen von der Realität, wann immer du magst und zurückzukommen, ohne auch nur Kopfweh zu haben und ohne eine Mythologie«.

Es steht außer Frage, daß der Name von *Soma* stammt, dem Mondgott des alten Indien, und dazu benutzt wurde, ein giftiges Getränk zu beschreiben, das aus einer geheiligten Pflanze gewonnen wurde. Die tatsächliche Identität dieser Pflanze ist fraglich, obgleich Soma in ungefähr 150 Hymnen des Rig Veda erwähnt wird. Dieses enthält Texte in Sanskrit von den frühen arischen Bewohnern des Indusbeckens. Man nimmt an, daß diese Arier von dem heutigen Afghanistan her in Indien eingefallen sind und man glaubt, daß das Rig Veda zwischen 1500 und 500 v. Chr. geschrieben wurde. Die Pflanze wird verschiedentlich mit herabhängenden Zweigen und fleischigen Stengeln und rötlicher Farbe beschrieben. Von der »wohlriechenden Flüssigkeit«, die man durch das Auspressen der Stengel erhielt, wurde behauptet, daß sie eine giftige Wirkung habe und daß sie ein Gefühl von Stärke und Mut hervorrufe. Sie besaß außerdem aphrodisierende Eigenschaften. Soma war ein heiliges Getränk und wurde als solches verehrt.

Man hat von den verschiedensten Pflanzen angenommen, sie seien das Soma des vedischen Indien, und verschiedene Wolfsmilchgewächse, wie *Sarcostemma acidum* und *Sarcostemma brevistigma* werden im heutigen Indien zur Gewinnung von Extrakten benutzt, die als Soma bezeichnet werden. Von *Cannabis sativa*, aus dem man Haschisch und Marihuana gewinnt, glaubte man auch einmal, es sei das Soma des alten Indien. Mittlerweile geht man jedoch allgemein davon aus, daß der Pilz *Amanita muscaria* die wahrscheinlichste Quelle des Soma war.

Amanita muscaria ist der bekannte rote Pilz mit den weißen Punkten, wie er oft in Märchenbüchern für Kinder dargestellt ist, und er ist in den gemäßigten Gebieten der nördlichen Hemisphäre weit verbreitet. Er wächst besonders gut unter Tannen und Birken und ist ein vertrauter Anblick an feuchten, herbstlichen Tagen. Wie bereits in dem Kapitel über Gifte erwähnt wurde, hat man ihn ursprünglich als Insektizid geschätzt – von daher auch der Name »Fliegenpilz« –, aber sein Gebrauch als Quelle für Halluzinogene in Teilen Nordostasiens und Sibiriens hat ebenfalls eine lange Geschichte. Der größte Teil unserer Information über die magischen Eigenschaften dieses Pilzes stammt aus dem gelehrten Werk von R. G. Wasson mit dem Titel »Soma the Divine Mushroom« (Soma, der göttliche Pilz). Er studierte die Übersetzungen des Rig Veda und verglich alle Berichte der asiatischen und skandinavischen Forscher, die auf den Gebrauch des Fliegenpilzes gestoßen waren. Wasson schloß daraus, daß das Soma des alten Indien und der Fliegenpilz ein und dasselbe waren. Er identifizierte insbesondere verschiedene Zeilen aus den vedischen Hymnen, die *Amanita muscaria* mit seiner charakteristischen Form und seinem rosenroten Farbton mit den weißen Punkten zu beschreiben scheinen. Zum Beispiel: »Am Tag erscheint er [der Pilz] *hari* [Farbe des Feuers], bei Nacht silbrig weiß« und »Soma mit seinen tausend Höckern [Knöpfen]«. Das Buch ist voll von gelehrter Spekulation. Doch was auch immer die Quelle des Somas sein mag – Wasson lieferte ebenfalls eine faszinierende Sammlung von Reiseberichten über den Fliegenpilz. Die vermutlich erste Beschreibung eines Europäers über den Genuß des Pilzes stellt der Bericht von Filip von Strahlenberg dar. Er war ein schwedischer Oberst, der zwölf Jahre lang als Kriegsgefangener bei den Korjaken in Nordostsibirien lebte. Er kam zurück und veröffentlichte im Jahre 1730 seine Memoiren. Hier sein Bericht:

> *»Die Reichen unter ihnen, legen sich für den Winter einen großen Vorrat von diesen Pilzen an. Wenn sie ein Fest feiern, gießen sie Wasser auf einige der Pilze und kochen sie. Dann trinken sie die Flüssigkeit, die sie berauscht. Die Ärmeren ... stellen sich bei diesen Anlässen um die Hütten der Reichen herum auf und warten darauf, daß die Gäste herauskommen, um Wasser zu lassen. Dann halten sie ein hölzernes Gefäß hin, um den Urin aufzufangen, den sie danach gierig austrinken ... Auf diesem Weg werden sie dann auch betrunken.«*

Ein ähnlicher Bericht stammt von Georg Steller, der mehrere Jahre bei den Korjaken verbrachte, und im Jahre 1774 folgendes schrieb:

> *»Die Fliegenpilze werden getrocknet und dann in großen Stücken unzerkaut gegessen und mit kaltem Wasser hinuntergespült. Nach ungefähr einer halben Stunde ist die Person vollständig berauscht und erlebt ganz außergewöhnliche Visionen. Jene, die sich den ziemlich teuren Pilz nicht leisten können, trinken den Urin von denen, die ihn gegessen haben, wodurch sie ebenso betrunken werden wie diese, wenn nicht sogar noch mehr. Der Urin scheint noch wirksamer zu sein als der Pilz, und seine Wirkung kann noch bis zum vierten oder fünften Mann andauern.«*

Viele dieser Berichte beschreiben die halluzinogene Wirkung des Pilzes, und sie stimmen im wesentlichen darin überein, daß sich ungefähr eine Stunde nach dessen Genuß eine Phase leichter Euphorie, begleitet von pseudo-religiösen Visionen einstellt. Der Bericht von Stephan Krasheninnikov, der im Jahre 1755 veröffentlicht und von Wasson erfrischend übersetzt wurde, stellt fest:

>*»Sie sind verschiedenen Visionen ausgesetzt – erschreckenden oder glücklichen ... wodurch die einen springen, einige tanzen, andere schreien und erleiden schrecklichen Terror und wieder andere halten einen kleinen Spalt für so groß wie eine Tür und einen Kübel Wasser für so tief wie das Meer«.*

Eine vertrautere Beschreibung dessen, wie eine Fliegenpilzvergiftung aussehen könnte, stammt von Lewis Carroll in »Through the Looking Glass« (deutscher Titel: Alice hinter den Spiegeln):

>*»Komm', mein Kopf ist wieder frei!«, sagte Alice in einem Ton der Entzückung, der jedoch im nächsten Augenblick alarmiert klang, als sie feststellte, daß sie ihre Schultern nirgends finden konnte: Alles, was sie sehen konnte, als sie an sich hinuntersah, war ein unbeschreiblich langer Hals, der wie ein Stengel aus einem Meer von grünen Blättern, die weit unter ihr lagen, herauszuragen schien.«*

Gewiß war Lewis Carroll mit Cookes »Manual of British Fungi«, dem Handbuch der Pilze Großbritanniens, das zu jener Zeit die Hauptinformationsquelle darstellte, vertraut. Aber seine Beschreibung von der Wirkung eines Halluzinogens ist so genau, daß man versucht ist zu vermuten, er habe die Wirkungen an sich selbst ausprobiert.

Die Anwendung dieses Pilzes ist in den verschiedensten Teilen Sibiriens immer noch weit verbreitet – bei dem Volk der Finno-Ugrier, der Ostjaken und der Wogulen und unter den Tschuktschen, Korjaken und den Kamchadalen. In früheren Zeiten war der Pilz vielleicht die Quelle für Halluzinogene für die Nordberserker; eine wahrscheinlichere Quelle scheint jedoch die verwandte Spezies *Amanita pantherina* gewesen zu sein. Von dieser Art weiß man, daß ihr Verzehr Wahnsinn hervorruft – obgleich ihr aktiver Bestandteil nicht bekannt ist. Man nimmt an, daß die psychoaktiven Bestandteile des Fliegenpilzes Muscimol und Ibotensäure sind, obgleich der Pilz auch Muskarin enthält. Letztere Verbindung ist von besonderer historischer Bedeutung, denn bereits im Jahre 1869 zeigte Schmiedeberg, daß Muskarin am Vagusnerv der Frösche eine Erregung hervorrufen konnte. Das regte die Suche nach Neurotransmittersubstanzen an, die schließlich zur Entdeckung von Acetylcholin führte. Muskarin kann die Wirkung von Acetylcholin auf die parasympathischen Nervenendigungen imitieren, indem es mit einer Unterklasse von Acetylcholin-Rezeptoren, nämlich den Muskarin-Rezeptoren interagiert.

Ibotensäure und Muscimol entfalten ihre pharmakologische Wirkung vermutlich dadurch, daß sie in die normale Funktion des im Gehirn vorhandenen Neurotransmitters Gamma-Aminobuttersäure (GABA) eingreifen. Hierbei handelt es sich um einen inhibitorischen Neurotransmitter, der an etwa 40% der Synapsen des Gehirns aktiv ist. Es hat den Anschein, daß er (zumindest teilweise) dadurch wirksam ist, daß er die Chlorid-Kanäle in der neuronalen Membran öffnet. Dadurch wird die Innenseite der Zelle negativer, so daß mehr Natrium-Ionen einströmen müssen, bevor eine Depolarisierung erfolgen kann. Die beiden Pilzalkaloide binden sich vermutlich an die GABA-Rezeptoren im Kanal und blockieren dann den Einstrom der Chlorid-Ionen. Dadurch wird die Gehirnaktivität, die von GABA verursacht wird, gehemmt. Ein Vergleich der Strukturen der Ibotensäure, des Muscimol und der GABA wird in Abb. 22 dargestellt.

Die GABA-abhängigen neuronalen Systeme sind ausführlich untersucht worden, denn zusätzlich zu den Interaktionen mit Muscimol und Ibotensäure gibt es noch solche mit den Benzodiazepin-Tranquilizern, wie z. B. Valium.

Was die Pharmakologie des Urins der Pilz-Esser anbelangt, scheint keine Forschung betrieben worden zu sein, aber es ist möglich, daß die Ibotensäure im Körper so verändert wird, daß das wirksamere Muscimol entsteht.

___ *Haschisch*

Während sich die Herkunft von Soma im Nebel der Zeit verliert, ist die Geschichte von Haschisch gut dokumentiert. Bereits im Jahre 2700 v. Chr. – unter der Herrrschaft des legendären Kaisers Shen Nung – wurde berichtet, daß man nach dem Genuß des Hanfsamens alle »Teufel sehen« würde (d. h. Halluzinationen habe), obgleich vermutlich die Kommunikation mit weniger feindseligen Geistern beabsichtigt war. Die wilden skythischen Reiter inhalierten den Rauch von brennendem Hanfsamen – so etwa behauptete Herodot, der ungefähr 500 v. Chr. schrieb: »Es wird ein Gefäß auf den Boden gestellt, in das sie eine Anzahl roter, heißer Steine legen und dann einige Hanfsamen dazu geben . . . es raucht sofort und ruft einen derartigen Dunst hervor . . . die Skythen sind beglückt und schreien vor Freude.« Ein vor kurzem erbrachter archäologischer Beweis scheint die Existenz dieses Brauchs zu unterstützen. Im Jahre 200 n. Chr. berichtete schon der griechische Arzt Galen, daß die Verwendung von Hanf in Kuchen u. ä. weit verbreitet war, um auf Dinner-Parties für Fröhlichkeit und Vergnügen zu sorgen.

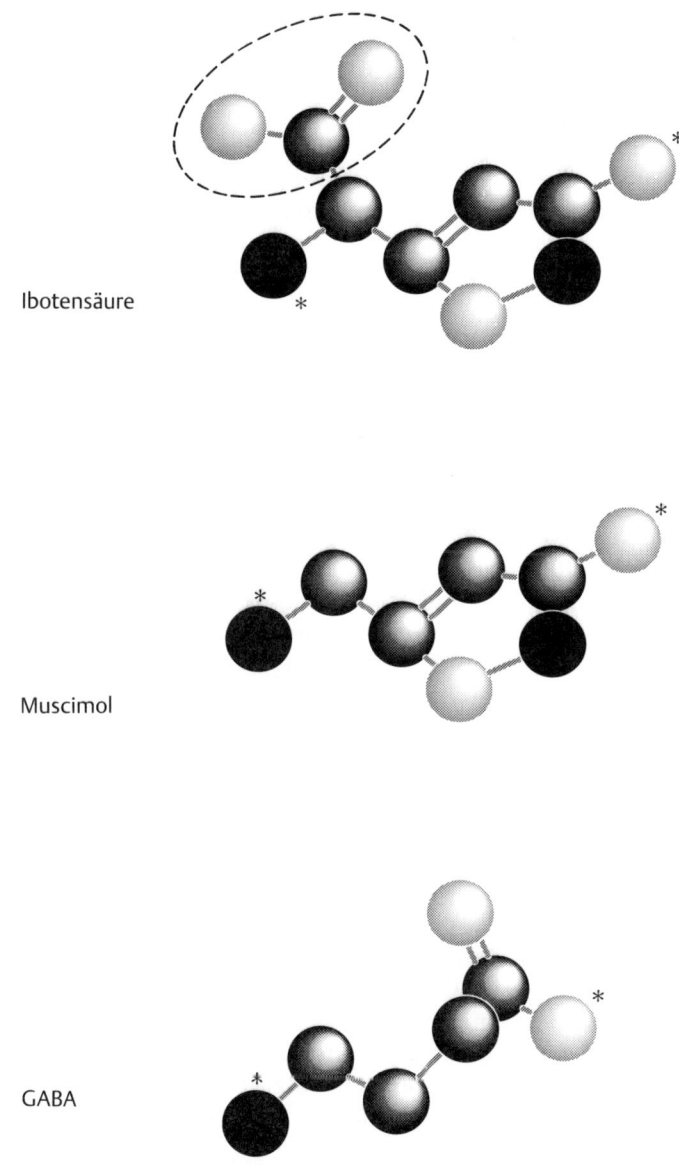

Ibotensäure

Muscimol

GABA

Abb. 22 Vergleich der Strukturen von Ibotensäure, Muscimol und GABA. Man beachte, daß die Anordnung der markierten Stickstoff- und Sauerstoffatome bei den beiden Halluzinogenen ähnlich ist wie bei der GABA. Dadurch können diese mit dem natürlichen Transmitter um die Bindestellen am Rezeptor konkurrieren. Die eingekreisten Atome können im Stoffwechsel verlorengehen.

Würde man allerdings die Bedeutung der psychoaktiven Eigenschaften von *Cannabis sativa* in diesem historischen Zusammenhang betonen, wäre das irreführend. Die Pflanze stammt höchstwahrscheinlich aus Zentralasien und wurde ursprünglich wegen ihres ziemlich fasrigen Stengels geschätzt. Man fand in Turkestan Spuren von Hanfseil, die in etwa aus dem Jahre 3000 v. Chr. stammen, und es ist wahrscheinlich, daß in begrenztem Umfang eine gezielte Zucht vorgenommen wurde, um diese Eigenschaft der Pflanze zu verbessern. Die Früchte waren ebenfalls von Bedeutung – als Proteinquelle und wegen ihres Öls, das in biblischen Zeiten als Lampenöl benutzt wurde.

Noch bis vor kurzem wurde Hanf hauptsächlich für die Seilherstellung verwendet, und sicherlich war die Entwicklung der Britischen Marine unter Heinrich VIII. im fünfzehnten Jahrhundert und ihre Überlegenheit bis gut ins zwanzigste Jahrhundert hinein von einer guten Versorgung mit Hanfseilen abhängig. *Cannabis sativa* wurde im römischen Gallien und wahrscheinlich ebenso im römischen Britannien als Faserpflanze kultiviert und war in Britannien zur Zeit der Eroberung durch die Normannen (1066) gut eingeführt. Die Pflanze wurde von britischen Kolonisten nach Kanada (1606), nach Virginia (1611) und nach Neuengland (1632) exportiert, und sie wurde gänzlich unabhängig davon in Südamerika in der Mitte des 16. Jahrhunderts durch spanische Abenteurer eingeführt.

Die medizinischen Eigenschaften der Pflanze wurden ebenfalls geschätzt, und Kaiser Shen Nung erwähnte ihre Verwendung als Mittel gegen Malaria, Beri-Beri, rheumatische Schmerzen, etc. Die Medizin der Indianer hingegen behauptete, daß sie bei der Behandlung von Lepra, Geschlechtskrankheiten, Wahnsinn und weniger bedrohlichen Zuständen, wie Schuppen und Schlaflosigkeit, nützlich sei. In Europa wurden die Rezepte und Zutaten, die von Galen und Dioskurides eingeführt worden waren, von den Ärzten des Mittelalters tradiert, und diese unterschieden zwischen natürlichem Hanf für die Behandlung von »Knoten und Geschwulsten und anderen schweren Tumoren« und kultiviertem Hanf für weniger ernsthafte Zustände. Es überrascht sicher nicht, daß die psychoaktiven Eigenschaften der Pflanze in diesen Arzneien oft von Bedeutung waren, und es wurden verschiedene schmerzstillende Getränke benutzt. In Lesotho rauchen die Frauen bis zum heutigen Tag Cannabis als Teil ihrer Geburtsvorbereitungen.

Kommen wir zu der Verwendung von Cannabis als Halluzinogen zurück: Ein großer Teil unserer Kenntnis über die Verwendung von Cannabis vor dem 13. Jahrhundert stammt aus der Kultur der Inder. Wie bei Soma wurde auch hier der reine Extrakt der Pflanze – gewöhnlich als »bhang« (Hanf, Haschisch) bezeichnet – verehrt. Der Name »bhang« wird jetzt für ein Präparat verwendet, das aus den pulverisierten grünen Blättern, vermischt mit Milch oder Wasser oder getrockneten Gewürzen hergestellt wird. Es ist wahrscheinlich, daß der »geheiligte Nektar« des vedischen Indien etwas Ähnliches war. Der Hindu-Gott Shiva bestand darauf, daß das Wort »bhangi« von denen gesungen werden soll, die in irgendeiner Weise an der Kultivierung der Pflanze beteiligt sind. Anderer, ähnlicher Aberglaube ist in der Mythologie des alten Indien reichlich vorhanden.

Gewöhnlich schreibt man Marco Polo die erste europäische Beschreibung des Hanfkonsums zu. In dem Bericht über seine Reisen im späten dreizehnten Jahrhundert beschrieb er die exotischen und barbarischen Praktiken jener Sekte, die von dem persischen Kriegsherrn – bekannt als Al-Hasan ibn al-Sabbah oder Alaodin oder einfach als der »Alte vom Berge« – gegründet wurde. Diese islamische Sekte – Assassini genannt – bestand aus fanatischen politischen Terroristen, deren erklärtes Ziel es war, die muslimische Welt von falschen Propheten zu befreien. Sie waren vollkommen furchtlos und schienen ihre beinahe unvermeidliche Gefangennahme, die Folter und den Tod als eine Art von Belohnung anzunehmen.

Man vermutete, daß dieses erstaunliche Verhalten dem Einfluß eines Tranks zugeschrieben werden mußte, der von Alaodin und seinen Nachfolgern ausgegeben wurde, und der Volksglaube nahm an, daß dabei Hanf im Spiel war. Vermutlich wurde in Alaodins Bergfestung ein künstliches Paradies geschaffen, mit einem wunderschönen Garten, reizenden jungen Mädchen und vier Springbrunnen, die Wein, Milch, Honig oder Wasser lieferten. Die jungen Rekruten wurden unter Drogen gesetzt und wenn sie aufwachten, glaubten sie im Paradies zu sein, oder man sagte ihnen, daß dies zumindest ein Vorgeschmack auf das Paradies sei. Wenn man sie aufforderte, das große Opfer zu bringen, gingen sie glücklich in den Tod. So ähnlich wollte es uns Marco Polo glauben machen.

Es gibt keinen Beweis dafür, daß sich Marco Polo dem Bollwerk des Alten Mannes je näherte. Dieses lag in der persischen Provinz Mazandaran, im Süden des Kaspischen Meeres in der Nähe der heutigen Stadt Teheran. Die Assassinis existierten natürlich und wurden in ganz Europa und Asien seit dem zwölften Jahrhundert gefürchtet. Die Herkunft des Wortes »assassin« ist gut erforscht: Es stammt von dem arabischen Wort *hashshashin*, was soviel bedeutet wie »Haschisch-Esser«. Haschisch ist ein Präparat, das aus dem Harz der blühenden Spitzen von *Cannabis sativa* gewonnen wird und es ist eine der potenteren psychoaktiven Formen, die von der Hanfpflanze stammen. Es wird behauptet, daß der Gebrauch der Pflanze in Persien bereits im 6. Jahrhundert n. Chr. begann, und das Essen von Haschisch ist in den arabischen Ländern immer noch weit verbreitet. Dennoch wird in den offiziellen islamischen Berichten über die Assassini die Verwendung von Haschisch nie erwähnt. Das ist deshalb erstaunlich, weil es dazu beigetragen hätte, eine pseudoreligiöse Sekte zu diskreditieren.

Die Pharmakologie ist auch suspekt. Marco Polo behauptet, daß man den freiwilligen Assassinis ein Getränk verabreicht habe, das sie einschlafen ließ – »li fa loro dare beveraggio che dormono«; dann wurden sie in den Garten mit den wundersamen Brunnen getragen, usw., so daß sie beim Aufwachen glaubten, sie seien im Paradies: »Quando color si svegliono, trovansi quivi, molto si maravigliano, e sono molto tristi che si truovano fuori del paradiso.«

Haschisch hat gewöhnlich keine schlaffördernde Wirkung und es ruft einen traumähnlichen Zustand mit einer erhöhten Geräusch- und Farbwahrnehmung hervor. Deshalb muß etwas Stärkeres (und Narkotisierendes) in dem »Einweihungs«-Getränk enthalten gewesen sein. Außerdem bleibt fragwürdig, ob kämpfende Männer in Höchstform gewesen sein konnten, wenn sie nur von Drogen, harten Getränken und Sex gelebt haben. Dennoch gibt es trotz dieser pharmakologischen Diskrepanzen und möglicher ethymologischer Probleme keinen Zweifel darüber, daß Marco Polos Bericht über seine Reisen die Aufmerksamkeit der europäischen Nationen auf das Haschisch lenkte; und das Wort »assassin« fand Eingang in die Wörterbücher: Es bedeutet sowohl im Englischen wie im Französischen »Mörder«.

Der Gebrauch von Cannabis war in Europa bis zu den Napoleonischen Feldzügen im Mittleren Osten nicht sehr verbreitet. Napoleons Soldaten und auch die von ihren Auftragsreisen aus Indien zurückkehrenden britischen Ärzte führten die Pflanze und deren Anwendung ein. Der Konsum von Hanfprodukten erreichte in Europa im 19. Jahrhundert eine Art kulturellen Höhepunkt, als französische Schriftsteller einen ausgewählten Club gründeten – bekannt als »Le club des Hashishins«. Prominente Mitglieder waren die Dichter Charles Baudelaire, Honoré de Balzac und Théophile Gautier. Die meisten von ihnen schrieben Berichte darüber, wie sie Haschisch zur Verbesserung ihrer künstlerischen Leistung anwandten. Baudelaire stellte zum Beispiel die Ergebnisse seiner Experimente mit Haschisch, Wein und Opium in seinem Buch »Les paradis artificiels« (Die künstlichen Paradiese) dar. Der Genuß der Droge unter den richtigen Umständen (»vous avez eu la précaution de bien choisir votre moment pour cette aventureuse expedition«) rief eine Verzerrung von Zeit und Raum hervor (»les proportions du temps et de l'être sont complètement dérangés par la multitude et l'intensité des sensations et des idées«) und ein Gefühl von guter Laune und Heiterkeit (»je me trouvais dans un état de langueur et d'étonnement qui était presque du bonheur«).

Im gleichen Buch beschrieb Gauthier die erhöhte visuelle und akustische Wahrnehmung: »Les sens deviennent d'une finesse et d'une acuité extraordinaire. Les yeux percent l'infinii. L' oreille perçoit les sons les plus insaisissables au milieu des bruits les plus aigus.« Und noch poetischer: »Les sons ont une couleur, les couleurs ont une musique. Les notes musicales sont des nombres, et vous résolvez avec une rapidité effrayante de prodigieux calculs d'arithmetique.« (Töne haben eine Farbe, Farben haben einen Klang. Die Noten entsprechen Zahlen und Sie lösen die anspruchsvollsten arithmetischen Gleichungen in erstaunlicher Geschwindigkeit.)

Ein anderer Franzose, der Psychiater Moreau, experimentierte mit Haschisch und anderen psychoaktiven Substanzen auf mehr wissenschaftliche Weise, und er untersuchte auch den volkstümlichen Gebrauch der Droge in Ägypten und im Mittleren Osten. Aus seinen Untersuchungen folgerte er, daß Haschisch eine Substanz enthält, die geistige Zustände hervorruft, die jenen ähneln, die mit verschiedenen Psychosen einhergehen. In seinem Buch »Du hachisch et de l'aliéntation mentale« (Über Haschisch und die geistige Entfremdung) lieferte er uns die erste (pseudo-)wissenschaftliche Klassifizierung der Wirkungen von Haschisch. Er teilte diese in acht Kategorien ein: Euphorie, Verlust der Konzentration, Verschiebung von Zeit und Raum, erhöhte Hörschärfe, Illusionen, emotionale Erregung, Impulsivität und Halluzinationen.

In Wirklichkeit ist es zweifelhaft, ob die verschiedenen Verwendungsarten von Hanf mehr als eine milde Euphorie hervorrufen (zumindest in niedriger Dosierung), und die Hauptgefahr, die mit seinem Genuß verbunden ist, ist die, daß sie den Benutzer in die Nähe der Lieferanten von gefährlicheren Drogen bringt. Haschisch wurde sicherlich in seinen verschiedenen Formen von einer großen Zahl von Menschen angewandt. In Fernost, vor allem in Indien werden drei Arten von Cannabis verwendet: das relativ schwache »bhang« (Haschisch) und zwei starke, harzige Zubereitungen, genannt »ganja« und »charas«, die man von den blühenden Spitzen von ausgewählten wilden Arten der Pflanze erhält. Im Mittleren Osten ist Haschisch vorherrschend, während in Afrika die Blätter getrocknet und dann geraucht werden – gewöhnlich in Verbindung mit Tabak. In der Vergangenheit haben die Eingeborenen einfach den Rauch von schwelenden Hanfhaufen eingeatmet.

Das Rauchen von Marihuana wurde in den USA erst in den 20er Jahren dieses Jahrhunderts von eingewanderten mexikanischen Arbeitern eingeführt. Mittlerweile ist diese Praktik weitverbreitet. »Pot-Rauchen« ist in vielen Staaten tatsächlich legal – z. B. in Kalifornien –, aber in vielen anderen ist es eine Straftat.

Zur Pharmakologie von *Cannabis sativa* wurde viel gearbeitet, und es gibt keine Zweifel daran, daß sein hauptsächlicher psychoaktiver Bestandteil das Δ^1-Tetrahydrocannabinol (THC) ist. Obgleich seine unzähligen biologischen Wirkungen den Veränderungen in der Konzentration der Katecholamine (Adrenalin und Noradrenalin) und des Serotonin zugeschrieben wurden, konnte man dennoch keine definitive Erklärung für seine Pharmakologie liefern. Um einen euphorischen Zustand hervorzurufen, muß man schätzungsweise 25–50 µg (Mikrogramm) pro kg Körpergewicht THC über die Lungen aufnehmen oder 50–200 µg pro kg über den Gastrointestinaltrakt. Die entsprechenden halluzinogenen Dosierungen betragen 200–250 µg pro kg (Lunge) und 300–500 µg pro kg (Gastrointestinaltrakt). In den USA ist der Genuß von einem oder zwei »Joints« pro Tag üblich, und diese Menge entspricht 5–10 mg THC. Ein indischer Ganja-Benutzer nimmt etwa 30–60 mg THC aus 1–2 g Hanf zu sich. Wer in den USA in geselliger Runde Haschisch anwendet, sollte demnach eine milde Euphorie verspüren, während sich der Inder eine halluzinogene Dosis zuführt. Es wurden auch zahlreiche klinische Untersuchungen durchgeführt. Obgleich δ^1-Tetrahydrocannabinol und verschiedene seiner synthetischen Analoga einiges versprachen, so z. B. in der Behandlung von Asthma (hier verursacht es eine Erweiterung der Bronchiolen), Epilepsie (hier verhindert es die Zahl der Krampfanfälle), Anorexie (hier stimuliert es den Appetit) und der Übelkeit, die von der Chemotherapie bei Krebs hervorgerufen wird, wurde kein ernster klinischer Nutzen daraus gezogen – ausgenommen für den letztgenannten Zustand.

Die zytotoxischen (zelltötenden) Arzneistoffe, die zur Behandlung von Krebs angewandt werden, verursachen fast ausnahmslos Erbrechen. Das ist manchmal so entkräftend, daß der Patient eine längere Behandlung mit den möglicherweise lebensrettenden Medikamenten ablehnt. Es stehen natürlich viele synthetische Antiemetika zur Verfügung, aber die Entdeckung, daß Marihuana diese Eigenschaft besitzt, war verblüffend. Auch dies ist Teil der modernen Volkskunde.

In der Mitte der 60er Jahre begannen innerhalb der Hippie-Kultur Geschichten darüber zu kursieren, daß der Genuß von Alkohol in Verbindung mit Marihuana (auf Parties) seltener zu Übelkeit führte, als der Genuß von Alkohol allein. Aber einer der ersten Berichte über *Cannabis sativa* in klinischem Zusammenhang wurde von dem amerikanischen Poeten Ted Rosenthal in seinem Buch »How Could I Not Be Among You? (Wie könnte ich nicht bei Euch sein?) abgegeben. Hier beschreibt er seinen Kampf gegen die Leukämie, der er schließlich im Jahre 1972 erlag:

»*Asparaginase, das Medikament, das ich in den vergangenen Wochen nehmen mußte, verursacht akute Übelkeit, gegen die keine Droge, keine Pille zu helfen vermag. Und eines Tages kamen meine Ärzte hereingerauscht . . . und sagten: ›Haben Sie etwas Kraut, Gras, Pot, Marihuana?‹ Also bekam ich in jener Nacht ein wenig davon und ich saß da und beschloß zu warten, bis ich es nicht mehr aushalten könnte. Ich saß da und hielt eine Schüssel im Schoß – bereit zu erbrechen – und eine Marihuana-Pfeife in der anderen Hand. Und gerade als ich im Begriff war, mich zu erleichtern, nahm ich einen Zug und – sieh an – es war weg. Ich fühlte mich wohl. Ich nahm gleich noch zwei oder drei Züge und aß danach ein Dutzend Krabben, einen riesigen Hummer und ein Stück Schokoladenkuchen obendrein.*«

Die pharmazeutische Industrie war bereits sehr intensiv mit der Herstellung und der Erprobung von THC-Analogen und deren weitreichenden pharmakologischen Wirkungen beschäftigt, so daß es ziemlich einfach war, THC und diese Analoge auf ihre antiemetische Wirkung hin zu prüfen. Im Jahre 1982 kündigte die amerikanische Gesellschaft Eli Lilly an, daß vor allem ein Analogon, das sie Nabilone nannten, besonders wirksam die Übelkeit verhindert, die mit der Chemotherapie bei Krebs einhergeht, und es wurde seitdem oft zu diesem Zweck gegeben.

Somit wird die Hanfpflanze, nachdem sie fünftausend Jahre lang in Gebrauch ist, immer noch in weiten Kreisen gepriesen und vor allem wegen ihrer psychotropen Eigenschaften genutzt. Dagegen ist es sehr wahrscheinlich, daß die künftige Forschung zu THC-Analogen führen wird, die deswegen geschätzt werden, weil sie den klinischen Nutzen mit dem Fehlen von unerwünschten psychotropen Wirkungen verbinden.

—— *Zaubertränke*

Von all den Pflanzenarten, die vom Menschen genutzt werden, stehen nur wenige so sehr in Verbindung mit Mord, Magie und Medizin wie das Trio *Atropa belladonna, Hyoscyamus niger* und *Mandragora officinarum*. Die Verwendung der Tollkirsche, des Bilsenkrautes und der Alraune als Quellen für Gifte, wurde schon in dem Kapitel über Mord erwähnt, aber sie haben auch eine lange Tradition bei Wahrsagern, Magiern und Hexern.

Im antiken Griechenland glaubte man, daß Menschen unter dem Einfluß des Bilsenkrautes prophetische Fähigkeiten entwickelten, und von den Priesterinnen des Delphischen Orakels wird behauptet, daß sie den Rauch des schwelenden Bilsenkrautes eingeatmet hätten. Zur Zeit der Rö-

HYOSCYAMUS NIGER, *Linn.*

Abb. 23   *Hyoscyamus niger,* das Bilsenkraut.

mer wurde wahrscheinlich mit Tollkirschen verschnittener Wein während bacchantischer Orgien getrunken. Bis zum Mittelalter jedoch war die Verwendung der Pflanzen für Hexerei, Zauberei und andere ruchlose Aktivitäten nicht sehr verbreitet.

Irgendwann stellte man fest, daß Pflanzenbestandteile, wenn man sie mit Fetten oder Ölen zusammenbrachte, in der Lage waren, die Haut zu durchdringen, oder leicht über die Schweißdrüsen (z. B. in der Achselhöhle) oder Körperöffnungen (z. B. Vagina und Rektum) aufgenommen werden konnten. Dadurch konnten die psychoaktiven Tropanalkaloide, vor allem Hyoscin, in die Blutbahn und in das Gehirn gelangen, ohne den Magen-Darm-Trakt zu passieren, was mit dem Risiko einer Vergiftung verbunden ist. Ein Vergleich der Strukturen von Hyoscin und Acetylcholin ist in Abb. 24 dargestellt.

Obgleich vermutet wird, daß die Bedrohung durch Hexerei eine Erfindung der Kirche war, um zu gutem christlichem Verhalten zu ermutigen, gibt es mittlerweile überwältigende Beweise dafür, daß eine Vielzahl von befremdlichen Aktivitäten stattfand. Ob die Beteiligten nun die Anbetung des Teufels praktizierten oder nicht – viele von ihnen erlebten Halluzinationen, die durch den Genuß von Tropanalkaloiden hervorgerufen wurden. Zahlreiche Berichte beschreiben, wie »Hexen-Salben« aufgetragen wurden. Zum Beispiel stellten die Inquisitoren bei einer Untersuchung von Lady Alice Kyteler im Jahre 1324 folgendes fest: »Beim Durchwühlen der Kammer der Dame fand man eine Tube mit Salbe, mit der sie einen Stock einfettete, auf dem sie im Paßgang ritt und durch Dick und Dünn galoppierte.« Und aus den Berichten von Jordanes de Bergamo aus dem fünfzehnten Jahrhundert entnehmen wir: »Aber das gemeine Volk glaubt es, und die Hexen bekennen, daß sie an bestimmten Tagen oder in bestimmten Nächten einen Stock einschmieren und auf ihm an den verabredeten Ort reiten, oder daß sie sich selbst unter den Armen oder an anderen behaarten Stellen einreiben.« Dieser Bericht erklärt auch, warum so viele Bilder aus dieser Zeit teilweise bekleidete (oder nackte) Hexen darstellen, die auf ihren Besen reiten.

Eine sehr detaillierte Beschreibung eines Experimentes mit einer Hexensalbe lieferte Anres Laguna, der Arzt von Papst Julius III. im Jahre 1545.

> »... ein Topf, der zur Hälfte mit einer bestimmten grünen Salbe gefüllt war ... mit der sie sich selbst einrieben ... war aus Kräutern zubereitet ... welche da sind Schierling, Tollkirsche, Bilsenkraut und Alraune: von dieser Salbe ... gelang es mir, einen guten Becher voll zu erhalten ... den ich dazu benutzte, die Frau des Henkers von Kopf bis Fuß einzuschmieren (als Heilmittel gegen ihre Schlaflosig-

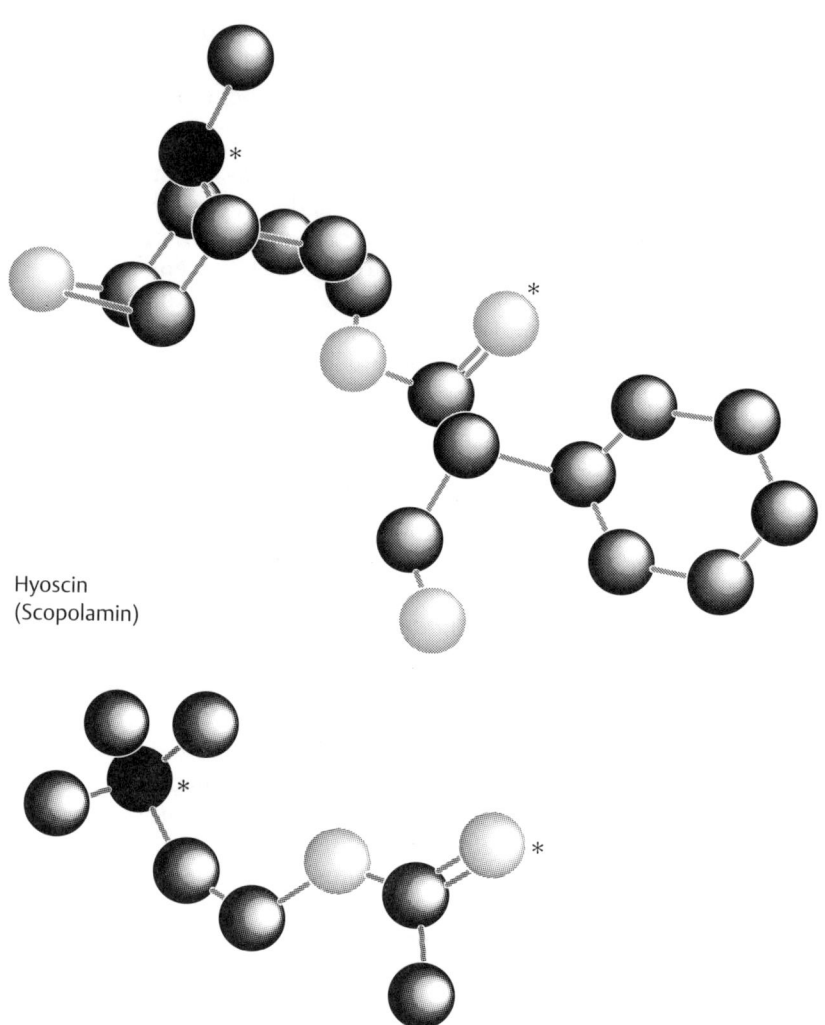

Hyoscin
(Scopolamin)

Acetylcholin

Abb. 24   Vergleich der Strukturen von Hyoscin und Acetylcholin. Man beachte die ähnliche
Anordnung der markierten Stickstoff- und Sauerstoffatome. Dadurch kann Hyoscin mit Acetylcholin um die Muskarin-Rezeptoren konkurrieren.

DÉPART POUR   LE SABAT

Abb. 25   Ein Stich aus dem 18. Jahrhundert, auf dem eine Hexe für den Sabbat vorbereitet
wird.

*keit). Nachdem sie eingerieben war, fiel sie sofort in einen derart tie-
fen Schlaf, – mit geöffneten Augen wie ein Kaninchen (passenderwei-
se sah sie auch aus wie ein gekochter Hase) – daß ich mir nicht vorstellen konnte, wie ich sie wieder aufwecken sollte.«*

Trotz aller Anstrengungen konnte sie erst sechsunddreißig Stunden später wieder aufgeweckt werden, woraufhin sie ausrief: »Warum
weckt ihr mich zu einer solch unpassenden Zeit? Ich war umgeben von allen
Annehmlichkeiten und Freuden dieser Erde.«

Diese »Annehmlichkeiten und Freuden« beinhalteten gewöhnlich
lebhafte Episoden von fliegenden und orgiastischen Abenteuern, wie sie in
dem Bericht von Porta, einem Freund Galileos, beschrieben werden:

*»Folglich glauben sie, in einer vom Mond erhellten Nacht davonge-
tragen zu werden zu Banketten, Musik, Tänzen und dem Beischlaf
mit jungen Männern, welche sie am meisten begehren. Die Kraft der
Vorstellung und der auftauchenden Bilder ist so groß, daß der Teil
des Gehirns, der Gedächtnis genannt wird, beinahe ausgefüllt ist
mit dieser Art von Dingen.«*

Solche Berichte wurden oft der Wirkung der Folter zugeschrieben,
die von den Inquisitoren angewandt wurde. Und sicherlich haben sich die
Männer der Inquisition nicht gescheut, den Opfern auf der Folterbank solche Worte in den Mund zu legen, um ein schnelles Geständnis zu erzwingen.
Aber es gibt Berichte aus dem zwanzigsten Jahrhundert über die halluzinogene Wirkung von Hexensalben; da ist z. B. der Bericht von Will-Erich Peu-
kart, der eine Salbe für das Fliegen herstellte, die auf einem Rezept aus dem
siebzehnten Jahrhundert basiert und Tollkirsche, Bilsenkraut und *Datura*-
Arten enthält. Er und einige seiner Kollegen schmierten sich diese Salbe auf
die Stirn und in die Achselhöhlen und fielen danach in einen tiefen Schlaf, in
dem sie von »wilden Ritten« und »rasendem Tanz« träumten. Den todesähnlichen Schlaf, der von *Atropa belladonna* hervorgerufen wird, hat auch der
große elizabethanische Kräuterkundige Gerard erwähnt: »Diese Art der
Nachtschattengewächse ruft Schlaf hervor … er bringt diejenigen, die davon gegessen haben, in einen todesähnlichen Schlaf, in dem viele gestorben
sind.« Dieser komaähnliche Zustand war auch Shakespeare vertraut. Nehmen Sie zum Beispiel den Bericht von der Wirkung, die der Trank hatte, den
Julia von Bruder Laurence erhalten hat:

*Und trink den Kräutergeist, den es verwahrt.
Dann rinnt alsbald ein kalter matter Schauer
Durch deine Adern und bemeistert sich
Der Lebensgeister; den gewohnten Gang*

Hemmt jeder Puls und hört zu schlagen auf.
Kein Odem, keine Wärme zeugt von Leben;
Der Lippen und der Wangen Rosen schwinden
Zu bleicher Asche; deiner Augen Vorhang
Fällt, wie wenn Tod des Lebens Tag verschließt.
Ein jedes Glied, gelenker Kraft beraubt,
Soll steif und starr und kalt wie Tod erscheinen.
Als solch ein Ebenbild des dürren Todes
Sollst du verharren zweiundvierzig Stunden
Und dann erwachen wie von süßem Schlaf.

Romeo und Julia, IV, i

Die anschaulichste Beschreibung einer Tropanalkaloid-Vergiftung stammt jedoch von Gustav Schenk aus dem Jahre 1966, der den Rauch von brennendem Bilsenkraut einatmete:

»Ich biß die Zähne zusammen, und eine verwirrende Wut ergriff Besitz von mir ... aber ich weiß auch, daß ich durchdrungen wurde von einem besonderen Gefühl des Wohlbefindens, verbunden mit dem verrückten Empfinden, daß meine Füße immer leichter wurden, sich ausdehnten und sich von meinem Körper lösten. Jeder Teil meines Körpers schien seinen eigenen Weg zu gehen, und mich ergriff die Furcht, daß ich auseinanderfallen würde. Zur gleichen Zeit erlebte ich das berauschende Gefühl zu fliegen ... ich schwang mich dahin empor, wo meine Halluzinationen – die Wolken, der herunterkommende Himmel, Herden von wilden Tieren, fallende Blätter ... wogende Bänder aus Dampf und Flüsse aus geschmolzenem Metall – vorbeiwirbelten.«

Somit bleibt nur geringer Zweifel, daß die Hexen tatsächlich »Phantasieflüge« erlebten, welche vor allem auf die Wirkung des Hyoscin zurückzuführen waren. Ob der Konsument nun glaubte, in ein Tier verwandelt worden zu sein (meist war es ein Wolf wie bei der Lycanthropie), oder ob er sich einfach fliegend und in rasendem Tanz erlebte – das war vermutlich von der speziellen Mischung oder der Menge an Hyoscin abhängig. Hyoscin ist dafür bekannt, daß es einen Rausch hervorruft, dem ein Übergang vom Wachbewußtsein in die Narkose folgt, währenddem oft lebhafte Halluzinationen auftauchen. Es übt diese dämpfende Wirkung durch eine Hemmung der muskarinergen Untergruppe der Acetylcholin-Rezeptoren im ZNS aus. Interessanterweise verhindern alle Tropanalkaloide auch die Sekretion aus jenen Drüsen, die durch Acetylcholin innerviert sind. So werden insbesondere der Speichelfluß und der Schleim in den Atemwegen stark reduziert, und das ist eine der nichthalluzinogenen Nebenwirkungen, die sowohl von Hexen als auch von Werwölfen berichtet wurden.

Die euphorisierende und antisekretorische Wirkung von Hyoscin macht man sich dann zunutze, wenn der Wirkstoff als vorbereitendes Medikament vor Operationen angewandt wird. Es hat auch eine antiemetische, Übelkeit verhindernde Wirkung, und es kann durch die Haut in den Blutstrom gelangen, wenn man es auf ein Pflaster aufträgt. Amerikanische Astronauten haben diese Hyoscin-Pflaster zur Behandlung der Reiseübelkeit verwendet, die während ihrer Weltraumflüge auftrat.

Wir werden nie genau erfahren, was an Hexensabbaten geschah, obgleich es zahlreiche gelehrte Berichte gibt, die Augenzeugenberichte von satanischen Ritualen und orgiastischen Aktivitäten einschließen – aber zumindest einige dieser Erfahrungen fanden eher im Kopf als in der Realität statt.

Datura

Hyoscin ist auch ein Hauptbestandteil vieler *Datura*-Arten. Diese Pflanzengattung steht seit langem in Verbindung mit Magie und Medizin – wobei man ihr halluzinogenes und medizinisches Potential unabhängig voneinander sowohl in der Alten als auch in der Neuen Welt entdeckte. In der Alten Welt wurde *Datura* besonders wegen ihrer medizinischen Eigenschaften geschätzt. In der Neuen Welt wurde sie vor allem bei magisch-religiösen Aktivitäten verwendet.

Der Gattungsname erscheint in den frühen Sanskrit-Texten als *dustura*, und Avicenna, der persische Arzt aus dem elften Jahrhundert, verweist auf die medizinischen und halluzinogenen Eigenschaften von *datora* oder *tatora*. In Asien wurden *Datura metel* und *Datura fastuosa* weithin zur Behandlung beinahe jeglicher medizinischen Indikation benutzt – einschließlich Fieber, Geisteskrankheiten, Herzerkrankungen und Lungenentzündung – wahrscheinlich mit geringer Wirksamkeit. Die Pflanzen wurden jedoch auch mit Cannabis und Wein kombiniert, wodurch man ein wirksames Betäubungsmittel für Operationen erhielt. Die halluzinogene Wirkung von Hyoscin wurde seltener erkannt, obgleich die Samen von *Datura* in Verbindung mit Cannabis zum Vergnügen und für die Wahrsagerei geraucht wurden – diese Praktik findet man heute noch in Indochina und Teilen Afrikas.

In der Neuen Welt dagegen wurden die *Datura*-Arten meist als geheiligte Pflanzen betrachtet. In Südamerika gibt es zahlreiche Arten, so

z. B. *D. suaveolens, D. aurea, D. candida, D. dolichocarpa, D. vulcanicola* und *D. sanguinea*. Jede von ihnen wurde (und die meisten werden noch) von den Indianern verwendet. In dem Kapitel über Mord wurde die Anwendung von *Datura* zur Kindestötung und für Massenmorde in Verbindung mit königlichen Begräbnissen erwähnt. Hernandez erwähnte den weitverbreiteten Gebrauch von »toaloatzin« oder »tolohuaihuitl«. Diese basierten auf Extrakten verschiedener *Datura*-Arten und wurden von den Azteken zur Behandlung von Rheuma und für den Gottesdienst benutzt. Er warnte auch davor, daß diese Stoffe Wahnsinn hervorriefen.

Die Mexikaner verwenden immer noch das Toloache – gewöhnlich in Kombination mit Mescal, einem starken alkoholischen Getränk, das aus der Agave gewonnen wird. Aber sie benutzen es eher als Rauschmittel und Halluzinogen, denn für magisch-religiöse Handlungen. In diesen Eigenschaften liegt für die Indianer des amerikanischen Südwesten der Wert dieser Gattung, und die Navajos, Zuni, Paiute und andere haben alle Bräuche, die mit den Visionen, wie sie von *Datura* hervorgerufen werden, in Verbindung stehen. Es ist interessant festzustellen, daß in vielen Visionen Tiere vorkommen, und Halluzinationen, die Tiere beinhalten, sind auch ein häufiges Symptom der Zaubertränke. Das läßt vermuten, daß es sich hier um ein »Markenzeichen« des Hyoscin-Rausches handelt.

Auch die Pflanzen von der verwandten Art *Brugmansia* werden in den westlichen Gebieten Südamerikas weithin benutzt, und sie haben eine seit langem bestehende Beziehung zu den Menschen. Sie enthalten ebenfalls Tropanalkaloide – vor allem Hyoscin – und die Pflanzenextrakte scheinen deshalb besonders geschätzt zu werden, weil sie den Anwendern erlauben, mit ihren Vorfahren in Verbindung zu treten. Ein Forscher aus dem neunzehnten Jahrhundert beschrieb die Anwendung eines solchen Extraktes folgendermaßen:

> *Im Verlauf einer halben Stunde begannen seine Augen zu rollen, Schaum trat aus seinem Mund und sein ganzer Körper wurde von beängstigenden Zuckungen geschüttelt. Nachdem diese heftigen Symptome vorbei waren, folgte ein tiefer, mehrere Stunden andauernder Schlaf. Wenn sich der Betroffene erholt hatte, erzählte er die Details seines Treffens mit den Vorfahren.*

Der amerikanische Kleriker Cotton Mather, der einer der ersten ernsthaften Sammler der amerikanischen Volksmedizin war, beschrieb den *Datura*-Rausch sehr malerisch in seinem Buch »The Christian Philosopher« (Der christliche Philsoph) aus dem Jahre 1720:

»*In Virginia gibt es eine Pflanze, die Jamestownweed [jimsonweed, Datura stramonium] genannt wird. Einige, die davon ziemlich viel gegessen hatten, verhielten sich ein paar Tage lang völlig närrisch: Einer von ihnen beschäftige sich damit, eine Feder in die Luft zu blasen, ein anderer saß nackt da, wie ein Affe, und grinste die anderen an, oder küßte und betätschelte zärtlich seine Begleiter und feixte ihnen ins Gesicht.*«

Diese Mattigkeit und die Halluzinationen entsprechen eindeutig jenen Auswirkungen, die einer Narkose mit Hyoscin vorausgehen.

Eine jüngere Beschreibung liefert Carlos Castaneda im Jahre 1968. Er benutzte die »Datura-Flugsalbe», die er von den Yaqui-Indianern Nordmexikos erhalten hatte, und beschrieb seine Empfindungen:

»*Die Bewegung meines Körpers war langsam und schwankend ... Ich sah nach unten und sah Don Juan unter mir sitzen – weit unter mir. Der Schwung trug mich einen Schritt vorwärts, der sogar noch elastischer war und größer als der vorangegangene. Und von da an stieg ich empor ... Ich sah den dunklen Himmel über mir und ich sah die Wolken an mir vorüberziehen ... Ich genoß einen derartigen Frieden und solch eine Leichtigkeit, wie ich sie nie zuvor erlebt hatte.*«

Schließlich werden Extrakte aus *Datura fastuosa* von vielen Stämmen im heutigen Afrika für Gottesurteile und für komplexe Einweihungsriten verwendet. Bei letzteren wird den geschlechtsreifen Mädchen das Halluzinogen verabreicht als Teil von Zeremonien, die Geißelung und zeremonielle Entjungferung beinhalten.

Psychotrope Pflanzen und Pilze der Neuen Welt

Während *Datura* nahezu universelle Anwendung gefunden hat, wurde (und wird) das Trio der geheiligten Zubereitungen, von den Azteken *Ololiuqui, Teonanacatl* und *Peyotl* genannt, ausschließlich in der Neuen Welt benutzt. Bruchstücke von Keramiken liefern uns den Beweis, daß psychotrope Pflanzen und Pilze von den Einwohnern Mexikos, Mittelamerikas und Südamerikas seit mindestens dreitausend Jahren angewandt wurden. Aber das erste schriftliche Beweisstück stammt von Hernandéz und dem franziskanischen Bruder Bernardino de Sahagún. Dieses Kapitel begann mit einem Zitat aus Hernández' »Rerum Medicarum Novae Hispaniae Thesaurus« (Der Arzneischatz Neu-Spaniens), aber die klassische »Historia general de las cosas de la Nueva Espana« von Sahagún ist in mancherlei Hinsicht ein sogar noch interessanteres Werk. Im Jahre 1557 begann er die Kultur der Azteken zu erforschen, einschließlich der Pflanzen, die sie zur Wahrsagerei und für andere magisch-religiöse Zwecke benutzten. Alle seine Interviews mußten in Nahuatl, der Sprache der Azteken, geführt werden, und seine Ergebnisse wurden getreulich (in Nahuatl) in dem sogenannten »Florentine Codex« niedergelegt. Dieser war der Vorläufer der oben erwähnten spanischen Version und er enthält Beschreibungen von Ololiuqui, Teonanacatl, Peyotl und mehreren anderen magischen Gebräuen.

Auch die Inquisition unternahm »wertvolle Untersuchungen« in den neuen Kolonien. Aus den Berichten über die Indianer-Prozesse wurde weitere Information über die wahrsagerischen Eigenschaften von lokalen Pflanzenzubereitungen gesammelt. Aber der Großteil unserer Information stammt von dem mexikanischen »Instituto Medico Nacional« (National-Institut für Medizin) der Jahrhundertwende, und in jüngerer Zeit von den Schriften von R. Gordon Wasson und Richard Evans Schultes. Diese beiden Forscher brachten Jahre mit den Indianern zu und studierten vor Ort Ethnobotanik und Ethnopharmakologie, indem sie mit Schamanen sprachen und diese in Aktion beobachteten und indem sie die verschiedenen psychotropen Pflanzenarten sammelten und katalogisierten. Aus diesen Untersuchungen lassen sich mehrere allgemeine Merkmale ableiten, wie die Ureinwohner diese Pflanzen angewandt haben.

Anfänglich waren es die unteren Kasten, die die psychotropen Pflanzen – vermutlich zufällig – entdeckten; aber dieses Wissen nahmen dann die Schamanen in sich auf, die es vor dem restlichen Stamm verborgen hielten. Das gelang ihnen dadurch, daß sie die Pflanzen mit Göttlichkeit erfüllten und ihre Anwendung mit komplizierten und mysteriösen Ritualen umgaben. So ist es zum Beispiel bis zum heutigen Tag für einen Schamanen und jeden anderen Empfänger des geheiligten Trankes üblich, daß er, bevor er diesen zu sich nimmt, fastet und sexuell enthaltsam lebt. Der tatsächliche Verzehr erfolgt gewöhnlich nachts oder in der Dunkelheit – begleitet von dem monotonen Singen des Schamanen.

Hinzu kommt, daß es unter den Schamanen und ihren Lehrlingen und Helfern eine strenge Hierarchie gibt – und das war vermutlich schon immer so. Im heutigen Mexiko gibt es zusätzlich zu den Schamanen noch *brujos* (Hexendoktores), die auch zu den Adligen einer Gesellschaft gehören, und *yerberos* (Kräuterkundige) und *curanderos* (Heiler), die zum Bauernstand gehören. Diese bäuerlichen Medizinmänner sammeln Arzneipflanzen und behandeln tatsächlich Kranke, während die Schamanen und Brujos sich mehr mit Magie und Wahrsagerei beschäftigen.

Trotz der Christianisierung, die vor vierhundert Jahren erfolgte und trotz der Omnipotenz der katholischen Kirche in Mittel- und Südamerika, sind die magisch-religiösen Praktiken der Azteken immer noch weitverbreitet. Das bedeutendste Zugeständnis besteht darin, daß einige der geheiligten Zubereitungen jetzt die Namen von Heiligen tragen, und in vielen Beschwörungen werden die Jungfrau Maria, der Heilige Petrus und der Heilige Paulus angerufen.

—— *Ololiuqui*

Ololiuqui war zweifellos eines der wichtigsten magischen Gebräue der Azteken, und seine Anwendung bei wahrsagerischen Handlungen und Opferzeremonien und sogar als Aphrodisiakum ist gut dokumentiert. Es wurde aus den Samen der Winde *Rivea corymbosa* zubereitet, und die meisten Berichte über seine Anwendung sprechen von Rauschzuständen und Halluzinationen. Der folgende Bericht eines spanischen Missionars aus dem 16. Jahrhundert ist typisch:

> *»Die Eingeborenen kommunizieren mit dem Teufel, denn sie sprechen gewöhnlich, wenn sie vom Ololiuqui berauscht sind und sie werden von verschiedenen Halluzinationen getäuscht, die sie der Gottheit zusprechen, die – wie sie sagen – in den Samen wohnt.«*

Wahrscheinlich wurden noch mehrere andere Arten der Winde verwendet, doch die *Ipomoea violacea* (die Azteken nennen sie »tlitliltzin«) war die am meisten geschätzte. Die Samen dieser beiden Pflanzen werden in Teilen Mexikos immer noch weithin genutzt und sind in der Sprache der Zapotec als *badoh* (braun) von der *Rivea corymbosa* und *badoh negro* (schwarz) von der *Ipomoea violacea* bekannt. Es wurden auch christliche Namen verwendet, wie z. B. *semilla de la Virgen* (Samen der Jungfrau) und *Hierba Maria* (Marienkraut).

Durch Studien über diese Anwendung im 20. Jahrhundert wurden die Ethnobotaniker Wasson und Schultes in die Lage versetzt, diese Pflanzen als Quelle für Ololiuqui und Tlitliltzin zu identifizieren. In den späten 50er Jahren erhielt Albert Hofmann von Wasson einige Samen der *Rivea corymbosa* und zu seinem Erstaunen fand er unter ihren chemischen Bestandteilen Lysergsäureamide, die eine ganz ähnliche Struktur haben wie das Lysergsäure-diethylamid (LSD), das er 1938 synthetisiert hatte. Hofmann hatte einen allgemeinen Forschungsauftrag über die Ergot-Alkaloide, die von *Claviceps purpurea* stammen, erhalten. Alle diese Ergot-Alkaloide waren strukturell verwandt mit der Lysergsäure (die im Jahre 1934 erstmals von

Jacobs und Craig synthetisiert worden war), und einige von ihnen hatten sich in der Geburtshilfe als klinisch wirksam erwiesen (vgl. S. 179). Hofmann entschloß sich, Lysergsäure-diethylamid (LSD) herzustellen, weil es eine strukturelle Ähnlichkeit mit Coramin, einem Stimulanz des zentralen Nervensystems (ZNS) besaß. Während dieser Experimente im Jahre 1943 ergriff ihn eine auffällige Unruhe, verbunden mit einem leichten Schwindel, die ihn zwangen, mit seiner Arbeit aufzuhören und nach Hause zu gehen. Er beschrieb seine darauffolgenden Erfahrungen folgendermaßen:

>*Ich versank in einen nicht unangenehmen, rauschähnlichen Zustand, der von einer aufs äußerste stimulierten Vorstellungskraft gekennzeichnet war. In einem traumartigen Zustand ... nahm ich einen ununterbrochenen Strom von phantastischen Bildern und von außergewöhnlichen Formen mit einem intensiven, kaleidoskopartigen Spiel der Farben wahr.*«

Diese Erfahrung veranlaßte ihn 0,25 mg LSD zu sich zu nehmen. Wie wir mittlerweile wissen, ist das eine ziemlich hohe Dosis dieser hochwirksamen Droge. Dieses Mal war das Ergebnis alarmierender:

>*Jedes Ding in meinem Gesichtskreis schwankte und wurde verzerrt ... Möbelstücke nahmen groteske, bedrohliche Formen an ... Die Nachbarin ... war nicht mehr Frau R., sondern eher eine bösartige alte Hexe mit einer bunten Maske ... Ein Dämon hatte mich befallen, hatte von meinem Körper, von meinem Verstand und von meiner Seele Besitz ergriffen. Ich sprang auf und schrie und versuchte mich von ihm zu befreien, aber ich sank wieder nach unten und lag hilflos auf dem Sofa ... Ich wurde von einer schrecklichen Furcht ergriffen, wahnsinnig zu werden.*«

Obgleich die Bestandteile der *Rivea*-Art (Lysergsäureamid und N-Methyl-N-hydroxyethyl-lysergsäureamid) ungefähr zwanzigmal weniger wirksam sind als LSD, konnte der Ursprung der halluzinogenen Wirkungen, die die Azteken und ihre Nachkommen erlebten, vollständig aufgeklärt werden. Das Auftreten der Mutterkornalkaloide außerhalb des Königreichs der Pilze, war von großem chemotaxonomischem Interesse, denn normalerweise produzieren die verschiedenen Pflanzen und Pilzarten sehr verschiedene chemische Strukturen. Später haben andere Forscher nachgewiesen, daß die verschiedenen *Ipomoea*-Arten auch Lysergsäureamide enthielten.

Doch die Geschichte endet hier noch nicht. Hofmann und Wasson machten sich im weiteren Gedanken über die Beteiligung der Mutterkornalkaloide bei magisch-religiösen Zeremonien im alten Griechenland. In einem Buch mit dem Titel »The Road to Eleusis« (Die Straße nach Elysium), das sie in Zusammenarbeit mit dem griechischen Gelehrten Carl Ruck schrieben, lieferten sie eine höchst plausible Erklärung für die viertausend Jahre alten elysischen Mysterien. Diese fanden jedes Jahr im Herbst außerhalb Athens statt und scheinen eine Art dramatischer Rekonstruktion der Geschichte der Persephone gewesen zu sein. Einer der griechischen Mythen berichtet davon, wie diese von Hades betäubt und dann in die Unterwelt entführt wurde – nur um im Triumph mit einem Sohn zurückzukommen, den sie in dieser spirituellen Sphäre empfangen hatte. Jene, die dieses Drama verfolgten, mußten zuvor an einer sehr langen Einweihungszeit teilnehmen. Das beinhaltete sowohl Fasten und sexuelle Enthaltsamkeit als auch den Verzehr eines Getränkes (das mit etwas versetzt war, das Gerstensaft gewesen zu sein scheint) direkt vor Beginn des Dramas. Obgleich die Zuschauer zur Geheimhaltung verpflichtet wurden, blieb genügend Information über das, was nun folgte, erhalten, um nachweisen zu können, daß das, was sie beobachteten, ehrfurchtheischend und visuell sehr aufregend war. Wasson und Hofmann vermuten, daß der Gerstensaft mit Mutterkornalkaloiden, die von Pilzen stammten, vergiftet war, so wie der Roggen in den Ergotismusfällen infiziert war. Die elysischen Mysterien wurden demnach von einem Publikum beobachtet, das an visuellen Halluzinationen litt. Sicherlich sind die Parallelen mit den Zeremonien der Azteken auffällig: die Geheimhaltung, die Abstinenz, der Genuß eines magischen Gebräus und schließlich die mystische Erfahrung. Wir können uns nie sicher sein, ob Wasson und Hofmann recht haben, aber als ein Stück ethnopharmakologischer Detektivarbeit ist das Buch faszinierend und ihre Beweisführung überzeugt.

Was die Pharmakologie der Lysergsäureamide anbelangt, so scheinen diese an bestimmten Serotonin-Rezeptoren der Neurone des Mittelhirns zu wirken. In kleinen Mengen ahmt LSD die Wirkung von Serotonin nach, aber in höheren Dosen hemmt er die Wirkungen des Neurotransmitters. Das ist kritisch, denn diese serotoninabhängigen Neurone stehen in Verbindung mit anderen noradrenalinabhängigen Neuronen, die aufs innigste mit der Regulierung der Verhaltensreaktionen auf Sinneseindrücke verbunden sind. Offenbar sind also die enormen Veränderungen in der Sinneswahrnehmung, die mit der Einnahme von LSD einhergehen, auf die Unterbrechung in der Kommunikation dieser beiden Neuronengruppen zurückzuführen. Vor allem mag das die Tatsache erklären, daß die Anwender von LSD eine Art »Chaos der Sinne« erleben und vielleicht sogar das Gefühl haben, daß sie aus ihrem Körper herausgetreten sind.

Die Verzerrung der visuellen und sonstigen Sinneswahrnehmung wird gewöhnlich von einer Steigerung des Blutdrucks, von Schwitzen, schneller Atmung mit Herzklopfen und sehr oft von einer deutlichen Veränderung der Stimmung, in Verbindung mit großer Furcht oder manischer Erregung begleitet. Einige Anwender haben Erlebnisse, die dem Zustand der Schizophrenie ähneln, und zahlreiche Todesfälle wurden mit solchen »bad trips« in Verbindung gebracht. In den 60er Jahren hat Timothy Leary, Dozent für klinische Psychologie an der Harvard Universität, viel zu dem Mythos beigetragen, der Genuß von LSD würde seinen Anwendern ermöglichen, ihre Spiritualität zu prüfen. Damit trug er zur Gründung der Hippie-Bewegung bei, die für Liebe und Frieden eintrat und eine Vorliebe für extrem bunte (psychedelische) Kleidung und Autos hatte. Der Beatles-Song »Lucy in the Sky with Diamonds« (Lucy im Himmel voller Diamanten), mit seinen »Mandarinen-Bäumen und Marmelade-Himmeln« war vielleicht eines der berühmtesten Ergebnisse eines LSD-Trips.

Leary wurde 1963 richtigerweise von Harvard an die Luft gesetzt und gründete daraufhin die »League for Spiritual Discovery« (Liga zur Entdeckung der Spiritualität) in Mexiko, wo der Gebrauch von LSD als eine Art Sakrament angesehen wurde, entsprechend der Eucharistie im römisch-katholischen Gottesdienst. Das Manifest für Learys »Neurologische Politik« war sehr deutlich:

> *»Wir Männer und Frauen, die wir Gott, das Leben und die Freude lieben, und den höchsten Richter des Universums um der Rechtschaffenheit unserer Absichten wegen anrufen, geben feierlich bekannt und erklären, daß wir frei und unabhängig sind und daß wir von jeder Untertanenpflicht gegenüber der Regierung der Vereinigten Staaten und aller Regierungen, die von der Menopause kontrolliert werden, entbunden sind.«*

Es überrascht sicher nicht, daß die US-Regierung die ganze Aktion für subversiv erachtete.

Trotz seiner ein wenig bunten Vergangenheit ist LSD in psychiatrischen Kliniken therapeutisch genutzt worden und zwar zur Behandlung Schizophrener und solcher Patienten, die unter der Auswirkung von unterdrückten traumatischen Erlebnissen litten.

Die Lysergsäureamide zählen zu den potentesten Halluzinogenen, die man kennt. Sie entfalten ihre Wirkung bereits in einer Dosis von wenigen Mikrogramm pro Kilogramm Körpergewicht. Im Gegensatz dazu produzieren die wichtigsten psychoaktiven Bestandteile von Teonanacatl, Psilocybin und Psilocin ähnliche Effekte erst bei einer Dosis von Hunderten von Mikrogramm pro Kilogramm Körpergewicht. Und Meskalin aus dem Peyote-Kaktus muß in einer Größenordnung von zig Milligramm pro Kilogramm eingenommen werden. Diese Psychedelika werden in den folgenden Kapiteln beschrieben.

—   *Teonanacatl*

Wir haben gute Beweise für die Annahme, daß in der Neuen Welt ein ähnlicher Pilzkult existierte wie in der Alten Welt. In Guatemala wurden zahlreiche pilzförmige Steine ausgegraben, und der älteste wird auf mehr als 3000 Jahre geschätzt. Wegen ihres halbkugelförmigen Hutes und den schwierig gemeißelten Stämmen, hielt man diese Steine ursprünglich für phallische Symbole, die zu einem Fruchtbarkeitskult gehörten. In den Schriften von de Sahagún gibt es jedoch mehrere Hinweise auf einen Pilzgott und auf den Gebrauch eines heiligen Pilzes, der als »teonanacatl« (oder »Gottes Fleisch«) bekannt war.

Die Katholische Kirche zögerte nicht lange und verdammte die Praktik, mit Göttern durch die Vermittlung von magischen Zubereitungen in Verbindung zu treten, und Cortes ließ die Berichte, die Ololiuqui, Teonanacatl und Peyotl betrafen, zerstören. Ein Missionar, der die Anwendung von Teonanacatl beschrieb, stellte fest: »Wenn sie gegessen werden, wirken sie berauschend und berauben jene, die sie zu sich nehmen, ihrer Sinne und veranlassen sie, tausend seltsame Dinge zu glauben.« Andere Autoren wiesen darauf hin, daß die Pilze Heiterkeit verursachten und Halluzinationen hervorriefen.

Trotz des guten Zustandes der archäologischen Funde und der Information aus den alten Schriften blieb die Identität der Pilzarten bis in die 50er Jahre zweifelhaft. Wasson und seine Frau unternahmen zwischen 1953 und 1955 mehrere Reisen nach Südmexiko und untersuchten die zeitgenössische Anwendung der psychotropen Pilze. Es gelang ihnen jedoch erst auf einer späteren Reise, zusammen mit einem Pilzkundigen Roger Heim, sie zu identifizieren. Alle geheiligten Pilze wurden der Gattung *Psilocybe* zugeordnet, und *P. mexicana* wurde daraufhin in den Laboratorien des Musé National d'Histoire Naturelle in Paris kultiviert. Einmal mehr wurde Albert Hofmann gebeten, bei den pharmakologischen und chemischen Auswertungen zu assistieren, und nach mehreren fehlgeschlagenen Tierversuchen, stimmte Hofmann einem Selbstversuch mit den Pilzen zu. Er nahm zweiunddreißig getrocknete Exemplare des *P. mexicana*, die ungefähr 2,4 g wogen, zu sich. Diese Menge betrachtete man als durchschnittliche Dosis der mexikanischen Indianer. Die Berichte in seinem Labortagebuch liefern eine klassische Beschreibung einer Pilzvergiftung:

> *»Dreißig Minuten, nachdem ich die Pilze gegessen hatte, begann die äußere Welt sich einer fremdartigen Verwandlung zu unterziehen. Alles nahm einen mexikanischen Charakter an ... Ob meine Auge geschlossen oder geöffnet waren – ich sah nur mexikanische Motive*

und Farben. Wenn der Arzt, der das Experiment überwachte, sich über mich beugte, um meinen Blutdruck zu messen, wurde er in einen aztekischen Priester verwandelt, und ich hätte mich nicht gewundert, wenn er ein Messer aus Obsidian gezogen hätte ... Auf dem Höhepunkt des Rausches ... erreichte das Vorbeieilen von inneren Bildern – zumeist abstrakte Motive, die schnell Farbe und Form wechselten – solch ein alarmierendes Ausmaß, daß ich fürchtete, in diesen Strudel von Form und Farbe hineingezogen zu werden und mich darin aufzulösen. Nach ungefähr sechs Stunden fand der Traum ein Ende.«

Nachfolgende chemische Untersuchungen lieferten Proben der wichtigsten psychotropen Bestandteile, nämlich Psilocybin und kleine Mengen an Psilocin, die beide in ihrer Struktur eng verwandt sind mit Serotonin. Zwar besitzt Psilocybin nur etwa 1 Prozent der Potenz von LSD, doch seine subjektiven Wirkungen sind denen von LSD sehr ähnlich.

Der Pilzkult ist in Teilen Mexikos immer noch von großer Bedeutung, vor allem bei den Mazatek-Indianern, und man kann beim Sammeln und dem Verzehr der Pilze ein komplexes Ritual beobachten. Wie gewöhnlich nimmt die Zeremonie die Form einer Seance an, und es ist durchaus möglich, daß der Schamane stundenlang singt, während er sich im Rhythmus seines Gesanges auf die Oberschenkel schlägt. Schultes beobachtete mehrere solcher Zeremonien, vor allem jene, die unter der Leitung der berühmten mazatekischen Schamanin Maria Sabina standen. In seinem Buch »Plants of the Gods« (deutscher Titel: Pflanzen der Götter) – mit Hofmann als Co-Autor – hielt Schultes ihre beschwörende Beschreibung des Teonanacatl-Rausches fest:

»Je mehr man in die Welt von Teonanacatl eindringt, um so mehr Dinge sieht man. Man sieht auch unsere Vergangenheit und unsere Zukunft ... Ich erkannte und sah Gott: eine riesige, tickende Uhr, die Himmelskugel, die sich langsam dreht, und darin die Sterne, die Erde, das ganze Universum, den Tag, die Nacht, das Weinen und das Lachen, das Glück und den Schmerz.«

Die Beschreibung dieser offensichtlich unirdischen Erfahrung hilft uns, das Überleben dieses Kultes während der vergangenen dreitausend Jahre zu erklären.

___ Peyotl

Wahrscheinlich hat auch der Peyote-Kaktus jahrtausendelang als Quelle für Halluzinogene gedient. Man fand in den alten Felsenwohnungen in Texas getrocknete Exemplare, und verschiedene keramische Relikte bestätigen ein solch hohes Alter. Dieser stachellose Kaktus, *Lophophora williamsii*, ist in Mexiko weitverbreitet. Er trägt eine grünlich-graue »Krone« auf einer pastinakenähnlichen Wurzel. Die Krone wird von der Wurzel getrennt und getrocknet, um sogenannte »Mescalin-Knöpfe« zu formen, die mehr oder weniger unbegrenzt aufbewahrt werden können, ohne daß sie ihre psychoaktive Wirkung verlieren.

Wie schon so oft, lieferte de Sahagún eine der ersten Beschreibungen der Peyote-Anwendung:

>*»Es gibt noch ein anderes Kraut . . . auf Erden. Es heißt Peyotl. Es ist weiß. Man findet es im Norden des Landes. Jene, die es essen oder trinken, haben entweder erschreckende oder vergnügliche Visionen.«*

Man kann sich vorstellen, daß die Spanier entsetzt waren, heidnische Praktiken zu erleben, in denen etwas verzehrt wurde, das der Hostie des katholischen Ritus ähnelte. Doch trotz zahlloser Versuche, dies zu unterdrücken, fand der Verzehr von Peyotl weiterhin statt. Es wurden einige Versuche gemacht, die beiden Kulturen zu vereinen, darunter die Errichtung einer Mission, El Santo de Jesus Peyotes, im Staate Coahuila im Jahre 1692. Es scheint so, als ob hier die Oblate aus Peyotl und die der Eucharistie nebeneinander benutzt wurden. Diese Konzession an eine Eingeborenen-Religion war im Falle der »Native American Church« sogar noch vollständiger.

Um das Jahr 1880 wurde der Peyote-Kult nach Nordamerika importiert – höchstwahrscheinlich von den Indianern der Kiowa- und Komantchen-Stämme, die von Stoßtruppunternehmen in Mexiko zurückgekehrt waren. Während der nächsten vierzig Jahre breitete sich der Kult in den Südwest-Staaten und unter den Stämmen der Großen Ebenen aus. Es entwickelten sich verschiedene Formen der Anbetung, die zum Teil christlich und zum Teil heidnisch waren. Die Obrigkeit der Vereinigten Staaten versuchte mehrfach, Peyote zu verbieten, jedoch ohne Erfolg. Es wurden mehrere bizarre Gerichtsverfahren durchgeführt, aber man konnte nicht beweisen, daß die Droge mit Trunkenheit oder Ausschweifungen zu tun hatte. Die meisten angeklagten Indianer behaupteten, daß sie Peyote zu sich nahmen, um mit Gott in Verbindung zu treten und um mit seiner Hilfe bessere Menschen zu werden. Es gab insbesondere dafür gute Beweise, daß der Genuß von Peyote dazu beitrug, daß die Indianer der Reservate vom Alkohol loskamen.

Ein derartiger Beitrag zur Enthaltsamkeit kann wohl kaum das Markenzeichen einer gefährlichen Droge sein, und obgleich es weiterhin unter Strafe stand, benutzte eine wachsende Zahl von Anhängern der »Native American Church« weiterhin Peyote. Im Jahre 1962 gewann die »American Civil Liberties Union« einen Musterprozeß gegen den Staat Kalifornien, der die religiöse Bedeutung von Peyote anfocht. Schließlich stimmte der US-Kongreß im Jahre 1967 dafür, die religiöse Freiheit von einer viertel Million Anhänger zu schützen und erlaubte den Verzehr von Peyote als Sakrament. Seit der Zeit kann man Meskalin-Knöpfe ganz legal per Postanforderung erhalten, und sie werden von den Indianern Nordamerikas für medizinisch-religiöse Zwecke benutzt.

Der Kaktus enthält mindestens fünfzehn Alkaloide mit unterschiedlicher psychoaktiver Eigenschaft, als wichtigstes gilt jedoch das Meskalin. Es wurde im Jahre 1896 zum ersten Mal in reiner Form isoliert, doch die ersten pseudo-wissenschaftlichen Untersuchungen wurden an rohen Peyote-Stücken durchgeführt. So beschrieb noch im gleichen Jahr der amerikanische Neurologe Weir Mitchell die »tollen Visionen«, die durch den Genuß der Droge hervorgerufen werden. Eine detaillierte Beschreibung des Peyote-Rausches lieferte der britische Psychologe Havelock Ellis.

Er stellte eine Mischung aus drei Peyote-Knöpfen und Wasser her und trank diese innerhalb von zwei Stunden. Zunächst war ihm etwas übel und er verspürte eine ungeheure Leichtigkeit, aber dann begannen die Halluzinationen. In seinem Bericht für den »Contemporary Review« im Januar 1898, erinnert er sich:

> *Die Visionen wurden deutlich, waren aber immer noch nicht zu beschreiben – es handelte sich hauptsächlich um ein weites Feld von goldenen Juwelen, die mit roten und grünen Steinen besetzt waren und sich ständig veränderten. Dieser Augenblick war vielleicht der herrlichste in diesem Experiment, denn zur gleichen Zeit schien die Luft um mich her von nebelhaften Düften erfüllt zu sein, die zusammen mit den Visionen eine köstliche Wirkung hervorbrachten ... eine Art Rückzug von weltlichen Angelegenheiten und das Auftauchen eines gänzlich innerlichen Lebens, das Erstaunen hervorruft.*

Spätere Experimente wurden mit reinem Meskalin durchgeführt, und die vermutlich ausgedehnteste Studie unternahm man am Maudsley Hospital in London im Jahre 1930. Dr. Eric Guttmann versorgte sechzig gesunde Freiwillige mit Meskalin und sammelte dann deren Erfahrungen. Die meisten von ihnen beschrieben die üblichen Verzerrungen von Zeit und Raum und die phantastischen optischen Halluzinationen. Einer der unterhaltsamsten Berichte beschrieb ein Objekt, das sich »wie ein irisierender

Plumpudding am Himmel ausdehnte – genau hundert Meilen über der Erde« und sich dann in eine aztekische Figur verwandelte.

Auch Aldous Huxley probierte Meskalin aus (ungefähr 0,4 g) – und zwar als Teil seines umfassenden Interesses an Spiritualität und Religion. In seinem Buch »The Doors of Perception« (Die Pforten der Wahrnehmung) lieferte er eine anschauliche Darstellung dessen, was er als »das Wunder der in jedem Augenblick nackten Existenz« und »eine sakramentale Vision der Realität« bezeichnete. Er erlebte alle die üblichen Phänomene, aber für ihn war die veränderte Realität der alltäglichen Objekte am bemerkenswertesten. Er beobachtete die Möbel und die Bilder, als ob er tatsächlich ein Teil von ihnen wäre. Über einen Sessel mit Bambusbeinen sagt er: »Wie wunderbar ist doch ihre Röhrenförmigkeit, wie übernatürlich ihre polierte Sanftheit!« Ein berühmtes Selbstporträt von Cézanne wurde zu einem! »kleinen, koboldähnlichen Mann, der in dem Buch, das vor mir liegt, aus einem Fenster herausschaut.« Aber er beobachtete höchst scharfsinnig, daß Meskalin dem Benutzer erlaubt, »nur die himmlische Seite der Schizophrenie zu erleben«, im Gegensatz zu dem viel potenteren LSD, das er auf seinem Totenbett ausprobierte.

Das Spektrum der pharmakologischen Aktivität von Meskalin hat eine große Ähnlichkeit mit dem von LSD, dennoch besitzt es nur etwa 0,2 Prozent der halluzinogenen Wirkung. Obgleich also Meskalin in seiner Struktur eine große Ähnlichkeit zu den Katecholaminen aufweist, hat es eine sehr geringe Wirkung auf deren Rezeptoren. Seine äußerst einfache Struktur hat illegale »Chemiker« auf den Plan gerufen: Sowohl synthetisches Meskalin als auch verwandte »Designer-Drogen« wurden in Hinterhöfen und Kellern hergestellt. Von den Designer-Drogen war das DOM (oder 2,5-Dimethoxy-4-methylamphetamin), mit einer 100fach größeren Potenz als Meskalin, die populärste während der Hippie-Ära der 60er Jahre. In jüngerer Zeit (in den 80er Jahren) wurde MMDA, oder Ecstasy, (3-Methoxy-4,5-methylen-dioxy-amphetamin) sehr beliebt. Eine vor kurzem durchgeführte Untersuchung mit Ratten hat gezeigt, daß Ecstasy eine neurotoxische Wirkung hat und die Nervenendigungen zerstört. Obgleich sich diese Nervenendigungen nach dem Absetzen der Droge regenerieren, unterscheiden sie sich anatomisch von Neuronen, die von der Droge unbeeinflußt sind. Bei einem langfristigen Mißbrauch von Ecstasy droht demnach Gefahr.

Aber dieser gedankenlose Konsum von Meskalin und seinen Analogen sollte im Vergleich mit den komplexen Ritualen des Sammelns und des Verzehrs von Peyote, wie sie immer noch von den Huichol-Indianern Mexikos praktiziert werden, gesehen werden. Diese Rituale werden von Hofmann und Schultes in ihrem Buch »Plants of the Gods« (Pflanzen der Götter) eloquent beschrieben. Einmal im Jahr laden die Schamanen Pilger zu einem Peyote-Beutezug ein und alle verzichten auf Sex, Nahrung und Schlaf während der Dauer der Reise. Das gesammelte Peyote wird auf verschiedenen Festen während des ganzen Jahres verzehrt, aber am wichtigsten ist es für die Zeit des alljährlichen Pflanzens. Die Feiernden tanzen und singen gewöhnlich tagelang unter dem Einfluß von Peyote, und sie erflehen gesunde Früchte und eine reiche Ernte von den Göttern. Die Peyote-Gottesdienste, die von den Kiowas und den Komantschen abgehalten werden, sind weniger exotisch, finden aber vermutlich häufiger statt. Sie werden sowohl an Weihnachten, am Erntedankfest, an Ostern usw. abgehalten, als auch um die Geburt eines Kindes oder eine gesunde Heimkehr zu feiern. Das sind tief religiös empfundene Erfahrungen. J. S. Slotkin (der ein Buch mit dem Titel »Peyote-Religion« schrieb, das auf der Zeit beruht, die er in dem Menomini-Reservat verbrachte), fand dafür folgende treffende Worte: »Der weiße Mann geht in seine Kirche und spricht über Jesus; der Indianer geht in sein Tipi und spricht mit Jesus.«

Meskalin ist auch der wichtigste psychoaktive Bestandteil des säulenförmigen Kaktus *Trichocereus pachanoi*. Dieser enthält bis zu 1,3 g Meskalin pro kg des frischen Pflanzenmaterials. Der Kaktus war in Peru seit mindestens 100 v. Chr. eine wichtige magische Pflanze; die archäologischen Hinweise lassen allerdings vermuten, daß er möglicherweise schon 1300 v. Chr. in Gebrauch war. Von einem Großteil der berühmten Kunst der Mochica-Kultur, die zwischen 100 v. Chr. und 700 n. Chr. ihren Höhepunkt erreichte, wird angenommen, daß sie schamanistische Handlungen darstellte, bei denen dieser Kaktus eine Rolle spielt. Er ist in Peru und Bolivien immer noch weithin in Gebrauch und wird gewöhnlich »San Pedro« genannt. Der Kaktus wird in Scheiben geschnitten und dann in Wasser gekocht – gewöhnlich zusammen mit *Datura arborea*. Dadurch gewinnt man ein Getränk, das wegen seiner medizinischen und magischen Eigenschaften geschätzt wird.

—— Ayahuasca (Yage)

Bei den Indianern der nordwestlichen Regionen Südamerikas (jene Landstriche Brasiliens, Kolumbiens und Ecuadors, die zwischen dem Amazonas und dem Orinoko liegen), ist Ayahuasca (oder: Wein für die Seele) das wichtigste magische Gebräu. Seine Wirksamkeit als Hilfsmittel bei Prophezeiungen und zur Wahrsagung ist legendär, und zwar in einem solchen Umfang, daß man es »Telepathin« nannte, als sein Hauptbestandteil zum ersten Mal isoliert wurde.

Es wird aus Lianen der Gattung *Banisteriopsis* gewonnen, vor allem aus den Arten *B. caapi* und *B. inebrans*. Die Rinde wird entweder in Wasser gekocht oder pulverisiert in kaltem Wasser aufgelöst, um eine berauschende Flüssigkeit zu erhalten. Die ersten Berichte über seine Anwendung stammen aus dem Jahre 1850 von dem englischen Botaniker Richard Spruce, der zwischen 1849 und 1864 die Amazonasregion und die Anden erforschte. Er sandte zahllose Proben der Pflanze nach Kew Gardens zurück, um sie dort identifizieren und katalogisieren zu lassen. Seine Beschreibung der Wirkungen von Ayahuasca lassen erschreckendere Erlebnisse vermuten, als jene, die von Peyotl oder Teonanacatl hervorgerufen wird. Er berichtete, daß die Indianer bald nach dem Genuß des Tranks »wunderbare Seen sahen, Wälder, die mit Früchten beladen waren und Vögel mit glänzendem Gefieder«, aber dann »wird der Indianer totenbleich, zittert an allen Gliedern, und Entsetzen liegt in seiner Miene«. Kurze Zeit später »bricht er in Schweiß aus und scheint von verwegenem Zorn gepackt zu werden, packt jeden Arm, den er fassen kann ... und eilt zur Türöffnung, wo er dem Fußboden oder dem Türrahmen heftige Schläge versetzt, wobei er die ganze Zeit ausruft: ›Das würde ich mit meinem Feind X tun, wenn er das wäre!‹ Nach ungefähr zehn Minuten verschwindet die Erregung, und der Indianer wird ruhig, aber er wirkt erschöpft.«

Von seinen eigenen Erfahrungen mit Ayahuasca berichtet Spruce nicht – vermutlich weil er gezwungen wurde, ein ortsübliches Bier und Palmwein zur gleichen Zeit zu trinken und darüberhinaus eine Zigarre rauchen mußte, die »zwei Fuß lang und so dick wie ein Handgelenk war«. Das hinterließ bei ihm das »starke Bedürfnis zu erbrechen«. Andere berichteten von intensiven farbigen Visionen, vor allem von Jaguaren und Schlangen. Die Indianer behaupten, daß sich ihre Sehfähigkeit im Dunkeln deutlich verbessert habe, wodurch sie in der Lage waren, in der Nacht durch den Wald zu laufen, ohne sich selbst in Gefahr zu bringen.

Zu den psychotropen Alkaloiden, die in dem Trank enthalten sind, zählen Harmin und Harmalin. Diese ähneln in ihrer Struktur wenigstens teilweise dem Serotonin. Ihre pharmakologische Wirkung ist somit vermutlich darauf zurückzuführen, daß sie die Serotonin-Rezeptoren im Gehirn blockieren, und sie zeigen sicherlich eine Kreuzreaktion mit LSD und Psilocybin, die diese Fähigkeit ebenfalls besitzen. Hinzu kommt, daß sie den oxidativen Abbau anderer Amine im Gehirn verhindern und damit eine eher generalisierte Störung in der Funktion des zentralen Nervensystems hervorrufen. Das erklärt, warum einige Arten von Ayahuasca wirksamer sind als andere. Häufig sind die Gebräue unfreiwillig mit *Banisteriopsis rusbyana* oder dem treffend genannten *Psychotria viridis* verunreinigt. Diese enthalten das Halluzinogen N, N-Dimethyltryptamin, das wiederum ein struktureller Verwandter von Serotonin ist. Dieser Cocktail von psychoaktiven Substanzen stellt sicher, daß sich die Wirkung des Ayahuasca-Rausches verlängert und intensiviert. Aber hinzu kommt, daß der Anwender rücksichtslos oder sogar aggressiv wird.

Eine besonders bildhafte Beschreibung eines Ayahuasca-Rausches stammt von Franklin Flores, Professor für Botanik an der Universität von Iquitos in Peru. Er trank das Gebräu bei mindestens dreißig Gelegenheiten zwischen 1972 und 1974 als Teil seiner ethnopharmakologischen Studien über die ortsüblichen Zaubertränke. Er berichtete folgendes: »Plötzlich verwandelt sich das Panorama der Dunkelheit in eine riesige, sich bewegende Spirale. Man wird schreiend in diese Spirale hineingezogen – eine erschreckende Erfahrung.« Diese erste Phase der Halluzinationen dauerte ungefähr zehn Minuten. Ihnen folgten Visionen von grotesken menschlichen

Abb. 26   Ein Schamane und sein Schüler, berauscht von Ayahuasca (Caapi). Der Trank, den man aus Lianen der Gattung *Banisteriopsis* gewinnt, wird gewöhnlich von den Indianern des nordwestlichen Amazonas-Gebiets angewandt.

und tierischen Formen: »Eine weibliche Patientin sah eine lange Boa auf sich zukommen ... Sie war unfähig sich zu bewegen, während sich die Boa um ihren Körper wand. Ihre Schreie waren furchterregend ... Möglicherweise zog sich das Tier zurück und sie beruhigte sich.« Das Gehör verschärfte sich: »... die Stimme einer Freundin, die vor kurzem plötzlich verstorben war, konnte deutlich vernommen werden – zunächst sanft, sich dann aber zum höchsten Crescendo steigernd, das anscheinend nicht enden wollte.«

Schließlich rufen sowohl Harmin als auch Harmalin bei Laborratten eine sexuelle Erregung hervor, d. h. die aphrodisierende Wirkung von Ayahuasca sollte nicht übergangen werden. Zweifellos wird es weithin bei Initiationsriten für heranwachsende Jungen verwendet. Diese Zeremonien beinhalten oft Geißelungen und andere, offenkundigere sexuelle Aktivitäten.

Halluzinogene Schnupftabake

In einigen Teilen Südamerikas werden Pflanzen der Gattung *Banisteriopsis* zur Herstellung von Schnupftabak verwendet, aber von höchstem pharmakologischem Interesse sind halluzinogene Schnupftabake, die man aus rund sechzig Arten von *Virola* gewinnt und Yopo (vgl. S. 71), das aus *Anadenanthera peregrina* gewonnen wird.

Einmal mehr haben wir Richard Spruce zu danken für die früheste Information über Yopo oder Niopo, auch wenn ein Missionar schon im Jahre 1560 schrieb: »Die Indianer sind daran gewöhnt Yopo und Tabak zu verwenden ... sie werden davon schläfrig, und der Teufel zeigt ihnen dann in ihren Träumen alle Eitelkeiten und alle Verdorbenheit, die er sie sehen lassen möchte.« Sowohl Spruce als auch der Forscher Alexander von Humboldt beschrieben, wie der Schnupftabak aus den Samen der Leguminose *Anadenanthera peregrina* gewonnen wird. Spruce ging sogar so weit, sich die Ausrüstung (eine Art von Pistill und Mörser) anzuschaffen, die zum Mahlen der Samen benötigt wird. Er kaufte auch das restliche Zubehör:

> *»Der Schnupftabak wird in einem Gefäß aufbewahrt, das man aus einem Stück Beinknochen des Jaguars herstellt ... Um den Schnupftabak zu sich zu nehmen, benutzen sie eine Apparatur, die aus den Beinknochen von Reihern oder anderen langbeinigen Vögeln gewonnen wird und die sie in Form eines Y zusammenfügen. Die untere Röhre steckt man in die Schnupftabak-Dose und die beiden anderen in die Nasenlöcher. Der Schnupftabak wird kräftig inhaliert und wirkt bei einem Anfänger narkotisierend und in ausreichender Menge sogar bei jemand, der daran gewöhnt ist.«*

Die Apparatur wurde ordnungsgemäß nach Kew Gardens geschickt, wo sie sich immer noch im Museum befindet.

Der Schnupftabak ruft eine unmittelbare Wirkung hervor. Die Gesichtsmuskeln zucken, und der Anwender reagiert möglicherweise aggressiv, bevor er einen Koordinationsverlust erleidet, dem eine Benommenheit folgt, in der alptraumähnliche Halluzinationen erlebt werden. Ein Beobachter aus dem 19. Jahrhundert beschrieb es folgendermaßen: »Seine Augen traten aus dem Kopf, sein Mund zog sich zusammen, seine Glieder zitterten ... Er war gezwungen, sich hinzusetzen, sonst wäre er umgefallen. Er war betrunken – allerdings nur für ungefähr fünf Minuten – danach war er fröhlicher.«

Die Waika, die in den nordwestlichen Regionen Brasiliens und den benachbarten Gebieten von Kolumbien und Venezuela wohnen, nehmen

Abb. 27   Kolumbianische Indianerjungen beim Schnupfen.

häufig eine Überdosis dieses Schnupftabaks zu sich und sie machen auch häufigen Gebrauch von den *Virola*-Schnupftabaken. Schultes verbrachte Mitte der 60er Jahre einige Zeit mit diesen Indianern und er berichtete, daß sie pro Inhalation drei bis sechs Teelöffel des Schnupftabaks zu sich nahmen. Die Wirkungen ähneln denen, die von Yopo hervorgerufen werden – nämlich Übererregbarkeit, gefolgt von einem Dämmerzustand – und die Indianer glauben, in ihren Alpträumen die Waldgeister zu sehen.

Schultes lieferte sehr detaillierte Beobachtungen über die Herstellung von *Virola*-Schnupftabaken, und es steht fest, daß sich die psychoaktiven Substanzen in der Rinde befinden. Die Indianer trennen die Rinde vorsichtig vom Baum und sammeln die roten Absonderungen. Diese werden gewöhnlich gekocht (um metabolisierende Enzyme zu zerstören) und danach konzentriert. Die trockene rote Masse, die dadurch entsteht, wird zu Schnupftabak pulverisiert. Es werden viele *Virola*-Arten benutzt, aber *V. theidora* ist vorherrschend. Alle diese Schnupftabake enthalten verschiedene Dimethyltryptamine (strukturelle Verwandte des Serotonin) als wichtigste psychoaktive Komponenten. Das aktivste unter ihnen hat ungefähr 0,1 Prozent der halluzinogenen Wirkung von LSD.

—— Tabak

Der Forscher Richard Spruce berichtete auch über den ursprünglichen Gebrauch von Tabak in Verbindung mit den verschiedenen Schnupftabaken, die im vorangegangenen Kapitel beschrieben sind. Er schrieb:

>*Wenn der Payé [Medizinmann] zu einem Patienten gerufen wird, schnupft er erst soviel Niopo wie notwendig ist, um sich in eine Art Ekstase zu versetzen, in welcher er dann vorgibt, die Natur des bösen Wunsches zu erraten, der die Krankheit verursacht hat und Kraft zu sammeln, um dagegen angehen zu können. Als nächstes zündet er sich eine ganz dicke Zigarre an, inhaliert eine große Menge Rauch und stößt sie über dem kranken Mann aus ... Danach zieht der Medizinmann die Krankheit aus dem Körper, wobei er mit seinem Mund die schmerzende Stelle berührt ... und er spuckt die krankmachende Substanz aus – höchstwahrscheinlich Tabak- oder Cocasaft – und manchmal holt er aus seinem Mund Dornen und andere Dinge ... von denen er behauptet, daß er sie aus dem Körper des kranken Mannes herausgezogen habe.*«

Geht man weitere vierhundert Jahre zurück, dann kann man sich das ungläubige Staunen von Kolumbus' Männern vorstellen, als sie zum ersten Mal die Indianer in Kuba beobachteten, wie sie sich schwelende Blätter von *Nicotiana tabacum* in den Mund und die Nasenlöcher steckten. Sir Walter Raleigh war ebenso fasziniert, als er in Virginia ankam. Die in Virginia beheimatete Pflanzenart war *N. rustica*, aber sie lieferte schlechteren Tabak als die südamerikanische Art *N. tabacum*. *N. tabacum* wurde später von den europäischen Siedlern in Virginia angebaut.

Innerhalb von 150 Jahren hatte sich das Tabakrauchen in ganz Westeuropa etabliert, und wie gewöhnlich ist der anfängliche Erfolg dieses neuen Produkts auf die aphrodisierenden Eigenschaften zurückzuführen, die man ihm zuschrieb. Der Widerstand gegenüber der neuen Gewohnheit war von Land zu Land ganz unterschiedlich. In China, Japan und Persien war das Rauchen verboten, und jene, die beim Rauchen erwischt wurden, wurden hingerichtet. James I. von England, der Sir Walter Raleigh hinrichten ließ (wenn auch nicht nur wegen der Einfuhr des Tabaks), schrieb ein Pamphlet mit dem Titel »A Counterblast to Tobacco« (Eine Kampfschrift gegen den Tabak). Darin beschrieb er das Rauchen als »eine Gewohnheit, die abscheulich für das Auge, der Nase verhaßt, dem Gehirn zum Schaden und den Lungen gefährlich ist, und der schwarze, stinkende Rauch, der entweicht, ähnelt beinahe dem schrecklichen finsteren Rauch des Höllenschlundes, welcher unergündlich ist«.

Der bedeutendste aktive Bestandteil des Tabaks ist das Nikotin, das nach Jean Nicot benannt wurde, der im 16. Jahrhundert dazu beitrug, das Tabakrauchen zur Behandlung des Kopfwehs zu propagieren. Nikotin wurde in reiner Form zum ersten Mal im Jahre 1828 isoliert, aber seine pharmakologische Wirkung ließ sich erst im Jahre 1898 nachweisen. Der Physiologe Langley von der Universität Cambridge trug auf die autonomen Ganglien verschiedener Tierarten eine Nikotinlösung auf und beobachtete eine anfängliche Stimulierung, der eine Hemmung der neuronalen Reizübertragung folgte. Er war tatsächlich der erste, der die Idee von einem autonomen Nervensystem mit seinen sympathischen und parasymphatischen Anteilen hatte. Seine Forschung führte schließlich zu der Erkenntnis, daß es eine unabhängige Nikotin-Unterklasse von Acetylcholinrezeptoren gibt. Jeder Zug aus der Zigarette enthält bis zu 350 Mikrogramm Nikotin, und die angenehmen Wirkungen des Rauchens rühren von der Interaktion der Droge mit den Nikotin-Rezeptoren im Gehirn her. Es überrascht nicht, daß Gewohnheitsraucher Entzugssymptome erleben, wenn sie versuchen, mit dem Rauchen aufzuhören. Trotz der offensichtlichen Gefahren des Tabakrauchens, wie sie so nachdrücklich von James I. beschrieben wurden, scheint diese alte südamerikanische Gewohnheit keineswegs auszusterben. Obgleich das Rauchen mittlerweile in der entwickelten Welt an Popularität verliert, wird es in den Entwicklungsländern immer beliebter. Das ist

in erster Linie auf eine aggressive Reklame und aggressives Marketing zurückzuführen.

— *Muskatnuß*

Vor dem Aufkommen der Kältetechnik war der Verderb von Lebensmitteln ein ständiges Problem, und man vermutet, daß eine Triebfeder für
die frühen Entdeckungsreisen die Suche nach Gewürzen war, die den Geschmack von verdorbenen Nahrungsmitteln überdecken. Man merkte bald,
daß sich viele dieser Nahrungsmittelzusätze beruhigend auf den Verdauungstrakt auswirkten und daß sie in der Lage waren, Darmwürmer fernzuhalten. Des weiteren vermutetet man, daß die psychotrope Wirkung einiger
dieser Gewürze ebenfalls ein Grund für ihre Beliebtheit war. Doch was auch
immer die Motive für das rasche Anwachsen des Gewürzhandels waren,
gibt es keinen Zweifel daran, daß der Handel bedeutend und lukrativ war.

Venedig hatte zwischen dem 9. Jahrhundert und dem Untergang
von Konstantinopel im Jahre 1453 eine herausragende Stellung als Seeha-
fen. Im folgenden Jahrhundert stand Portugal beim Osthandel an erster
Stelle, während die Spanier Kolumbus losschickten, um eine neue Westrou-
te zu den reichen Gewürzinseln des Ostens zu finden. Die Portugiesen entdeckten im Jahre 1512 die Banda-Inseln Indonesiens und den *Myristica fra-
grans*-Baum, der dort heimisch war. Die aprikosenähnliche Frucht dieses
Baumes enthält einen braunen Samen – die Muskatnuß. Das ätherische Öl
dieses Samens verleiht diesem Gewürz sein schweres, charakteristisches
Aroma.

Zwar machten die Portugiesen die ursprüngliche Entdeckung,
doch die Holländer entwickelten den Import von Muskatnüssen zu einem
riesigen kommerziellen Unternehmen. Sie dominierten den Ostindien-Han-
del während des 17. Jahrhunderts, und für eine gewisse Zeit war Amster-
dam der einzige Hafen, in dem man Muskatnüsse bekommen konnte. Es
fällt nicht schwer, die große Beliebtheit dieses Gewürzes zu verstehen, denn
es war voller aphrodisierender, schlaffördernder oder der Abtreibung die-
nender Eigenschaften – je nachdem, welcher Autorität man glaubte.

Der Botaniker Löbel lieferte den ersten geschriebenen Bericht (im
Jahre 1576) von den berauschenden Eigenschaften des Gewürzes und er behauptete, daß »eine schwangere englische Dame, nachdem sie zehn oder
zwölf Muskatnüsse gegessen hatte, bis zum Delirium berauscht war«. Jo-

hannes Purkinje – berühmt wegen seiner zahllosen Entdeckungen in der Zellbiologie – aß im Jahre 1829 drei Muskatnüsse und er behauptete, daß der dadurch verursachte Rauschzustand dem ähnelte, den er bereits mit Cannabis erlebt hatte. In den 70er Jahren experimentierten Gefangene in US-Gefängnissen mit Mischungen aus gemahlenen Muskatnüssen und heißer Milch, obgleich der »Trip« gewöhnlich nicht gut genug war, um das Leiden zu rechtfertigen, das der darauffolgende Kater verursachte.

Die Muskatnuß enthält keine bekannten psychoaktiven Bestandteile, und ihre berauschenden Eigenschaften können bis heute noch nicht erklärt werden. Das ätherische Öl enthält zwei Hauptbestandteile – Elemecin und Myristicin – in einem Verhältnis von etwa $1:3$, und es wurde vermutet, daß diese Bestandteile möglicherweise nach der Nahrungsaufnahme in Moleküle umgewandelt werden, die in ihrer Struktur mit den Amphetaminen verwandt sind. Dafür wäre allerdings die Zugabe von Ammoniak erforderlich, und obgleich das möglich ist, wurde diese Umwandlung nie beobachtet.

An dieser Stelle scheint es angebracht, etwas über die Amphetamine zu sagen. Das ursprüngliche Mitglied dieser Familie von synthetischen Drogen (Amphetamin) wurde im Jahre 1897 zum ersten Mal hergestellt. Als jedoch im Jahre 1928 seine Fähigkeit entdeckt wurde, die Blutdrucksteigerung zu verlängern, führte das zu seiner Einführung als Stimulans. Während des 2. Weltkrieges wurde es weithin (als Benzedrin®) zusammen mit dem aktiveren Methylamphetamin (Methedrin®) benutzt, um die Ermüdungserscheinungen, die durch den Kampf entstanden, zu unterdrücken. Nach dem Krieg waren die Drogen in vielen Teilen der Welt frei erhältlich, und in den USA erreichte in den späten 60er Jahren der Gebrauch von Methedrin (»speed«, »purple hearts«) epidemische Ausmaße. Drogenabhängige nahmen ihre Zuflucht zu Injektionen aus zerdrückten Tabletten, und daraus resultierte eine große Anzahl von Fällen mit paranoider Schizophrenie.

Die Wirkungsweise der Amphetamine ähnelt der von Kokain. Sie verhindern beide die Wiederaufnahme der Neurotransmitter und steigern dadurch die Menge des freien Noradrenalin im Gehirn und auch in der Peripherie. In kontrollierten klinischen Dosen haben sie eine ganze Anzahl von nützlichen Wirkungen, wie z. B. Steigerung der Aufmerksamkeit und der geistigen Wachheit, Verringerung der Müdigkeit, Unterdrückung des Appetits (deshalb ihr Einsatz bei der Gewichtsreduktion) und Verengung der Gefäße – vor allem in verstopften Schleimhäuten (deshalb werden sie zur Abschwellung der Nasenschleimhäute benutzt).

───   *Iboga*

Die westafrikanische Pflanze *Tabernanthe iboga* liefert einen Extrakt, der als das »Kokain Afrikas« bezeichnet wurde. Zweifellos kauen die Eingeborenen die Wurzeln dieser Pflanze, um von Hunger und Müdigkeit befreit zu werden, es wird jedoch behauptet, daß das aus der Wurzel gewonnene Ibogain in größeren Mengen visuelle Halluzinationen und scheinbares Schweben hervorruft. Die Schamanen und andere Mitglieder des Stammes kauen bis zu 300–800 g der getrockneten Rinde während ihrer religiösen Feiern, und von einem Beobachter wurde dazu folgendes notiert: »Die Männer begannen um jeden Pfahl des Tempels herumzutanzen – sie sprangen, stampften und hüpften in einer zwanghaften Art ... (als die Frauen) ihre Rasseln schüttelten und sangen.« Wie gewöhnlich glaubt man, daß dieser Rausch eine Beigabe zur Wahrsagung und Weissagung ist, aber von Iboga wird auch behauptet, daß es aphrodisierende Eigenschaften habe.

In seiner pharmakologischen Wirkung ähnelt Ibogain den sogenannten trizyklischen Antidepressiva wie Amitriptylin. Obgleich ihre Wirkweise noch nicht völlig geklärt ist, erscheint es wahrscheinlich, daß sie die Wiederaufnahme der Neurotransmitter Noradrenalin und Serotonin in die Neuronen hemmen. Dadurch steigt die Verfügbarkeit an Serotonin und Noradrenalin im ZNS an.

Was die angebliche aphrodisierende Wirkung von Iboga anbetrifft, so ist sie vermutlich dem Alkaloid Yohimbin zuzuschreiben, das in *Alchornea floribunda* enthalten ist – einem üblichen Mittel, mit dem die Iboga-Extrakte gestreckt werden. Dieses Alkaloid wirkt wahrscheinlich dadurch, daß es die Blutversorgung im erektilen Gewebe der Genitalien steigert, und es sorgt darüber hinaus für eine zentrale Steigerung der Reflexe, die mit der Kontrolle der Ejakulation in Verbindung stehen.

Rauschmittel

Alkohol

Zahlreiche Pflanzen liefern Extrakte, die eine psychotrope Wirkung haben, ohne jedoch halluzinogen zu sein. Sie werden gewöhnlich als Rauschmittel bezeichnet. Die größte Bedeutung hat der Alkohol (Ethyl-Alkohol oder Ethanol), der bei der Gärung vieler Früchte oder Getreidearten entsteht. Die meisten Weine werden durch Fermentation von Trauben der verschiedensten *Vitis*-Arten gewonnen – vor allem von *Vitis vinifera*.

Es gibt zahlreiche phantasievolle Legenden, die sich auf den Ursprung des Weinbaus und der Weinerzeugung beziehen; dennoch herrscht allgemeine Übereinstimmung darüber, daß erstmals im Mittleren Osten vor 6000–8000 Jahren Wein erzeugt wurde. Es gibt immer noch wilde Rebsorten, wie *Vitis silvestris* in Europa und *Vitis labrusca* in Nordamerika, und die modernen, weinliefernden Reben wurden aus diesen gezüchtet.

Der Weingenuß war schon im alten Ägypten fest etabliert, und einer ihrer wichtigsten Götter, Osiris, war nicht nur Herr des Totenreichs, sondern regierte auch über den Weinbau. Würdenträger wurden mit ausreichend Wein begraben, um sie auf ihrer Reise ins Jenseits zu unterstützen, und die Trauergäste durften an derselben flüssigen Stärkung teilhaben. Die alten Griechen brauchten lange, bis sie die Technik des Weinbaus übernahmen; sie schätzten die vielen wilden Rebsorten vor allem wegen der Früchte, die sie trugen. Der Wein wurde aus anderen Ländern importiert und oft einzig zu medizinischen Zwecken genutzt, wenngleich die Weinproduktion schließlich in Attika und Thessalonien weit verbreitet war. Von den Römern jedoch wurde die Kunst der Weinherstellung weiterentwickelt; dazu nutzten sie Techniken und Rebsorten aus allen Teilen ihres Imperiums. Auf seinem Höhepunkt hatte Rom einen Weinverbrauch von ungefähr 25 Millionen Gallonen pro Jahr.

Britannien hatte keine einheimischen Rebsorten, oder zumindest hat Julius Cäsar keine gesehen, als er im Jahre 55 v. Chr. in Britannien einfiel. Es wurde jedoch Wein importiert und zwar von den Belgiern, die die südlichen Teile Britanniens bewohnten. Nach der Eroberung durch die Römer wurden Reben eingeführt, und es gibt in vielen Teilen Britanniens genügend archäologische Beweise für römische Weinberge. Zu der Zeit, als sich die Römer, als Reaktion auf die Einfälle der Barbaren in Italien aus Gallien zurückzogen (ca. 500 n. Chr.), gab es in der Nähe von Paris, in der Champagne, dem Languedoc und entlang von Mosel und Rhein Weinberge.

Zusätzlich zu diesen Weinen, die nur aus Trauben gemacht wurden, stellten die Mauren Dattelweine her, machten die Japaner Reiswein, machten die Indianer Mexikos *pulque* aus der Agave, die Wikinger fermentierten Honig zu Met und die Inkas produzierten *chicha* aus Mais. Das letzte dieser Getränke war und ist eher ein Bier als ein Wein, und sein grobschlächtiger Charakter hat etwas mit seiner Zubereitung zu tun: Dazu kauen die Dorffrauen die Getreidekörner und spucken sie dann in einen gemeinsamen Topf, in dem die Fermentation vonstatten gehen kann. Die Enzyme, die im Speichel enthalten sind, tragen dazu bei, die Stärke der Körner aufzubrechen und dadurch Glukose für die in der Luft befindlichen Hefen bereitzustellen, die dann die eigentliche Fermentation bewirken.

In der modernen Bierbrauerei wird die Hefe *Saccharomyces cerevisiae* benutzt, und die Babylonier verwendeten vermutlich wilde Hefen, um bereits 5000–6000 v. Chr. Bier herzustellen. Die Zugabe von Hopfen (*Humulus lupulus*) und anderen Bitterkräutern ist eine wesentlich jüngere Erfindung; sie wurden ursprünglich eher als Konservierungsmittel denn als Geschmacksmittel beigegeben. Das Biertrinken und die Trunkenheit waren ein Charakteristikum des alten ägyptischen Lebens und es gibt genügend Grabmalereien, die deutlich machen, daß sich der Brauvorgang nicht von dem heutigen unterschied.

Die Griechen lernten ihre Braukünste von den Ägyptern; obgleich die Römer keine großen Biertrinker waren, war Bier das Hauptgetränk der Stämme in den westlichen Teilen ihres Imperiums. Dioskurides schrieb, daß die Briten und die Hibernier (Iren) »courni« getrunken haben, das sie aus fermentierter Gerste herstellten. Plinius war davon beeindruckt, daß sie eine »Methode erfunden hatten, selbst Wasser zu einem Rauschmittel zu machen«.

Zur Zeit der Sachsen wurden Bierhäuser oder »tabernae« eingeführt, und man konnte sie an den wichtigen Rastplätzen der Römerstraßen in Britannien finden. Die Normannen führten nach der Invasion im Jahre 1066 die Kunst der Weinherstellung wieder ein, und im »Domesday Book« werden achtunddreißig Weinberge aufgeführt. Aber das Biertrinken ist immer ein wichtiger sozialer Zeitvertreib der Briten geblieben. Es ist amüsant, die Kommentare von William of Malmesbury (im zwölften Jahrhundert) über das gesellschaftliche Trinken mit denen zu vergleichen, die möglicherweise über Partybesucher des zwanzigsten Jahrhunderts gemacht werden: »Insbesondere das Trinken war eine allseits übliche Tätigkeit, mit der sie ganze Nächte und Tage zubrachten ... Sie waren daran gewöhnt zu essen, bis sie übersättigt waren und zu trinken, bis ihnen schlecht wurde.«

Hinsichtlich seiner Pharmakologie handelt es sich beim Alkohol um eine der wenigen psychotropen Substanzen, mit der die meisten schon einmal zu tun hatten. Sobald eine Blutkonzentration von 30 – 40 mg pro 100 ml Blut erreicht ist, tritt ein leichter Rauschzustand ein, und man erfährt eine leichte Euphorie. Bei denjenigen, die nicht an Alkohol gewöhnt sind, kann man oft Geschwätzigkeit und ungewohnt dummes Verhalten beobachten. Wenn die Konzentration 100 mg pro 100 ml erreicht hat, leiden die meisten Personen unter neurologischen Störungen, die zu einer verwaschenen Sprache und einem unsicheren Gang führen. Auch dümmliches oder sogar aggressives Verhalten treten mit größerer Wahrscheinlichkeit auf, sogar bei abgehärteten Trinkern. Schließlich werden bei einer Konzentration von 200 mg pro 100 ml die Sehfähigkeit und die Bewegungen beeinträchtigt. Bei einer doppelt so hohen Konzentration tritt das Koma ein. Todesfälle infolge einer Überdosis an Alkohol sind gewöhnlich auf eine Atemstörung zurückzuführen, die den komatösen Zustand begleitet.

Über die tatsächliche Wirkweise von Alkohol ist man sich nicht im klaren. Er hat eine betäubende Wirkung – d. h. es kommt in gewissem Umfang zu Veränderungen in der Nervenübertragung. Dennoch ist wahrscheinlich Acetaldehyd, das Hauptabbauprodukt von Ethanol, die Ursache für die meisten Probleme. Acetaldehyd reagiert wahrscheinlich mit Dopamin, wobei Salsolinol entsteht und mit Tryptamin, wobei Tetrahydroharman entsteht; beide Stoffe haben eine psychotrope Wirkung. Dopamin ist die unmittelbare Vorstufe von Noradrenalin. Im Jahre 1958 erkannte man, daß es als Neurotransmitter im Gehirn eine eigenständige Bedeutung hat und daß es speziell an jenen Gehirnarealen zur Wirkung kommt, die mit der Kontrolle des motorischen Verhaltens zu tun haben. Eine detaillierte Darstellung der Pharmakologie von Dopamin soll in dem Kapitel über Medizin erfolgen.

Schließlich werden die aphrodisierenden oder libidosteigernden Wirkungen des Alkohols oft erwähnt. Ogden Nash rühmte die Tugenden des Alkohols als »Eisbrecher«: »Candy is dandy, but liquor is quicker« (Süßigkeiten sind prima, aber Alkohol ist schneller). Und die häufig zitierten Bemerkungen des Pförtners in »Macbeth« (II, iii) sind heute genauso treffend, wie sie es vor 300 Jahren waren:

Ei, Herr, rote Nasen, Schlaf und Urin. Buhlerei befördert und
dämpft er zugleich; er befördert das Verlangen und dämpft das Tun.
Darum kann man sagen, daß vieles Trinken ein Zweideutler gegen
die Buhlerei ist. Es schafft sie und vernichtet sie; treibt sie an und
hält sie zurück; macht ihr Mut und schreckt sie ab; heißt sie, sich
brav halten und nicht brav halten; zweideutelt sie zuletzt in Schlaf,
straft sie Lügen und geht davon.

Kava

Obgleich Kava als Hauptrauschmittel Polynesiens weitgehend von Bier ersetzt wurde, kommen Kava-Bars immer noch ziemlich häufig vor. Dieses Getränk, das aus dem Busch *Piper methysticum* gewonnen wird, wurde jahrhundertelang von den Völkern der idyllischen Inseln Polynesiens verehrt. Es wurde ursprünglich ausschließlich von Kindern zubereitet, welche die Wurzeln und die unteren Abschnitte des Stammes sammelten, kauten und dann die durchweichte Masse in eine gemeinsame Schüssel spuckten. Die im Speichel enthaltenen Enzyme waren für die Freisetzung der psychotropen Bestandteile Marindin und Dihydromethysticin aus dem pflanzlichen Gewebe wichtig. Der getrocknete Rückstand wurde dann mit Wasser vermischt, und der Extrakt gefiltert, wodurch man Kava gewann. Die Art der Herstellung ist heute im wesentlichen die gleiche.

Eine Menge, die einer zur Hälfte gefüllten Kokosnußschale entspricht, reicht aus, um einen Zustand des Wohlbefindens und der Schläfrigkeit hervorzurufen, wenn auch größere Mengen einen Zustand der Gereiztheit und sogar Trunkenheit hervorrufen können. Das war für die Missionare zuviel, und sie versuchten – mit gewissem Erfolg – die Inseln von diesem unheiligen Gebräu zu befreien.

Über die Wirkungsweise von Kava herrscht völlige Unkenntnis, obgleich die chemischen Strukturen seiner Hauptbestandteile eine gewisse Ähnlichkeit mit denen der Muskatnuß haben. Wie diese werden sie möglicherweise zu amphetaminähnlichen Verbindungen metabolisiert.

Absinth

Da die Weinhefe in Lösungen mit mehr als 12 – 13 Prozent Alkohol nicht überleben kann, waren vor der Erfindung der Destillation durch die Araber im zehnten Jahrhundert keine hochprozentigen Weine oder Spirituosen erhältlich. Bei der Destillation macht man sich die Tatsache zunutze, daß Alkohol einen niedrigeren Siedepunkt hat als Wasser (78 °C gegenüber 100 °C) und dadurch aus einer wäßrigen Lösung »herausgekocht« und in einem gekühlten Behälter kondensiert werden kann. Es ist zwar unmöglich, mit dieser Methode reinen Alkohol zu erhalten, weil sich immer auch etwas Wasser niederschlägt, aber Lösungen, die bis zu 95 Prozent Ethanol enthalten, sind machbar.

Die Herstellung von Spirituosen, wie Rum oder Whisky, beinhaltet zum einen die Fermentation eines Getreides (vor allem Zuckerrohr und Gerste) und zum anderen die Destillation des entstandenen, weinstarken Gebräus, so daß die flüchtigen Aromen im Alkohol konzentriert werden. Schnäpse gewinnt man im Gegensatz dazu gewöhnlich dadurch, daß man Früchte und/oder Kräuter mit Weinbrand oder Wodka oder ähnlichen Spirituosen ansetzt und sie anschließend filtriert, um die pflanzlichen Rückstände zu entfernen. Von all den zahllosen Spirituosen, die der Mensch erfunden hat, ist der blaß-grüne Absinth von unvergleichlichem Interesse.

Der Absinth des neunzehnten Jahrhunderts wurde dadurch gewonnen, daß man Wermut (*Artemesia absinthium, A. maritima* oder *A. pontica*), Anis (*Pimpinella anisum*) und Fenchel (*Foeniculum vulgare*) zusammen mit geringeren Mengen an Muskatnuß, Wacholder, Ysop, u. a. in 85prozentigem Alkohol angesetzt und das entstandene grüne Gemisch, nach Zugabe von etwas Wasser, destilliert hat. Dem Destillat wurden oft weitere Kräuter beigegeben. Nach dem Filtern wurde die hochprozentige Mischung mit Wasser verdünnt, wodurch man einen Schnaps erhielt, der einen Alkoholgehalt von ungefähr 75 Prozent besaß.

627. PONTARLIER — Distillerie Édouard Pernod

Abb. 28   Die Pernod-Brennerei in Pontarlier (hier eine Aufnahme aus dem späten 19. Jahrhundert) wurde im Jahre 1797 gegründet, um Wermut herzustellen, der das Gesellschaftsgetränk des 19. Jahrhunderts werden sollte. Der Aperitif *Pernod*, der heutzutage hier produziert wird, basiert auf dem Originalrezept, enthält jedoch keinen Wermut mehr.

Der Wermut war hinsichtlich seiner psychotropen Wirkung sicher der wichtigste Bestandteil, denn das Thujon, das er enthält, ist anscheinend neuroaktiv und ganz gewiß neurotoxisch. Das Papyrus Ebers (ca. 1500 v. Chr.) erwähnt den Wermut ebenso wie Hippokrates, Dioskurides und Gerard (»Der Wermut vertreibt die Würmer aus den Eingeweiden«); er scheint von allgemeinem medizinischem Nutzen gewesen zu sein. Die meisten alten Abhandlungen berichten von seinem Wert bei der Behandlung von Darmwürmern (daher der englische Name *wormewood* = Wurmholz), obgleich verschiedene Mischungen zur Behandlung von Rheuma, Anämie, Gicht und Gelbsucht und als »Erquickung für Herz und Gehirn« angewandt wurden. Eine der ersten professionellen medizinischen Zubereitungen verordnete Dr. John Hill seinen Patienten, die an Gicht litten. Er stellte eine Wermut-Tinktur her, indem er die Blüten der Pflanze sechs Wochen lang in Weinbrand legte.

Aber diese Tees und Aufgüsse waren schwach im Vergleich zu Absinth selbst. Dieser wurde vermutlich im Jahre 1792 erfunden, und zwar von dem französischen Arzt Pierre Ordinaire, der in der Schweiz im Exil lebte. Pierre Ordinaire war in erster Linie an den medizinischen Eigenschaften des Absinth interessiert, aber als er starb, ging das Rezept in die Hände seiner Vermieterin über, die prompt einen kleinen Absinth-Laden eröffnete. Dieser erregte das Interesse eines gewissen Majors Henri Dubied, der Absinth bereits als Mittel gegen Magenverstimmung nahm und der bemerkt hatte, daß dieser auch seine sexuelle Leistungsfähigkeit steigerte. Sein Schwiegersohn, Henri-Louis Pernod, hatte dieselbe Entdeckung gemacht, und nachdem sie das Rezept von Ordinaires Hauswirtin erworben hatten, gingen sie im Jahre 1797 in Produktion.

Die Beliebtheit von Absinth wuchs zunächst nur langsam, aber sie erfuhr einen massiven Auftrieb, als die französische Armee beschloß, Absinth (und einfachere Wermutextrakte) zur Abwehr von Krankheiten während der Nordafrika-Feldzüge von 1840 zu benutzen. Als die Soldaten nach Frankreich zurückkehrten, behielten sie die Absinth-Gewohnheit bei, und Absinth wurde zum Gesellschaftsgetränk des neunzehnten Jahrhunderts. Wenn man den Absinth mit Wasser vermischte – gewöhnlich unter Beigabe von etwas Zucker – erhielt man eine wolkige, blaß-grüne Mischung mit einem bitteren, anisähnlichen Geschmack.

Absinth war das Getränk der Künstler, Schriftsteller und Bildhauer – eingeschlossen Maupassant, Toulouse-Lautrec, Dégas, Gauguin, van Gogh, Manet, Baudelaire und Verlaine. Verlaine schrieb: »Pour moi, ma gloire n'est qu'une absinthe humble éphémère« (Für mich ist mein Ruhm nicht mehr als ein kurzlebiger kleiner Absinth). Oskar Wilde wurde noch deutlicher:

»Nach dem ersten Glas (Absinth) siehst du die Dinge so, wie du sie gerne hättest. Nach dem zweiten Glas siehst du die Dinge so, wie sie nicht sind. Schließlich siehst du sie so, wie sie wirklich sind und das ist das Schrecklichste, was es auf Erden gibt.«

Viele Gemälde jener Zeit zeigen Absinth-Trinker, die meistens mit einem glasigen Ausdruck dargestellt sind. Schriftsteller sprachen von wilden Empfindungen (eingeschlossen sexuelle Erregung), die Absinth hervorrief. Es wurde behauptet, daß er in kleinen Mengen den Geist und den sexuellen Appetit anregen würde, daß er aber in exzessiven Mengen erschreckende Halluzinationen und möglicherweise einen »Absinthismus« genannten Zustand hervorrufen würde. Eingefleischte Absinth-Trinker waren blasse, entkräftete Kreaturen – meist mit Anzeichen und Symptomen geistigen Zerfalls, und die meisten der vorgenannten Personen des kulturellen Lebens starben jung, oder begingen, wie van Gogh, Selbstmord.

Die Gefahren, die durch Absinth hervorgerufen wurden, blieben nicht unbemerkt. Schon Mitte der 60er Jahre des vorigen Jahrhunderts hatten Tierversuche gezeigt, daß der Likör bei Hunden Krämpfe und Atemstörungen hervorrief. Doch trotz der Veröffentlichung dieses und anderer Ergebnisse stieg der Appetit der Franzosen auf Absinth gegen Ende des 19. Jahrhunderts dramatisch an – vor allem da ein Glas Absinth weniger kostete als ein Laib Brot. Im Jahre 1913 konsumierten die Franzosen über 45 Millionen Liter Absinth pro Jahr, und die Anzahl der kriminellen Handlungen, die von Absinthisten begangen wurden, hatte alarmierende Ausmaße angenommen.

Das Beispiel von Jean Lanfray ist nicht untypisch. Er war ein notorischer französischer Alkoholiker, der in der Schweiz lebte, und er hatte die Angewohnheit, mehrere Absinth am Tag zu trinken – ganz abgesehen von mehreren Flaschen seines selbstgemachten Weines und etwas Branntwein. Am 28. August 1905, am Ende eines Tages, den er mit Trinken zugebracht hatte, hatte er Streit mit seiner Frau. Danach erschoß er sie und seine beiden Töchter. In dem darauffolgenden Gerichtsverfahren wurde seine »geistige Zerrüttung« dem Absinthismus zugeschrieben. Kurz darauf wurde der Schnaps in der Schweiz verboten. Frankreich verbot den Absinth im Jahre 1915, aber das Rezept überlebt in Form der Aperitifs Pernod und Ricard, obgleich keiner von ihnen Wermut enthält. Absinth wird immer noch (illegal) in der Nähe von Neuchâtel in der Schweiz und in Spanien hergestellt, wo er nie verboten wurde.

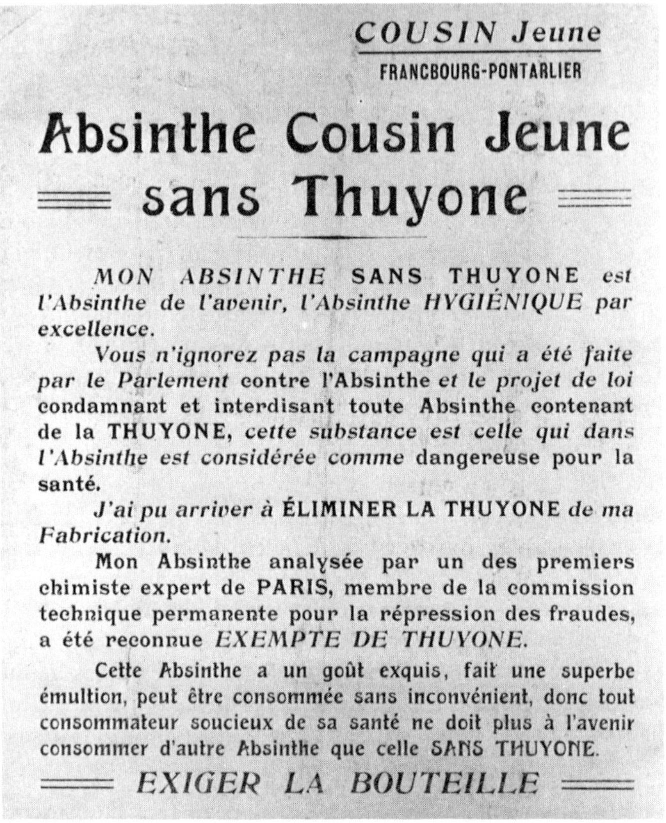

COUSIN Jeune

FRANCBOURG-PONTARLIER

Absinthe Cousin Jeune
=== sans Thuyone ===

MON ABSINTHE SANS THUYONE est l'Absinthe de l'avenir, l'Absinthe HYGIÉNIQUE par excellence.

Vous n'ignorez pas la campagne qui a été faite par le Parlement contre l'Absinthe et le projet de loi condamnant et interdisant toute Absinthe contenant de la THUYONE, cette substance est celle qui dans l'Absinthe est considérée comme dangereuse pour la santé.

J'ai pu arriver à ÉLIMINER LA THUYONE de ma Fabrication.

Mon Absinthe analysée par un des premiers chimiste expert de PARIS, membre de la commission technique permanente pour la répression des fraudes, a été reconnue EXEMPTE DE THUYONE.

Cette Absinthe a un goût exquis, fait une superbe émultion, peut être consommée sans inconvénient, donc tout consommateur soucieux de sa santé ne doit plus à l'avenir consommer d'autre Absinthe que celle SANS THUYONE.

=== EXIGER LA BOUTEILLE ===

Abb. 29   Eine Annonce für Absinth, der kein Thujon, den neurotoxischen Bestandteil von Wermut, mehr enthalten sollte.

Über die Wirkungsweise von Thujon weiß man sehr wenig. Es stimuliert das autonome Nervensystem; in größeren Dosen ruft es Krämpfe hervor, gefolgt von einem Bewußtseinsverlust; seine Langzeitwirkung auf das zentrale Nervensystem und seine Rolle bei der Entstehung des Absinthismus bleiben offen für Spekulationen. Viele der Symptome des Absinthismus ähneln denen des Alkoholismus, und die meisten Absinthisten waren natürlich Alkoholiker.

Die vielleicht beste poetische Beschreibung des Absinth (die »Grüne Fee«) stammt von dem französischen Dichter Arthur Rimbaud:

Ich bin die grüne Fee,
Mein Kleid hat die Farbe der Hoffnung ...
Ich bin die Ruine und der Schmerz,
Ich bin?
Ich bin das Unglück
Ich bin der Tod,
Ich bin Absinth.

Zusammen mit all den anderen Zubereitungen, die in diesem Kapitel beschrieben sind, stammt der Absinth jedoch von einer Pflanze, die in einer langen Verbindung mit der Volksmedizin steht, und dieses Thema ist Gegenstand des letzten Abschnittes dieses Buches.

Medizin

≡ Eine kurze Geschichte der Pharmazie

Oh, große Kräfte sind's, weiß man sie recht zu pflegen,
Die Pflanzen, Kräuter, Stein' in ihrem Innern hegen.
Was nur auf Erden lebt, da ist auch nichts so schlecht,
Daß es der Erde nicht besondern Nutzen brächt'.
In Laster wandelt sich selbst Tugend, falsch geübt,
Wie Ausführung auch wohl dem Laster Würde gibt.
Die kleine Blume hier beherbergt gift'ge Säfte
In ihrer zarten Hüll' und milde Heilungskräfte!

Romeo und Julia, II, iii

Schon lange bevor Shakespeare diese häufig zitierten Zeilen schrieb, hatten die alten Griechen und Römer die dosisabhängigen Wirkungen der Pflanzen entdeckt. Man braucht sich zum Beispiel nur daran zu erinnern, daß die Alraune (in entsprechender Dosierung) für Mord, Magie oder zu medizinischen Zwecken lange vor unserer Zeitrechnung verwendet wurde. Die frühesten systematischen Studien über Kräutermedizin wurden von dem Eroberer Shen Nung, einer zwielichtigen Figur, durchgeführt, der ungefähr 2700 v. Chr. lebte. Das Shen Nung-Kräuterbuch (ca. 200 v. Chr.) erwähnt die medizinische Anwendung von 365 Drogen. Davon waren 120 nichttoxisch, 120 waren wenig toxisch und 125 waren für eine längere Anwendung unbrauchbar. Zu diesen Pflanzen gehörten *Ephedra*-Arten zur Behandlung von Bronchialkrankheiten, das Abführmittel *Ricinus communis* und der Schlafmohn *Papaver somniferum*. Diese Pflanzen liefern das klinisch nützliche Ephedrin (ein frühes Therapeutikum gegen Asthma), Rizinusöl beziehungsweise Morphin.

Die Assyrer hinterließen ein Vermächtnis von 1500 Jahren Kräutermedizin (von 1900 bis 400 v. Chr.) in Form von 660 Tontafeln, die die Wirksamkeit von ungefähr 1000 medizinischen Pflanzen rühmten; das Papyrus Ebers gewährt jedoch den besten Einblick in die Pharmazie des Altertums. Es wurde ungefähr 1500 v. Chr. geschrieben, kam jedoch erst im Jahre 1862 ans Licht, als es der Archäologe Georg Ebers einem wohlhabenden Ägypter abkaufte. Dieser behauptete, daß die 0,3 auf 21 m lange Schriftrolle zwischen den Knien einer Mumie in einem der Gräber von Theben gefunden worden war. Wo immer sie auch herstammte – sie war in einem perfekten Zustand und lieferte eine Fülle an Information über die Pharmazie und die Operationstechniken des alten Ägypten. Über 800 Rezepte sind darin beschrieben, einschließlich der Anwendung von Pflanzenextrakten, tierischen Organen und Mineralien sowie auch viel Magie. Da spannt sich der

Bogen von wirkungsvollen Rezepten wie diesem: »Wie man die Exkremente aus dem Körper einer Person hinausschafft« (Rizinusöl und Bier) bis zu offensichtlich nutzlosen wie »Man koche ein altes Buch in Öl und reibe seinen Körper damit ein« (um ein Kind von exzessivem Urinieren zu befreien). Wenn diese Rezepturen versagten, gab es eine Anzahl von Gesängen, die angewandt werden konnten. So träufelten sie bei grauem Star eine Lösung aus Fischleim und Grünspan (Verdigris) ins Auge, begleitet von dem Lied: »Komm Verdigris! Komm Verdigris! Komm du Frischer du! Komm du Ausfluß aus dem Auge des Horus! Heraus kommt, was dem Auge des um entspringt. Komm du Saft, der sich von Osiris ergießt!«

Das Papyrus Ebers enthält auch einen sehr langen Abschnitt über die Diagnostik von Krankheiten. Die meisten Diagnosen beschäftigten sich entweder mit Verdauungsproblemen oder mit Tumoren, wie z. B. folgende: »Wenn du die Verstopfung in seinem Bauch untersuchst und du stellst fest, daß er nicht in der Lage ist, in den Nil zu springen, wenn sein Magen geschwollen und sein Brustkorb asthmatisch ist, dann sage du zu ihm: ›Das Blut hängt fest und zirkuliert nicht mehr.‹ Dann folgte ein Rezept, das Wermut, Holunderbeeren und Bier enthielt und »das Blut aus seinem Mund oder Rektum treibt und gekochtem Hundeblut ähnelt«. Und für ein Gewächs, das »unter deinen Händen kommt und geht«, und das somit vermutlich ein gutartiger Tumor war, war die angemessene Behandlung die Entfernung: »Behandle es mit dem Messer, wie man eine offene Wunde heilt.«

Schließlich enthält das Papyrus kurze Abschnitte über Haare, Kosmetika und Haushaltstips. Eine Behandlung, die das Haarwachstum auf dem kahl werdenden Schädel fördern sollte, beinhaltete Fett von Löwen, Nilpferden, Krokodilen, Katzen, Schlangen und Ziegen, wohingegen man, »um Falten aus dem Gesicht zu entfernen«, eine Mischung aus beweihräuchertem Kuchen, Wachs, frischem Olivenöl zusammen mit frischer Milch sechs Tage lang auf das Gesicht auftragen mußte. Und schließlich, ganz vernünftig: »Um Mäuse von Kleidern fernzuhalten – schmiere Katzenfett auf alles mögliche.«

Es ist offensichtlich, daß das Papyrus einige Rezepte enthält, die dem gesunden Menschenverstand entstammen, daneben eine Menge Unsinn und eine beträchtliche Menge an Magie und Aberglaube. Der große griechische Arzt Hippokrates (ca. 460 bis 380 v. Chr.) trat solchem Hokuspokus aufs heftigste entgegen. Er behauptete, daß die Gesundheit einer Person auf dem empfindlichen Gleichgewicht von vier Körpersäften beruhe – dem Blut, dem Phlegma, der schwarzen und der gelben Galle –, und daß ein Ungleichgewicht zwischen diesen Säften Krankheit hervorrufe. An diesem Glauben wurde mindestens bis zur Zeit von Paracelsus (im 16. Jahrhundert) festgehalten, aber die Ärzte, die später kamen, versäumten es, den Hauptbeitrag des Hippokrates zu würdigen, der in der Aussage bestand, daß eine sorgfältige Diagnose genauso wichtig sei wie eine angemessene Verschreibung. Hippokrates zog es vor, den Patienten zu erlauben, sich auf natürliche Weise zu erholen, und nur wendete wenig eingreifende Mittel, wie Abführ- und Brechmittel, an. Seine vielen mittelalterlichen Bewunderer waren nicht so konservativ.

Auch andere Griechen leisteten wertvolle Beiträge. Zu erwähnen wäre Theophrast (370–285 v. Chr.), dessen Pflanzenklassifikation mit dem Titel »Historia plantarum« (Nahrungsgeschichte der Pflanzen) erst in der Renaissance verbessert wurde, und natürlich Dioskurides. Durch den Untergang des Griechischen Reiches nach dem Tod Alexanders des Großen (323 v. Chr.), waren alle führenden Persönlichkeiten der nächsten paar Jahrhunderte Bürger des Römischen Reiches. Plinius, Celsus, Scribonius Largus und Dioskurides – sie alle schrieben umfangreiche Abhandlungen, die Informationen über medizinische Pflanzen enthielten. Darunter befand sich die acht Bände umfassende »De re medica« von Celsus, welche 250 auf pflanzlicher Basis beruhende Heilmittel enthielt. Die »De materia medica« von Dioskurides (77 n. Chr.) erwies sich als die durch die Jahrhunderte am häufigsten angewandte. Sie enthielt Beschreibungen von ungefähr 600 Pflanzen mit Ratschlägen für die Kultivierung und die Ernte und darüber hinaus wichtige Details für die Herstellung und die Anwendung von Arzneien. Sie war auch wunderschön farbig illustriert. Unglücklicherweise gingen die meisten Originale während der Einfälle der Barbaren verloren. Die älteste, bekannte byzantinische Kopie der Abhandlung des Dioskurides bildet einen Teil dessen, was als der »Juliana Anicia Codex« oder auch der »Wiener Dioskurides« (ca. 512 n. Chr.) bekannt ist. Der ursprünglich griechische Text wurde auch ins Arabische und Persische übersetzt und bildete dadurch die Grundlage für spätere moslemische Kräuterbücher. Im Westen wurde die Abhandlung weithin in der lateinischen Übersetzung benutzt. Tatsächlich nahmen Gerard und Culpeper das grundlegende Wissen, das von Dioskurides geliefert wurde, in ihre berühmten Kräuterbücher auf und erweiterten es.

Das griechische Kräuterbuch enthält sowohl pflanzliche Arzneien als auch Ratschläge zur Anwendung von Lebewesen und Mineralien. Zum Beispiel: »Geräucherte Heuschrecken helfen bei Schwierigkeiten mit dem Urinieren vor allem beim weiblichen Geschlecht«, oder ähnlich: »Heuschrecken – so man sie geröstet zu sich nimmt – helfen, wenn die Blase schmerzt«. Wohingegen Eisenrost »den weiblichen Ausfluß stoppt« und »glühendes Eisen, abgeschreckt in Wasser oder Wein und getrunken, gut ist gegen Bauchschmerzen, Ruhr, Milzbrand, Cholera und Magengeschwür«.

Galen (ca. 129 bis 199 n. Chr.), ein anderer Grieche, hinterließ ebenfalls eine unauslöschliche Spur in der Geschichte der Pharmazie. Er studierte zwölf Jahre lang in Pergamon (seinem Geburtsort in Kleinasien), Smyrna, Korinth und Alexandria Anatomie und Medizin. Dann arbeitete er als Chirurg in der Gladiatoren-Schule in Pergamon, bevor er sich nach Rom begab. Dort praktizierte er als Arzt für die Aristokratie sowie als Apotheker. Er führte zahlreiche anatomische und physiologische Experimente durch und lieferte die erste exakte Information über den Blutkreislauf, die Ausscheidungsfunktion der Niere und die Struktur des Nervensystems. Diese Beiträge blieben unerreicht bis zur Renaissance, doch seine Pharmazie war weniger originell. Er legte allen seinen zahlreichen Rezepturen die hippokratische Theorie von den Körpersäften zugrunde. Diese reichlich komplexen Gebräue wurden als Galenika (galenische Heilmittel) bekannt. Dank seiner Reputation als Arzt sicherte sein Enthusiasmus für diese abweichende Theorie wahrscheinlich deren Überleben für weitere 1300 Jahre.

Die Invasionen der Barbaren waren Vorboten des finsteren Mittelalters in Europa (5. – 11. Jh.), und das Wissen über die Pflanzen wurde ursprünglich durch die Arbeit von Schreibern in Konstantinopel aufrecht erhalten und danach in den Büchereien des sich schnell ausdehnenden arabischen Reiches. In China wurde das Shen Nung-Kräuterbuch auf den neuesten Stand gebracht, und es erschien ein neues, achtzehn Bände umfassendes Heilpflanzenbuch, genannt »Nei Ching«. In Indien wurde das Hindu-Pflanzenbuch von Susruta im fünften Jahrhundert veröffentlicht.

Als sich das arabische Reich ostwärts in Richtung Indien und westwärts nach Spanien hinein ausdehnte, wurde eine unermeßliche Sammlung, vor allem griechischer Bücher und Manuskripte, angelegt und schließlich in einer speziellen Bücherei in Baghdad untergebracht. Im neunten Jahrhundert überarbeitete hier ein Team von Übersetzern die aus dem sechsten Jahrhundert stammenden syrischen Übersetzungen der Werke von Hippokrates, Dioskurides, Galen und anderen, und sie schufen neue und genauere Versionen in arabischer Sprache. Die Werke Galens waren besonders populär, aber die Araber hatten auch ihre eigenen Medizin- und Pharmazieschriftsteller. Berühmt unter ihnen war Rhazes (ca. 865 – 925), der die Ideen von Galen einbezog, aber in der Art seiner Verordnung den Ideen des Hippokrates näher kam. Sein Rat war folgender: »Wo Heilung durch richtige Lebensweise erreicht werden kann, benutze kein Arzneimittel und vermeide komplizierte Heilmittel, wenn einfache genügen«. Er wies auch die mögliche Toxizität vieler beliebter Arzneimittel nach, die auf Schwermetallsalzen beruhten, vor allem jener, die Quecksilber enthielten, wobei er seinen gezähmten Affen als Testtier benutzte.

Auf Rhazes folgte Avicenna (930–1036) – vermutlich der einfluß-
reichste islamische Schriftsteller des Jahrhunderts und wie Rhazes ein befä-
higter Alchemist, Arzt und Pharmazeut. Sein Hauptwerk trug den Titel »Ca-
non medicinae«. Darin folgte er den Grundsätzen von Galen und Hippokrates, indem er von der Bedeutung der vier Körpersäfte ausging. In diesem
Buch lieferte er Information über Arzneistoffe, zusammengesetzte Arzneimittel und Erkrankungen verschiedener Körperteile. Sein Sammelwerk
wurde jedoch später überflügelt von dem umfassenden Werk »Corpus of Simples« von Ibn al-Baitar (1197–1248) aus Malaga. Dieses Werk enthielt eine
Liste von 1400 Arzneien und Heilpflanzen, von denen die meisten aus den
Werken von Dioskurides und fernöstlichen Pflanzenbüchern stammten.

Mittlerweile hatten sich Pharmazie, Aberglaube und Magie im finsteren Mittelalter in Europa unauflösbar verflochten. Es wurde eine Anzahl
von »Heilbüchern« (»leechbooks« – aus dem angelsächsischen *leace* = heilen)
zusammengetragen, die zwar einige bemerkenswerte Arzneien enthielten,
in der Mehrzahl jedoch phantastische Gebräue, um Elfen und Gnome abzu-
wehren. Das berühmteste dieser Heilbücher ist zweifellos das »Heilbuch
von Bald«. Bald war möglicherweise ein Freund von Alfred dem Großen,
und das Buch stammt aus der Zeit zwischen 900 und 950, wodurch es zum äl-
testen erhaltenen Buch der Sachsen über die Anwendung von Kräutern
wird. Es enthält sicher auch Kräuterkunde aus früheren Jahrhunderten,
aber die Originalwerke wurden zerstört, als die Wikinger die Klöster plün-
derten. Selbst eine flüchtige Durchsicht dieses Heilbuches läßt keinen Zweifel daran, daß Bald und seine Zeitgenossen ausdrücklich an die Existenz
von Elfen und Gnomen glaubten. Nach Bald war eine Erkrankung in erster
Linie durch den »Schuß einer Elfe« oder durch ein »fliegendes Gift« verursacht, und seine Pflanzensäfte dienten sowohl dem Schutz als auch der Heilung. Als Schutz gegen die Elfengefahr diente folgendes: »Eine Salbe gegen
die Elfenrasse und nächtliche Gnomenbesucher: Man nehme Wermut, Lupi-
ne … Gebe diese Würze in einen Kessel, stelle sie unter den Altar, singe
neun Messen darüber, koche sie in Butter und Schaffett, füge viel heiliges
Salz zu, seihe es durch ein Tuch …« Und eine Behandlung gegen eine Erkältung: »Nehme Nesseln und siede sie in Öl, schmiere und reibe deinen ganzen Körper damit ein; die Erkältung wird verschwinden.«

Die mönchische Medizin tat sich ungefähr vom zehnten Jahrhundert an hervor, obgleich die verschiedenen Kirchenkonzile (1131–1212) den
Mönchen die Teilnahme an medizinischen Handlungen schließlich unter-
sagten. Ihre ausgedehnten Bibliotheken wurden zu Bewahrungsorten für
das Wissen über Kräuter, und es erschien eine Anzahl von umfassenden Abhandlungen. Die berühmtesten unter ihnen waren »De viribus herbarum«
(über die Kräfte der Pflanzen), welches gewöhnlich Odo, Bischof von Meung

zugeschrieben wurde (die medizinischen Eigenschaften von achtzig Pflanzen wurden in lateinischen Versen beschrieben), das »Antidotarium« von Nicolaus von Salerno (in Wirklichkeit ein Sammelwerk von medizinischen Pflanzen aus der rührigen Schule für Medizin in Salerno), und das »Liber de proprietatibus rerum« (Buch über die Eigenschaften der Dinge) von Bartholomäus Anglicus, einem englischen Professor für Theologie in Magdeburg. Dieses letztgenannte enzyklopädische Werk erschien zum ersten Mal ungefähr um das Jahr 1260 und es enthielt Beschreibungen von medizinischen Pflanzen zusammen mit Informationen über Engel und Dämonen, über die Körpersäfte, geflügelte Kreaturen, Meteorologie, Kosmologie, Geographie und vieles, vieles mehr. Es war eine Art »Encyclopaedia Britannica« des dreizehnten Jahrhunderts in neunzehn Teilen. In dem Teil über die Kräuter schrieb er (über die Alraune): »Die Rinde davon, vermischt mit Wein . . . gebe man ihnen zu trinken gegen das, was in ihrem Körper zerstört ist. Dann werden sie schlafen und nicht spüren, wie die Wunde sich schließt«. Das erinnert sehr an ähnliche Arzneien, die von Dioskurides verordnet und in dem Kapitel über Mord erwähnt werden.

Von den großen medizinischen Schulen in Salerno und Montpellier stammten während des dreizehnten und vierzehnten Jahrhunderts die meisten Informationen über Pharmazie. Während dieser Periode begannen die freien Apotheker ihren Handel zu betreiben. Diese waren ursprünglich als Pfeffer- und Gewürzhändler bekannt (*pévriers* and *épiciers* in Frankreich), und sie handelten mit Arzneistoffen, medizinischen Tränken und Parfümen. Das Aufkommen des Buchdrucks im 15. Jahrhundert ermöglichte diesen Apothekern den Zugang zu den Werken von Galen, Dioskurides und Theophrast und zu dem kurze Zeit vorher zusammengestellten »Grand Herbier«. Letzteres erschien in den späten 80er Jahren des 15. Jahrhunderts und umfaßte nahezu 500 Kapitel. Später bildete es die Grundlage für das erste wichtige englische Heilpflanzenbuch, welches im Jahre 1525 von Richard Bankes veröffentlicht wurde. Das Werk ist immer noch mittelalterlich in seinem Aufbau, und die Prosa ist reizvoll. So werden beispielsweise die Eigenschaften des Rosmarin sorgfältig betrachtet: »Nimm die Blüten und lege sie in deine Kommode, unter deine Kleider oder unter deine Bücher, und die Motten werden sie nicht zerstören« und »wenn du die Gicht in deinen Beinen hast, dann koche die Blätter in Wasser und binde sie in ein leinenes Tuch und wickle dieses um deine Beine und es wird dir sehr gut tun.«

Größeres Ansehen wurde »The Grete Herball« (Das Große Pflanzenbuch) zuteil, das im Jahre 1526 von Peter Treveris veröffentlicht wurde, obwohl darin viele eigentümliche Heilmittel beschrieben sind. Zum Beispiel: »Um das Volk an deinem Tisch fröhlich zu machen, gebe vier Wurzeln des Eisenkrautes in Wein. Sprenkle danach den Wein über dein ganzes

Haus, in dem das Essen stattfindet und sie werden alle fröhlich sein.« Aber andere Pflanzenextrakte, einschließlich Lakritze, Opiumtinktur und Olivenöl waren sicherlich wirksam.

Ein insgesamt wissenschaftlicherer Text war das »New Herball« (Das neue Pflanzenbuch) von William Turner, welches in Teilen zwischen 1551 und 1562 erschien und danach als Ganzes (Elizabeth I. gewidmet) im Jahre 1568. William Turner besuchte die Hochschule in Cambridge und veröffentlichte 1538 ein kleines Buch, das »Libellus de re herbaria novus«. Diesem folgte zehn Jahre später ein Handbuch mit medizinischen Pflanzennamen in griechischer, lateinischer, englischer, holländischer und französischer Sprache. Dieses Buch wurde dringend benötigt, weil das Niveau des botanischen Wissens in England zu jener Zeit sehr niedrig war. Seine extrem nonkonformistischen Ansichten brachten ihn bald in Konflikt mit der Krone, und er verbrachte zwei Jahre im Gefängnis, bevor er einige Zeit im Exil in Europa lebte. Auch seine Bücher wurden zerstört. Im Exil sammelte er Informationen für das Pflanzenbuch, dessen erster Teil im Jahre 1551, während der etwas toleranteren Regentschaft von Edward VI., veröffentlicht wurde. Es folgten eine zweite Periode im Exil und die Zerstörung der meisten Kopien des Pflanzenbuchs während der kurzen Regierungszeit von Mary I. Aber er kehrte unter der Herrschaft von Elizabeth I. zurück, um für die anderen Teile des Pflanzenbuchs und deren Veröffentlichung zu werben.

Das »New Herball« kann als die erste echte britische Flora (Flora = Pflanzenwelt einer Region) betrachtet werden – mit über 200 einheimischen Arten –, und es enthielt Information über Botanik und Nutzanwendung. Über die Alraune schrieb William Turner: »Wenn man die Alraune im Übermaß zu sich nimmt, dann folgen nach und nach Schlaf und ein deutliches Nachlassen der Kraft mit Vergeßlichkeit«. Und nach einer Überdosis Opium: »Wenn der Patient zu schläfrig wird, dann halte ihm stinkende Dinge unter die Nase, um ihn damit wieder aufzuwecken«.

Wenn William Turner der »Vater der englischen Botanik« ist, dann ist Paracelsus (der Spitzname von Theophrastus Bombastus von Hohenheim) der »Vater der euopäischen Pharmazie und pharmazeutischen Chemie«. Er wurde im Jahre 1493 in der Nähe von Zürich geboren und erhielt eine Ausbildung zum Arzt in Italien, obgleich behauptet wird, daß der größte Teil seines Wissens aus seinem Umgang mit Zigeunern und Hebammen stammt. Er wurde im Jahre 1527 zum ordentlichen Professor für Medizin und zum offiziellen Arzt der Stadt Basel ernannt und er schuf fast augenblicklich eine Sensation, indem er Werke von Galen und Avicenna öffentlich verbrannte. Er spottete besonders über ihre komplexen Kräuterarzneien und glaubte fest an Magie und die Signaturenlehre. Dieser alte Glaube behauptet, daß die Form einer Pflanze ihre Anwendung bestimmt, wie z. B. die menschliche Form der Alraune deren Gebrauch bei Unfruchtbarkeit anzeigt. Paracelsus ist besonders berühmt für seine Alchemie und die Verwendung von Metallsalzen als Arzneimittel, besonders bei Syphilis, aber auch seine pflanzlichen Arzneistoffe waren weithin in Gebrauch. Seine Opiumtinktur, die er »laudanum« nannte, war besonders beliebt.

Während dieser Zeit erschienen mehrere europäische Kräuterbücher, aber die meisten von ihnen beruhten auf den Werken von Galen und Dioskurides und sie lieferten nur wenig neues Wissen über die Pharmazie. Peter Schöffers »Herbarius latinus« (Mainz 1484) beschäftigte sich in erster Linie mit mittelalterlicher deutscher Pflanzenkunde, z. B.: »Koriander, der bald nach dem Essen zusammen mit Essig eingenommen wird, verhindert hervorragend, daß Gase in den Kopf steigen«. Jacob Meydenbachs »Hortus sanitas« (Mainz 1491) hingegen umfaßte 1066 Kapitel und 1073 Illustrationen mit zahlreichen höchst phantasiereichen Rezepten. So wurde zum Beispiel der Magneteisenstein als diagnostisches Hilfsmittel angesehen, um Treue nachzuweisen: »Wenn man diesen Stein unter den Kopf einer treuen Dame legt, wird sie … dazu bewegt, ihre Arme für ihren Ehemann zu öffnen … Wenn sie jedoch eine Ehebrecherin ist, dann wird sie durch böse Träume viel Furcht und Zittern erleiden.« Die Wirkung auf einen untreuen Ehemann wird nicht enthüllt.

Diese Kräuterbücher erschienen zur Zeit der bedeutenden Entdekungsreisen des Christoph Columbus, und es überrascht nicht, daß jene, die im sechzehnten Jahrhundert erschienen, Informationen über die eben erst entdeckten Pflanzen enthielten. Das beste unter diesen Pflanzenbüchern war das »Dos libros« von Nicholas Monardes (Sevilla 1569), welches Beschreibungen der Tabakpflanze, der Cocapflanze und der Sarsaparilla u. a. enthielt. Dieses Pflanzenbuch wurde im Jahre 1579 in englischer Sprache von John Frampton unter dem Titel »Joyfull Newes out of the Newe Founde World« (Erfreuliche Nachrichten aus der neuentdeckten Welt) neu gedruckt. Medizinische Pflanzen von der anderen Seite der Erde wurden von Garcia d'Orta, ehemals Arzt in Goa, unter dem Titel »Coloquios dos simples, e drogas e cousas medicinais da India« (Goa 1563) beschrieben. Mehrere spätere Ausgaben erschienen in lateinischer, englischer, italienischer und französischer Sprache. Aber der Ehrenplatz in jeder Liste der Kräuterbücher des fünfzehnten Jahrhunderts gebührt John Gerards »The Herball, or Generall Historie of Plantes« (Das Pflanzenbuch oder Eine Allgemeine Geschichte der Pflanzen).

John Gerard (1546–1612) war sicherlich mit medizinischen Pflanzen wohlvertraut, denn er hatte sich zwanzig Jahre lang um die Gärten von Lord Burghley, Staatssekretär unter Elizabeth I., gekümmert und zusätzlich seinen eigenen Arzneigarten abseits der Chancery Lane in London versorgt. In den 90er Jahren des 16. Jahrhunderts wurde er darum gebeten, bei der Übersetzung eines belgischen Pflanzenbuchs vom Rembert Dodoens, mit dem Titel »Pemptades«, behilflich zu sein. Es scheint so, als ob er in dem Text Veränderungen und Umgestaltungen vorgenommen hätte, um das übersetzte Werk als sein eigenes auszugeben. Das Ergebnis war ein äußerst fehlerhafter Text mit zahlreichen Irrtümern, und der hervorragende Botaniker Mathias de l'Obel (nach dem die Pflanzengattung *Lobelia* benannt ist), wurde hinzugezogen, um dieses Problem zu berichtigen. Das endgültige Werk, das im Jahre 1597 veröffentlicht wurde, entstand somit in hohem

Abb. 30   John Gerard, der Autor von »The Herball, or Generall Historie of Plantes« (1598).

Maße durch gemeinschaftliches Bemühen, obgleich Gerards Name immer mit dem »Herball« in Verbindung gebracht wird. Seinen Hauptbeitrag leistete er in den Teilen über die englische Flora und deren Anwendung, und das auf nahezu poetische Weise. Zwei Beispiele mögen genügen: Über den kürzlich eingeführten Tabak schrieb er: »Die trockenen Blätter werden dazu benutzt, um in eine Pfeife gesteckt, angezündet, in den Magen gesaugt und durch die Nasenlöcher wieder herausgestoßen zu werden – gegen Kopfschmerzen, Rheuma und Schmerzen in jedem Teil des Körpers.« Und über die kleine Wasserlilie schreibt er: »Die Blumen gibt man in Öl ... das beruhigt und kühlt und schenkt einen süßen, ruhigen Schlaf und vertreibt alle geschlechtlichen Träume«. Mit 1392 Textseiten und 2821 Holzschnitten bleibt das Buch eine gewaltige und äußerst lesenswerte Abhandlung.

Keiner der bisher erwähnten Kräuterkundigen war ein praktizierender Apotheker, und zumindest in England wandten sich viele der Apotheker im 16. Jahrhundert der Alchemie zu und überließen damit einen Großteil der Verordnungen den Scharlatanen. Diese spezialisierten sich auf Salben, Pflaster und Lotionen, denen sie Arsen- und Quecksilbersalze beimischten, um die Syphilis zu behandeln. Jahrhundertelang gehörten die Apotheker zur Gesellschaft der Lebensmittelhändler, jedoch im Jahre 1617 schlossen sich die Apotheker, die in London lebten, zu einer Körperschaft zusammen, die sie die »Ehrwürdige Gesellschaft der Kunst und des Geheimnisses der Apotheker« nannten. Das siebzehnte Jahrhundert erlebte deshalb die Anfänge eines geordneteren Systems zur Verschreibung von Arzneien, und die erste »London Pharmacopoeia«, ein Verzeichnis aller Arzneimittel, erschien im Jahre 1618. Sie enthielt eine Liste von 1190 »simples« (Arzneien, die nur eine einzige Droge enthielten). Während des siebzehnten Jahrhunderts mußte ein echter Apotheker eine siebenjährige Lehre absolviert haben, während der er gelernt hatte, wie man alle Arten von Arzneimitteln zubereitet und abgibt. Oft praktizierten sie auch als Ärzte und sogar als Chirurgen. Zwei derartige Apotheker waren John Parkinson (1567–1650) und Thomas Johnson (1604–1644). Der erstgenannte war »Herbarist« bei Charles I. und hatte seine eigene Apotheke in Long Acre in London. Sein bekanntestes Werk ist das »Theatrum botanicum« oder das »Universall and Compleate Herball«, das im Jahre 1640 veröffentlicht wurde. Dieses zählte 1755 Seiten und war höchst detailliert. An Thomas Johnson erinnert man sich hauptsächlich wegen seiner umfassenden Überarbeitung von Gerards »Herball«, das mittlerweile 2850 Beschreibungen von Pflanzen enthielt. Er hätte zweifellos ein größeres Vermächtnis hinterlassen, wenn er nicht aktiv am Bürgerkrieg beteiligt gewesen wäre: Er starb an den Verletzungen, die er sich bei der Verteidigung von Basing House in Hampshire zugezogen hatte.

Nicholas Culpeper (1616 – 1654) kämpfte ebenfalls im Bürgerkrieg (und wurde verwundet), jedoch auf der Seite der Parlamentarier. Anders als die beiden andern schloß er seine Apothekerlehre nie ab, aber er erlangte eine medizinische Qualifikation und praktizierte als Arzt und Astrologe. Er schrieb viele Bücher, aber man wird sich an ihn immer wegen seines Herbariums »The English Physician Enlarged, with 369 Medicines made of English Herbs« erinnern, das im Jahre 1653 veröffentlicht wurde. Es wurde bis zum 19. Jahrhundert viel gelesen und benutzt. Über Sennesblätter schrieb er: »Sie stehen unter der Herrschaft des Merkur . . . sie haben eine reinigende Fähigkeit, aber sie hinterlassen nach der Reinigung eine Neigung zur Verstopfung . . . sie entfernen Melancholie, Cholerik und Phlegma aus Kopf und Gehirn, aus Lungen, Herz, Leber und Milz, indem sie diese Teile von üblen Körpersäften befreien . . . sie stärken die Sinne und bewirken Fröhlichkeit . . . sie wirken sehr heftig sowohl nach oben als auch nach unten, indem sie den Magen und die Gedärme attackieren«. Das astrologische Interesse wird in der gesamten Abhandlung offenbar. So schreibt er über den Schierling: »Saturn übernimmt die Herrschaft über dieses Kraut. Ich wundere mich jedoch, warum es nicht bei Priapismus oder einem Dauerständer gegeben wird, . . . denn gegen dieses Übel ist er sehr hilfreich.«

Weitere Auflagen der »London Pharmacopoeia« erschienen in den Jahren 1621, 1623, 1639 und 1650, wobei darin immer noch jene Heilmittel überwogen, die auf der Verwendung von anorganischen Salzen beruhten. Zu diesen zählten *Mercurius sublimatus corrosivus* (Quecksilberchlorid), *Regulus antimonii* (metallisches Antimon) und *Plumbi lotio* (verdünnte Bleiacetatlösung), nicht zu vergessen die »zubereiteten Würmer und Tausendfüßler«. Die andere wichtige Publikation war die Übersetzung des »Dispensatory« von Jean de Renou durch den Apotheker Richard Tomlinson. Jean de Renou war Arzt am französischen Hof, und sein Buch war das erste echte Werk über die Pharmazie und die pharmazeutische Praxis. Er beschreibt darin Techniken wie Aufguß, Abkochung und Einweichen. Seine Liste von Zubereitungsformen beinhaltete zahllose Gurgelmittel, Pessare, Lotionen und Einreibemittel. Wie üblich erscheinen untersuchte und erprobte Pflanzenextrakte, wie Sennes, Aloe und Rhabarber, zusammen mit anorganischen Arzneien, wie Quecksilber und gelbem Arsen, sowie anderen höchst fragwürdigen ›Drogen‹, wie Rubinen, Magneteisenstein, Fuchslungen und Hundekot.

Dieser unübersichtliche Zustand der pharmazeutischen Praxis dauerte in England einige Zeit lang an, denn im Gegensatz zu den ausländischen Universitäten unterhielten die englischen Hochschulen keine pharmazeutischen Fakultäten. Dennoch scheinen viele Chemiker und Botaniker an den Universitäten ein gewisses Interesse an der Pharmazie gehabt zu haben, und so legte Robert Boyles »The Skeptical Chymist« (veröffent-licht 1661) den Grundstein für das Verständnis der Chemie der Arzneistof-fe. Die alte aristotelische Vorstellung der vier Elemente (Erde, Luft, Feuer und Wasser) wurde endgültig hinweggefegt, und als chemisches Element wurde eine Substanz definiert, die nicht mehr in einfachere Bestandteile zerlegt werden konnte.

Chemiker und Drogisten waren nun oft ein und dasselbe, und meh-rere englische pharmazeutische Firmen hatten ihren Ursprung in dieser Epoche. Beispielsweise kann die Firma Allen & Hanburys, die heute zur Gla-xo-Gruppe gehört, ihre Entstehung auf den Apotheker Sylvanus Bean zu-rückführen, der in Old Plough Court in London im Jahre 1715 einen Laden gründete. Diese Apotheker des 18. Jahrhunderts führten riesige Mengen an Rohmaterial ein, die zu solch weitverbreiteten Zubereitungen wie der Tink-tur aus der Chinarinde (gegen Malaria) und Lebertran (gegen Rheuma und Rachitis) verarbeitet wurden.

»An Account of the Foxglove and some of its Medical Uses« (Ein Be-richt über den Fingerhut und einige seiner medizinischen Anwendungen) von William Withering erschien im Jahre 1785. Dieses Werk war der erste durch und durch wissenschaftliche Beitrag zur Anwendung einer Volksme-dizin. Es wies den Weg, wie man durch eine sorgfältige Auswertung von Fall-geschichten Information über die richtige Dosierung und die wirkungsvolle Anwendung pflanzlicher Heilmittel erlangen konnte.

Am Ende des achtzehnten und zu Beginn des neunzehnten Jahr-hunderts machte das Wissen über chemische Zusammenhänge große Fort-schritte, und die neueren Techniken ermöglichten die Isolierung von reinen Arzneistoffen aus natürlichen Quellen. Das Londoner Arzneimittelbuch aus dem Jahre 1809 erwähnte die Anwendung von Aconit (Eisenhut), Bella-donna (Tollkirsche), Chinarinde, Colchicum (Herbstzeitlose), Schierling, Bilsenkraut und Opium. Die Alkaloide, die in diesen und anderen Heilpflan-zen enthalten sind, wurden bald danach isoliert: Morphin (1816), Strychnin aus den Samen von *Nux vomica* (1817), Atropin (1819), Chinin (1820) und Colchicin (1820).

Die zahlreichen kleinen Firmen, die im späten neunzehnten Jahr-hundert entstanden sind und sich auf dem Gebiet der Pflanzenextrakte und der reinen Chemikalien spezialisierten, waren die Vorläufer der modernen pharmazeutischen Industrie. Die deutsche Firma Bayer stellte als erste im Jahre 1899 einen synthetischen Wirkstoff gewerbsmäßig her, der auf einem pflanzlichen Heilmittel basierte. Dabei handelte es sich um das Aspirin, das immer noch das weltweit am häufigsten verkaufte Arzneimittel ist. Es muß jedoch erwähnt werden, daß die Mehrheit der pharmazeutischen Unternehmen ursprünglich ihren Erfolg den anorganischen Zubereitungen zu verdanken hatten, wie zum Beispiel die von Beecham hergestellten Leberpillen (Wismutsalze) und die von Boots hergestellten Epsomer Bittersalze (basisches Magnesiumsulfat). Das Zeitalter der Entdeckungen von Arzneistoffen, die auf natürlich vorkommende Substanzen und Kräuterarzneien zurückgingen, begann erst richtig im zwanzigsten Jahrhundert. Diese Triumphe der Chemie und der Pharmakologie sind das Thema der folgenden Teile dieses Buches.

Antibakterielle Substanzen

Hausrezepte für die Behandlung von Wunden, Geschwüren und Verbrennungen und andere Krankheiten, die zu bakteriellen Infektionen neigten oder die durch eine Infektion verursacht wurden, waren in den alten Abhandlungen in großer Zahl vorhanden. Zum Beispiel beschreibt das Papyrus Ebers Zubereitungen aus rohem Fleisch (gegen den Biß eines Krokodils), Ziegenkot und gärende Hefe (gegen Verbrennung), Exkremente des Ibis und frische Milch (gegen Geschwüre) sowie Öl und Honig (gegen Ohrinfektionen). Letzteres hätte wenigstens eine Linderung bewirkt, aber die nachfolgende Behandlung beinhaltete den Extrakt aus einem Gazellenohr, einem Schildkrötenpanzer und der Annek-Pflanze.

Dreitausend Jahre danach rühmte Ambroise Paré, ein berühmter Militärchirurg und späterer Chirurg am Hofe des französischen Königs Heinrich III., die Vorzüge einer Mischung aus neugeborenen Hundebabies, gekocht in Lilienöl, Regenwürmern und venezianischem Terpentin zur Behandlung von Schußwunden. Das war tatsächlich Parés Spezialität; andere Heilmittel beinhalteten die Arzneikräuter Salbei, Rosmarin, Thymian, Kamille, Lavendel und Steinklee zusammen mit roten Rosen, gekocht in weißem Wein, Eichenasche und ein wenig Essig.

Zu den anderen Pflanzen, die angeblich antibakterielle Substanzen enthielten, gehörten Hopfen, Knoblauch, wilder Ingwer, Goldlack (den Samen wurde nachgesagt, daß sie besonders gut gegen Mundgeschwüre seien), Kürbis, Aloe, Ampfer und Sauerklee. Gerard und Culpeper empfahlen zahlreiche Gebräue. Von Gerard stammt folgendes: »Die Früchte (des Balsamkrautes, *Tanacetum balsamita*) ... werden in einem Doppelglas gekocht, das man in heißes Wasser stellt oder ansonsten in Pferdedung versenkt; es nimmt die Entzündungen, die sich in den Wunden befinden.« Und Culpeper schreibt: »Die kleinblumige Königskerze (*Verbascum thapsus*) ist ein hochwirksames ›Wundenkraut‹, dem keines überlegen ist, sowohl für innere als auch für äußere Verletzungen.«

Zahlreiche Heiler benutzten Breiumschläge, die aus schimmligem Brot oder Erde hergestellt wurden, und ähnlich wie alle anderen bereits erwähnten Heilmittel hatten sie vermutlich auch nur geringe Wirkung und verschlimmerten gewöhnlich den Zustand der infizierten Wunde. Es bestand fast völlige Unkenntnis über das Wesen einer Infektion, bis zu den bahnbrechenden Studien, die von Pasteur und Koch in der Mitte des neunzehnten Jahrhunderts durchgeführt wurden.

Als in den 70er Jahren des 17. Jahrhunderts Antoni van Leeuwenhoek das Mikroskop erfand, wurde es zum ersten Mal möglich, Mikroorganismen, oder »animalcules« (kleine Tierchen), wie er sie nannte, zu sehen. Aus seinen Briefen wird die Aufregung erkennbar, die ihn ergriff, als er zum ersten Mal diese »Kreaturen« sah: »... die Zahl dieser kleinen Tierchen war so groß ..., daß von manchen von ihnen tausend Millionen notwendig wären, um die Größe eines groben Sandkorns auszumachen ...«

Eine zuverlässige wissenschaftliche Untersuchung dieser Mikroorganismen war erst möglich, als man erkannte, daß eine Verunreinigung von Bakterien- oder Pilzkulturen durch andere Bakterien oder Pilze eher die Regel als die Ausnahme war. Ohne die Möglichkeit, die Instrumente zu sterilisieren und unter aseptischen Bedingungen zu arbeiten, konnten keine reinen Kolonien von Mikroorganismen gezüchtet werden. Die Kenntnisse über Mikroorganismen konnten auch keine Fortschritte machen, denn die Annahme, daß Mikroorganismen unter anderen als göttlichen Bedingungen, das heißt spontan auftraten, war ketzerisch. Jahrhundertelang glaubte man allgemein, daß Schimmel spontan durch Zersetzungsprozesse entsteht. Diese Ideen wurden schließlich im achtzehnten Jahrhundert durch die sorgfältigen Experimente von Spallanzani widerlegt, der nachwies, daß gekochtes Fleisch von Verunreinigungen frei blieb, wenn man es gut bedeckt hielt. Schwann wiederholte diese Experimente im Jahre 1837 und er wies darüberhinaus nach, daß das Fleisch selbst dann nicht faulte, wenn man es der Luft aussetzte – vorausgesetzt diese Luft wurde erhitzt (um Mikroorganismen zu zerstören).

Aber es waren schließlich die eleganten Experimente von Pasteur, die dem mikrobiologischen Wissen ein Fundament gaben. Erst dadurch war es möglich, eine Theorie zu formulieren, die Keime (Mikroorganismen) als Krankheitsverursacher annahm. Pasteur genoß eine Ausbildung zum Chemiker und verbrachte einen Großteil seiner frühen Karriere damit, den Vorgang der Gärung zu erforschen. Er wies nach, daß gewisse Mikroorganismen (Hefen) für die alkoholische Gärung verantwortlich sind, während andere (Milchsäurebakterien) die Fermentation von Milchprodukten kontrollieren. Durch diese Untersuchungen stellte er fest, daß diese verschiedenen Organismen überall vorkommen, vor allem im Erdboden.

In der Geschichte gab es eine ganze Anzahl von Theorien über die Ausbreitung einer Infektion. Galen glaubte, daß Epidemien von »Miasmen« (Ansteckungsstoffen) oder giftigen Dämpfen hervorgerufen wurden, immer wenn die Planetenkonstellation ungünstig war. Fracastorius (von Verona) sprach in seinem Text »De Contagione« (1746) von »seminaria« oder ansteckenden Keimen. Edward Jenner beobachtete im Jahre 1796, daß Melkerinnen selten die Pocken bekamen, und er verwendete deshalb Material aus den Pusteln der Kuhpocken (einer ähnlichen, wenn auch weniger virulenten Viruserkrankung) als Impfstoff gegen die Pocken. Die eigentliche Bedeutung dieser vorbeugenden Behandlung wurde ihm allerdings nicht deutlich.

Der erste Nachweis der Übertragbarkeit von Krankheiten wurde von John Snow im Jahre 1854 erbracht. Er führte das Entstehen einer isolierten Cholera-Epidemie in London auf eine verunreinigte Wasserpumpe in der Broad Street zurück. In späterer Zeit ließ sich Joseph Lister von Pasteurs Nachweis über die Vielzahl der Mikroorganismen so sehr beeindrukken, daß er desinfizierende Maßnahmen bei seinen Operationen und auf der Krankenhausstation einführte.

Als Lister im Jahre 1865 damit begann, die Karbolsäure (Phenol) als Antiseptikum zu benutzen, lag die Sterblichkeit nach Amputationen bei 50 Prozent – auf dem Schlachtfeld lag sie wahrscheinlich eher bei 100 Prozent. Natürliche phenolartige Substanzen waren jahrhundertelang als Konservierungsmittel benutzt worden, wie in den alten ägyptischen Mixturen, die der Einbalsamierung dienten. Eines der Probleme, die sich Lister jedoch stellten, war die Weigerung seines Krankenhauspersonals zu akzeptieren, daß Wunden durch in der Luft befindliche (oder öfter noch durch den Chirurgen übertragene) Krankheitserreger verunreinigt wurden. Bereits im Jahre 1835 hatte der amerikanische Arzt Oliver Wendell Holmes nachgewiesen, daß das Auftreten von Kindbettfieber deutlich verringert werden konnte, wenn die Hände in chlorhaltigen Desinfektionsmitteln gewaschen wurden. Der ungarische Arzt Ignaz Semmelweis und der Schotte Alexander Gordon bestätigten diese Entdeckung und sie konnten die Sterblichkeitsrate aufgrund von Wochenbettinfektionen auf den Krankenhausstationen von 10 Prozent auf ungefähr ein Prozent reduzieren.

Lister verwendete Karbolsäure, weil sie sich in einer nationalen Kampagne zur Beseitigung der fäulniserregenden Wirkung von Mikroorganismen in Abwasserkanälen als nützlich erwiesen hatte. Andere Phenole, wie die Salicylsäure und Gujakol (aus Kreosot), wurden später angewendet und zwar sowohl innerlich als auch äußerlich. Während seiner Bemühungen, weniger ätzende Antiseptika zu identifizieren, entdeckte Fleming das Lysozym und danach das Penizillin.

Vor diesen Entdeckungen leistete der deutsche Landarzt Robert Koch einige bedeutsame Beiträge. Er wies nach, daß man Milzbranderreger (*Bacillus anthracis*), die man aus toten Schafen isolierte, auf gesunde Tiere übertragen konnte. Koch und andere deutsche Forscher isolierten nach und nach jene Organismen, die Tuberkulose, Cholera, Typhus, Diphtherie und Tetanus verursachten, und ebenso verschiedene Bakterienarten, wie Streptokokken, Pneumokokken, Meningokokken und Staphylokokken. Diese Forschungsarbeiten waren bahnbrechend für die Entdeckung der Antibiotika.

Man vergißt oft, daß die Lebenserwartung zu Beginn des viktorianischen Zeitalters gerade mal 45 Jahre betrug und daß die Kindersterblichkeit in England im 19. Jahrhundert hartnäckig bei ungefähr 150 von tausend Lebendgeburten lag. Gewöhnlich war schon eine banale Infektion lebensbedrohlich, und während der großen Grippeepidemie von 1918/1919 starben zwanzig Millionen Menschen – die meisten an Lungenentzündung, einer durch Bakterien verursachten Komplikation einer ursprünglich viralen Infektion. Diese Zahl ist weitaus höher als die Zahl der Opfer, die der Erste Weltkrieg forderte.

Die neuartige Vorstellung, daß ein Mikroorganismus einen anderen tötet, die sogenannte »Antibiosis«, wurde von Pasteur im Jahre 1877 eingeführt, als er nachwies, daß das Wachstum von Milzbrandbazillen im Urin durch die Zugabe von einigen gewöhnlichen Bakterien verhindert werden konnte. Er bestätigte dieses Ergebnis in Tierversuchen. Ähnliche Ergebnisse erhielten auch Freudenreich (1888) und Nicolle (1907). Nicolle führte besonders sorgfältige Experimente mit *Bacillus subtilis* durch; er benutzte Extrakte aus diesem Bazillus, um das Wachstum von Bakterien zu verhindern, die Typhus, Cholera und Lungenentzündung verursachten. Sir John Burdon-Sanderson war jedoch der erste, der anhand von Kulturen nachwies, daß gewisse *Penicillium*-Schimmelpilze das Wachstum von Bakterien in Kulturen verhindern konnten.

Lister war davon überzeugt, daß der Schimmelpilz *Penicillium glaucum* zur Behandlung von Menschen genutzt werden konnte. Im Jahre 1884 behandelte er eine junge Krankenschwester, Ellen Jones, die seit langem unter einem nicht-heilenden Abszeß litt. Sie erhielt lokale Gaben des Schimmelpilzextraktes, und die Heilung verlief sehr zufriedenstellend. Mehrere andere Leute arbeiteten mit einem Mikroorganismus, bei welchem es sich vermutlich um *Penicillium brevicompactum* handelte. Sie erbrachten den Nachweis seiner antibakteriellen Eigenschaften, aber keiner dieser Forscher verfolgte diese interessanten Entdeckungen weiter.

Während des Ersten Weltkrieges arbeitete Alexander Fleming als Bakteriologe in einem Krankenhaus in der Nähe von Boulogne. Er war insbesondere mit jenen Opfern konfrontiert, deren Wunden mit komplexen Knochenfrakturen einhergingen und die besonders anfällig für Komplikationen durch Gasbrand waren. Als in den Jahren 1918/1919 die Grippeepidemie zuschlug, war das Krankenhaus überschwemmt von Patienten, die an Lungenentzündung litten, und Fleming entnahm zahlreiche bakteriologische Proben, um sie zu analysieren. Seine wichtigste Entdeckung war die, daß das Virus die Lungen zu schwächen schien und sie für eine Infektion mit irgendwelchen gewöhnlichen Bakterien, Streptokoken, Staphylokokken etc. anfällig machte. Die zunächst völlig gesunden jungen Männer und Frauen starben schließlich am Tod durch Ersticken – ertrunken in ihrer Lungenflüssigkeit.

Als Fleming nach England zurückkehrte, übernahm er einen Posten am St. Mary's Hospital in Paddington und im Verlauf des Jahres 1921 erforschte er bakteriolytische (also Bakterien auflösende) Wirkstoffe, die in menschlichen Sekreten, wie z. B. in Tränen und Nasenschleim, vorhanden waren. Unglücklicherweise waren die meisten dieser Präparate nicht besonders wirksam, und die Sekrete standen nicht ohne weiteres zur Verfügung. Ein berühmter Cartoon von »Punch« aus dieser Zeit zeigt, wie ein Ausbildungsunteroffizier einen kleinen Jungen schlägt, dessen Tränen dann in einer Flasche gesammelt werden, die die Aufschrift »Tränen-Antiseptikum«

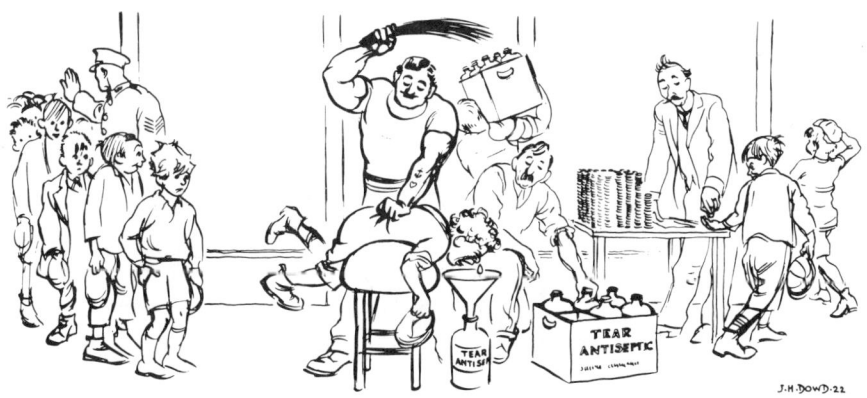

Abb. 31   Cartoon aus Punch (1922) von J. H. Dowd, der das Sammeln von »antiseptischen Tränen« darstellt. In Wirklichkeit hat man den Jungen Zitronensaft in die Augen geträufelt und die dadurch hervorgerufenen Tränen gesammelt.

trägt. Dieser Cartoon wurde von der Tatsache inspiriert, daß Fleming freiwillige Knaben anwarb, die Tränen spendeten, nachdem man ihnen Zitronensaft in die Augen geträufelt hatte.

Diese Praktik hörte schließlich auf, als Eiweiß als bessere Quelle für den wichtigsten bakteriolytischen Wirkstoff, genannt Lysozym, identifiziert worden war, und Fleming und seine Mitarbeiter unternahmen weiterhin gewissenhafte Anstrengungen, um die Wirksamkeit von Lysozym gegen verschiedene Bakterienarten zu erforschen. Der Wert dieser Arbeit im Vorfeld der Entdeckung von Penizillin wird oft übersehen, aber es erscheint zweifelhaft, ob Fleming ohne die Sachkenntnis und das Wissen, die er während dieser Jahre gewonnen hatte, die Bedeutung seiner Entdeckung vom September 1928 realisiert hätte.

In seiner Schrift im »British Journal of Experimental Pathology« aus dem Jahre 1929, stellte Fleming ziemlich trocken fest, daß einige Staphylokokken-Kulturen offen auf dem Experimentiertisch stehen gelassen worden waren, und daß man nach einer Verunreinigung durch einen aus der Luft kommenden Schimmelpilz »feststellte, daß um eine große Kolonie

Abb. 32   Alexander Fleming in seinem Labor am St. Mary's Hospital.

dieses verunreinigenden Schimmelpilzes herum die Staphylokokken-Kolonien durchscheinend wurden und sich offensichtlich aufzulösen begannen«. Diese Beschreibung versäumt es, die ganz außergewöhnliche Verkettung von glücklichen Umständen zu enthüllen, die die Entdeckung erst möglich machten.

Zunächst einmal ließ Fleming einen Stapel mit gebrauchten Kulturenschalen, die Staphylokokken enthielten, am Ende eines Experimentiertisches stehen und ging in Urlaub. Während seiner Abwesenheit gelangte eine relativ seltene *Penicillium*-Art (vermutlich) durch das Fenster herein und verunreinigte eine dieser Schalen. Zu Anfang herrschte kühles Wetter, wodurch das Wachstum des *Penicillium*-Pilzes begünstigt wurde, aber gegen Ende des Monats kam eine warme Zeit, die das Wachstum der Bakterien förderte. Bei seiner Rückkehr stapelte Fleming die Schalen auf ein flaches Tablett, welches das desinfizierende Lysol enthielt, bevor er sie gründlich reinigte; aber die Schale, um die es geht, wurde (zufällig) nicht einge-

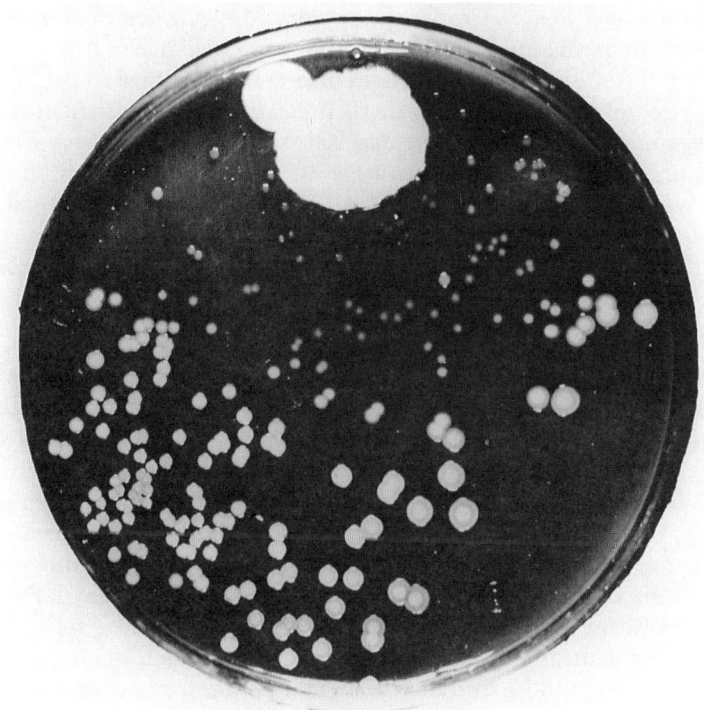

Abb. 33   Die berühmte Kulturschale. Der Pilz befindet sich ganz oben. Man beachte, daß in unmittelbarer Nähe des Pilzes keine Bakterien wachsen.

taucht. Er untersuchte diesen Stapel Schalen mehr oder weniger aufs Gera-
tewohl, als er eine davon mit einem Klümpchen Schimmelpilzen entdeckte,
um die herum sich keine Staphylokokken-Kolonien befanden.

Seine Mitarbeiter ließen sich nicht beeindrucken, aber Fleming
vermehrte den Schimmelpilz und wies zu gegebener Zeit nach, daß dessen
Extrakte in der Lage waren, das Wachstum von Streptokokken, Staphylokokken, Pneumokokken, Meningokokken, Gonokokken und Diphtherieba-
zillen zu hemmen. Das bedeutete, daß die Aktivität des Pilzes ein wesentlich breiteres Spektrum aufwies als Lysozym und den stärksten Antiseptika
ebenbürtig war. Als der Schimmelpilz schließlich als ein *Penicillium* identifiziert war, nannte Fleming den Extrakt (der bis dahin als »Schimmelpilz-
Saft« bezeichnet wurde) »Penizillin«. Die genaue Schimmelpilz-Art wurde
schließlich im Jahre 1929 von Charles Thom als *Penicillium notatum* identifiziert. Charles Thom war ein amerikanischer Pilzforscher, der eine führen-
de Rolle beim späteren Ankurbeln der Penizillin-Produktion spielen sollte.

Fleming beauftragte zwei seiner promovierten Assistenten, Frederick Ridley und Stuart Craddock, größere Mengen des Schimmelpilzes zu
züchten, um genügend Penizillin für weitere biologische Auswertungen zu
erhalten. Sie stellten fest, daß der Schimmelpilz am besten bei Zimmertem-
peratur gedieh und nach ungefähr 10 Tagen die höchste Ausbeute an Penizillin lieferte. Die Konzentration des Extraktes mußte unter vermindertem
Druck und mit einer Temperatur, die 40 °C nicht überschreiten durfte, erreicht werden. Das Produkt war in Alkohol löslich, was besagte, daß es sich
um kein Eiweiß handelte. Das so gewonnene Penizillin besaß eine hohe antibakterielle Wirksamkeit, war jedoch nur unter nahezu neutralen Bedingungen (pH-Wert um 6,5) und höchstens zwei bis drei Wochen lang stabil.

In vivo-Experimente zeigten, daß die biologische Lebensdauer von
Penizillin sehr kurz ist und sie bestätigten auch seine bedenkliche Instabili-
tät gegen Säuren. Das verringerte in gewisser Weise die Chancen für die therapeutische Anwendung, aber nichts desto weniger probierte Fleming den
Extrakt an mehren menschlichen Versuchskaninchen aus – eingeschlossen
Craddock (der eine chronische Naseninfektion hatte) und einem Amputier-
ten mit frühen Anzeichen einer Sepsis. Letzterer starb später an der Blutvergiftung, und bei Craddock zeigte sich kaum eine Besserung. Schließlich
konnten sie doch noch einen Erfolg registrieren. Einer der Laborassistenten, K. B. Rogers, sollte an einem wichtigen Schießwettbewerb teilnehmen,
aber er zog sich eine von Pneumokokken verursachte Bindehautentzün-
dung zu. Man träufelte ihm Penizillin in die Augen und erreichte damit eine
vollständige Heilung. Die Welt hätte auf der Stelle die Anfänge einer antibio-
tischen Revolution erfahren können, wäre da nicht der Umstand gewesen,

daß Fleming Schwierigkeiten damit hatte, öffentliche Reden zu halten. Als er die Ergebnisse seiner Forschung am 13. Februar 1929 im Medical Research Club bekanntgab, war sein Vortrag ziemlich dürftig, und die Zuhörerschaft war nicht in der Lage, die Bedeutung der Entdeckung zu erkennen. Flemings zukunftsträchtige Abhandlung in der Maiausgabe des »Journal of Experimental Pathology« blieb auch weitgehend unbeachtet, und es dauerte weitere zwölf Jahre bis das Potential der Penizilline erkannt wurde.

Was vermutlich am meisten gegen Fleming sprach, war, daß andere die antibakterielle Wirkung der *Penicillium*-Schimmelpilze bereits beschrieben hatten, so daß seine Arbeit ziemlich wenig originell erschien. Es war die hohe Wirksamkeit von Flemings Penicillium-Stamm und die glückliche Verkettung der Ereignisse, die zu seiner Entdeckung geführt hatten, die seine Arbeit zu etwas Besonderem machten. Glücklicherweise züchtete die Forschergruppe am St. Mary's Hospital ihren Schimmelpilz während der nächsten zehn Jahre immer weiter – vor allem weil er zur Vernichtung jener Bakterien benutzt wurde, die sich auf das Wachstum der laborspezifischen Art *Haemophilus influenzae* störend auswirkten. Dadurch stand der Schimmelpilz zur Verfügung, als die Forschergruppe um Florey damit begann, Penizilline zu untersuchen.

Howard Florey, ein gebürtiger Australier, erhielt seine Ausbildung an der Medizinischen Hochschule in Adelaide, gefolgt von einem Post-Graduierten-Stipendium in Oxford und einem Forschungsstipendium in Cambridge. Danach ging er für ein Jahr nach Amerika. Im Jahre 1927 wurde er als Dozent an die Pathologische Abteilung der Universität Cambridge berufen und er begann mit einer Studie über die Eigenschaften von Lysozym; somit glich ein Großteil seiner Arbeit der von Fleming. Im Jahre 1930 berichtete er über den genauen Gehalt an Lysozym im Speichel, in den Tränen und verschiedenen anderen Sekreten von Ziege, Meerschweinchen, Ratte und Kaninchen.

Im März 1932 wurde er zum Professor für Pathologie an der Universität Sheffield ernannt. Neben anderen Forschungsprojekten entwickelte er – zusammen mit H. E. Harding – eine Behandlung gegen Tetanus, die die Anwendung von Curare in Verbindung mit einer künstlichen Beatmung des Patienten beinhaltete. Die Prinzipien dieser Behandlung werden bei Tetanusfällen immer noch angewandt. Eine weitere verpaßte Gelegenheit ergab sich während Floreys Zeit in Sheffield – auch hier war der Pathologe H. E. Harding beteiligt, der Florey darüber informierte, daß ein Kollege, G. C. Paine, eine Pneumokokkeninfektion im Auge eines Patienten mit dem »Schimmelpilzsaft« geheilt hatte, den er aus einer Kultur von Flemings *Penicillium*-Stamm gewonnen hatte. Florey zeigte anscheinend kein Interes-

Abb. 34   Howard Florey (1941), Professor für Pathologie an der Sir William Dunn School for
Pathology der Universität Oxford (1935 – 1962).

se an dieser Entdeckung, die natürlich eine genaue Wiederholung jener Heilung war, die von der Gruppe in St. Mary erzielt wurde.

Im Jahre 1935 wechselte Florey auf den erst kurz zuvor eingerich-
teten Lehrstuhl für Pathologie an der Sir William Dunn School for Pathology in Oxford. Er machte sich daran, ein Team von aufgeweckten, jungen Forschern zu gewinnen. Lysozym war immer noch der wichtigste Forschungsge-
genstand, und Ernst Chain, ein jüdischer Flüchtling aus dem Nazi-
Deutschland, klärte schließlich im Jahre 1937 dessen Wirkungsweise auf.
Er wies nach, daß Lysozym bei empfindlichen Bakterien die Polysaccharide
in ihren Zellwänden spaltet und dadurch den Zerfall der Zelle bewirkt.

Im Jahre 1938 wurde eine umfassendere Suche nach antibakteriellen Substanzen in Angriff genommen, und unter den Organismen, die erforscht wurden, war auch die Gattung *Penicillium notatum*, die von Flemings Gruppe seit dem Jahre 1929 weitergezüchtet worden war. Chain, ein
Biochemiker, und E. P. Abraham, ein Chemiker, wiederholten einen Großteil der früheren Arbeit zur Isolierung und Reinigung von Penizillin, und ihrem Kollegen Norman Heatley gelang es, die Technologie erheblich zu ver-

bessern. Sie leiteten rohen, leicht sauren »Schimmelpilzsaft« durch einen Gegenstrom mit dem Lösungsmittel Amylacetat, und der Amylacetatextrakt wurde dann durch einen Gegenstrom mit leicht alkalischem Wasser geleitet. Der wäßrige Extrakt wurde anschließend gefriergetrocknet, wodurch man ein braunes Pulver erhielt, das eine relativ hohe antibakterielle Wirkung besaß; später zeigte sich allerdings, daß es nur 0,1 Prozent an wirksamem Penizillin enthielt und 99,9 Prozent Verunreinigungen.

Am 25. Mai 1940 wurden acht Mäuse, die mit einer tödlichen Dosis an Streptokokken infiziert waren, für ein *in vivo*-Experiment benutzt. Drei von ihnen erhielten eine Mehrfachdosis an Penizillin, eine bekam eine einfache Dosis, und den übrigen gab man überhaupt kein Penizillin. Die ersten drei Mäuse überlebten, die anderen fünf starben. Diese Ergebnisse wurden durch weitere Experimente bestätigt, und zum ersten Mal wurde das aufregende antibakterielle Potential von Penizillin aufgedeckt. Es ist ein ernüchternder Gedanke, daß die Mengen an rohem Penizillin, die Florey und seine Gruppe verwendeten, wahrscheinlich denen ähnlich waren, die von Fleming zwölf Jahre früher benutzt worden waren, daß letzterer jedoch die Bedeutung seiner Arbeit nicht erfaßt hatte.

Der Anbruch der Ära der Antibiotika sollte sich jedoch noch weiter verzögern, denn diese entscheidenden Experimente fanden statt, als das Britische Expeditionskorps aus Dünkirchen evakuiert wurde. Die Oxford-Gruppe war derart beunruhigt über eine mögliche Invasion der Deutschen, daß sie ihre Kleidung mit Sporen von *Penicillium notatum* verunreinigten und beschlossen, mit ihrer kostbaren Entdeckung nach Amerika zu fliehen.

Ihre Aufgabe bestand nun darin, große Mengen an Penizillin für einen Versuch an Menschen zu produzieren. Da jedoch kein pharmazeutisches Unternehmen zur Teilnahme gewonnen werden konnte, machten sich Florey und seine Mitarbeiter selber an die Arbeit. Sie hatten für die Züchtung des Schimmelpilzes bereits mit verschiedenen Gefäßen wie Tabletts, Puddingschüsseln und Bettpfannen aus der Klinik experimentiert, wobei sich letztere als besonders geeignet erwiesen. Deshalb züchteten sie den Schimmelpilz in 600 speziell angefertigten Tongefäßen, die wie Bettpfannen geformt waren und sie benutzten Molkereigerät für einen stark verbesserten Extraktionsvorgang. Die Chromatographie mittels Aluminiumoxid lieferte ebenfalls einen höheren Reinheitsgrad, und Mitte Januar 1941 besaßen sie genügend Material für einen klinischen Versuch. (Die Chromatographie mit Aluminiumoxid ist ein Reinigungsverfahren, das die unterschiedliche Verteilung einer chemischen Verbindung zwischen einer mobilen, löslichen Phase und Aluminiumoxid als Adsorbens nutzt, um eine Trennung der Verbindungen zu erzielen.)

Zuerst injizierten sie den Wirkstoff einem Krebspatienten im Endstadium (einer Mrs. Elva Akers aus Oxford) – ohne nachteilige Wirkung. Danach wurde er gesunden Freiwilligen injiziert, um die korrekte Dosierung für eine bakteriostatische Wirkung zu erhalten. Schließlich wurden zwischen Februar und Juni sechs Patienten, die alle lebensbedrohliche bakterielle Infektionen hatten, behandelt. Ihre Fallgeschichten und ein vollständiger Bericht über das Wachstum, die Ernte und die Reinigung von »Penizillin« wurden in der Zeitschrift »Lancet« vom 16. August 1941 veröffentlicht.

Der erste Patient war ein 43jähriger Polizist, Albert Alexander. Er hatte sich das Gesicht an einem Rosenstrauch gekratzt und daraufhin eine generalisierte Infektion mit *Staphylococcus aureus* und *Streptococcus pyogenes* entwickelt. Als man mit der Behandlung begann, hatte er bereits ein Auge verloren und hatte zahlreiche Abszesse im Gesicht und an einem Arm. Außerdem gab es Hinweise auf eine Schädigung der Lunge. Am 12. Februar erhielt er 200 mg Penizillin, danach weitere Injektionen mit 100 mg in einem Abstand von 2–4 Stunden an fünf Tagen. Sein Zustand verbesserte sich dramatisch, und am 17. Februar war seine Temperatur normal. Er aß gut, und die meisten Infektionen zeigten Anzeichen einer Heilung. Weil das Angebot an Penizillin so begrenzt war – selbst wenn man die Mengen in Betracht zieht, die aus seinem Urin wiedergewonnen wurden – brach man daraufhin seine Behandlung ab, damit ein anderer ernsthaft erkrankter Patient behandelt werden konnte. Schließlich verbrauchten sie all ihr verfügbares Penizillin für den zweiten Patienten und hatten nichts mehr übrig, um Alexander zu behandeln, als dieser zehn Tage später plötzlich einen Rückfall erlitt. Er starb am 15. März an einer durch Staphylokokken verursachten Blutvergiftung.

Der tragische Ausgang dieser Behandlung wiederholte sich nicht beim zweiten Patienten, einem 15 Jahre alten Jungen. Dieser hatte sich nach einer Hüftoperation eine durch Streptokokken verursachte Blutvergiftung zugezogen. Er erhielt eine Gesamtmenge von 3,4 g Penizillin in einem Zeitraum von fünf Tagen und wurde vollständig gesund. Im Mai stand wieder frischer Nachschub an Penizillin zur Verfügung, und man konnte einen 48jährigen Arbeiter mit einem zehn Zentimeter großen Karbunkel und Anzeichen einer weiteren Ausbreitung der Staphylokokken-Infektion erfolgreich behandeln. Seine vollständige Wiederherstellung innerhalb von sieben Tagen grenzte unter derartigen Umständen geradezu an ein Wunder. Darauf folgte eine zweite Tragödie. Ein 4$^{1}/_{2}$jähriger Junge wurde mit einer Infektion der Gehirnbasis in das Krankenhaus von Radcliffe eingeliefert. Diese Infektion war von infizierten Masernflecken in seinem Gesicht und dem linken Augenlid ausgegangen.

Abb. 35   Wie am Fließband wurde Penizillin an der Sir William Dunn School for Pathology hergestellt (1940). Der Pilz wurde in den Keramikgefäßen gezüchtet, zur Extraktion und Reinigung benutzte man Molkereigerät.

Bei seiner Aufnahme war er schon fast im Koma und hatte extrem geschwollene Augenlider. Vom 13. bis 25. Mai erhielt er ununterbrochen Penizillin, und die Heilung machte dramatische Fortschritte: Die Schwellung ging stark zurück, die Temperatur war normal, und er fing an, sich mit den Spielsachen zu beschäftigen und sich mit dem Krankenhauspersonal zu unterhalten. Doch genau wie der Polizist, erlitt er einen plötzlichen Rückfall und er starb an einer Gehirnblutung. Eine Obduktion ergab, daß die bakterielle Infektion durch das Penizillin vollständig beseitigt worden war, daß jedoch während des anfänglichen Stadiums der Infektion verschiedene Blutgefäße des Gehirns eine irreversible Schädigung erlitten hatten. Das war ein weiterer tragischer Ausgang, doch Florey und seine Mitarbeiter stellten fest: »Vor diesem vaskulären Unfall war der Patient von einem todgeweihten Zustand zu augenscheinlicher Genesung zurückgebracht worden.«

Zwei weitere Fälle – ein 14jähriger Junge mit Blutvergiftung und ein Baby mit einer akuten Harnwegsinfektion – wurden mit Penizillin vollständig geheilt, ebenso wie vier weniger dramatische Fälle mit akuten Augeninfektionen. Der Artikel in der »Lancet« schloß mit der Feststellung: »Wir nehmen an, daß nun genügend Beweise zusammengekommen sind, um zu zeigen, daß Penizillin ein neuer und wirksamer Typ eines chemotherapeutischen Wirkstoffes ist und daß er einige Eigenschaften besitzt, die von den bislang beschriebenen antibakteriellen Substanzen nicht bekannt sind.« Mit dieser ziemlich bescheidenen Feststellung läuteten sie das Zeitalter der Antibiotika ein.

Die pharmazeutische Industrie erkannte trotz allem den potentiellen Wert dieser Ergebnisse nur langsam, obgleich sie sich bereits heftig in Kriegsvorbereitungen engagierte. Jetzt trat Fleming wieder in die Arena und erinnerte die medizinische Welt daran, daß er es war, der in seinem Aufsatz von 1929 das Potential von Penizillin erkannt hatte. Das erweckte bei der öffentlichen Presse nicht wenig Interesse. So schrieb zum Beispiel das ehemals beliebte Wochenmagazin »Titbits« eine Geschichte über »Die Heilung, die durchs Fenster kam«. Viele der Mythen über Flemings Entdeckung stammen aus dieser Zeit.

Da er mit seinem Herstellungsverfahren die Ausbeute nicht weiter steigern konnte, suchte Florey in den USA nach industrieller Unterstützung, und das Büro für landwirtschaftliche Chemie (Bureau of Agricultural Chemistry) in Peoria (Illinois) übernahm die Aufgabe, eine Fermentation im industriellen Maßstab durchzuführen. Sie verbesserten das Medium für die Pilz-Kultur, indem sie eine Getreidelauge verwendeten (ein Abfallprodukt aus der Herstellung von Getreidestärke). Amerikas Eintritt in den Krieg im Dezember 1941 garantierte die totale Hingabe an ein Projekt, das schließlich den Opfern des Schlachtfeldes nützen würde.

Florey sah sich gezwungen, zur Dunn Hochschule und zu seinen Bettpfannen zurückzukehren, um seine eigene Versorgung mit Penizillin zu sichern, obgleich von ICI und einer kleinen Londoner Firma, namens Kemball-Bishop geringe Mengen hergestellt wurden. Im Jahre 1942 behandelte die Oxford-Gruppe 187 Patienten, und lediglich bei etwa einer Handvoll schlug die Behandlung überhaupt nicht an. Sogar Fleming war davon betroffen, als ein Freund seiner Familie, Harry Lambert, ernsthaft an Meningitis erkrankte. Florey stellte das Penizillin zur Verfügung, und Fleming injizierte es – zunächst intravenös und danach direkt ins Gehirn (in die Gehirn-Rückenmarksflüssigkeit im Subarachnoidalraum), als er merkte, daß Penizillin über die Blutbahn nicht ins Gehirn gelangen konnte. Obgleich dieser Weg der Verabreichung nie zuvor benutzt wurde, erholte sich der Patient sehr schnell, und Fleming war schließlich von der Bedeutung des neuen Antibiotikums überzeugt.

Sein persönlicher Kontakt zu Freunden innerhalb der Regierung führte zur Gründung des Penizillin-Kommitees und von da zur Beteiligung von Firmen wie ICI, Glaxo und Burroughs Wellcome, die bald darauf jeden

Monat zig Millionen Einheiten Penizillin produzierten. Diese Menge verblaßte jedoch beinahe zur Bedeutungslosigkeit in Anbetracht der 100 000 Millionen Einheiten, die die amerikanischen Firmen Merck, Squibb und Pfizer Mitte 1944 monatlich produzierten. Diese massive Steigerung des Ertrags wurde möglich durch die Verwendung eines neuen Pilzstamms, *Penicillium chrysogenum*, und durch die Verwendung von tiefen Fermentationstanks, ähnlich denen, die im Brauereiwesen verwendet werden. Die neue Pilzart stammte von einer schimmligen Warzenmelone, die auf dem Markt in Peoria gefunden wurde.

Die amerikanische Öffentlichkeit erkannte die Tragweite dieser bedeutsamen Ereignisse nicht in vollem Umfang, obgleich es einen großen Wirbel gab, als im Jahre 1942 die Frau des Direktors für Leichtathletik an der Yale-Universität, Mrs. Odgen Miller, von einer lebensbedrohlichen, durch Streptokokken hervorgerufenen Blutvergiftung geheilt wurde. Ein klein wenig von den Neuigkeiten drang allerdings durch, als die Menschen, die Opfer des Brandes im Coconut Grove Nachtclub in Boston im Januar 1943 waren, erfolgreich mit Penizillin behandelt wurden.

Florey brachte den Rest der Kriegsjahre mit klinischen Versuchen zu, bei denen er Penizillin vor allem zur Behandlung von Kriegsverletzungen anwandte. Bei dieser Arbeit entdeckte er, daß die Gonorrhoe innerhalb einer zwölfstündigen Verabreichung von Penizillin vollständig geheilt werden konnte. Diese Entdeckung war von beträchtlichem Wert, da zu jener Zeit in Nordafrika mehr Menschen an Geschlechtskrankheiten litten als an Verletzungen. Während eben dieser Kriegsjahre waren Fleming und Florey in bittere Auseinandersetzungen verwickelt, denn die britische Presse hatte Fleming als den alleinigen Erfinder von Penizillin anerkannt – ein Mißverständnis, das in den Köpfen mancher Leute bis zum heutigen Tag existiert, und zwar trotz der Verleihung des Nobelpreises für Physiologie und Medizin gemeinsam für Fleming, Florey und Chain im Jahre 1945.

Nach Kriegsende wurde die Struktur des wichtigsten Penizillins, produziert von *Penicillium chrysogenum*, das sogenannte Penizillin G, von Dorothy Hodgkin unter Zuhilfenahme der Röntgenstrukturanalyse aufgeklärt, und man versuchte, es chemisch zu synthotisieren. John Sheehan vom Massachusetts Institut für Technologie fand als erster einen gangbaren Weg zur Gewinnung der 6-Amino-Penicillan-Säure, einem wichtigen Baustein der Penizilline. Damit wurde dann die Herstellung von anderen, neuartigen halbsynthetischen Penizillinen möglich.

Hinzu kommt, daß Beechams entdeckt hatte, daß die 6-Amino-Penicillan-Säure tatsächlich ein stabiler Bestandteil der Fermentationsmischung war, die isoliert und in neue Penizilline umgewandelt werden konnte. Eli Lilly hingegen entdeckte in den USA, daß der Zusatz von Seitenketten-Vorstufen (der erwünschten Penizillin-Strukturen) zu dem Fermentationsgebräu die Produktion der entsprechenden Penizilline steigerte. So wurde Mitte der 50er Jahre die Einführung des relativ säurestabilen Penizillin V (Phenoxy-methyl-Penicillin) möglich. Da man dieses oral verabreichen konnte (anstatt durch Injektion), konnte der praktische Arzt das Medikament auch zur Anwendung zu Hause verschreiben.

Andere halbsynthetische Penizilline kamen in rascher Folge dazu, und zwar zunehmend solche mit antibakterieller Breitbandwirkung (d. h. einer Wirkung gegen die verschiedensten Bakterien) und Säurestabilität. Durch die sofortige Verfügbarkeit dieser Antibiotika gab es ein gewisses Maß an Übermedikation durch praktische Ärzte, aber weitaus wichtiger war ihre Beimischung zu Tierfutter in massivem Umfang. Daraus folgte, daß die Bakterien gezwungen waren, entweder Resistenzen zu entwickeln oder ausgerottet zu werden. Da sich Bakterien ungefähr alle zwanzig Minuten teilen (d. h. verdoppeln), verläuft die Entwicklung von resistenten Arten wesentlich schneller als bei anderen Organismen.

In den frühen 60er Jahren hatten die meisten Bakterienarten zumindest einen gewissen Grad an Resistenz gegen Penizilline entwickelt. Das gelang ihnen durch die Entwicklung von spezifischen Enzymen (β-Laktamasen), welche die Struktur des Penizillins spalten und damit die Penizilline inaktivieren. Um die Mechanismen dieses Prozesses verstehen zu können, ist es notwendig, zu verstehen, wie die Penizilline ihre antibakterielle Wirkung entfalten.

Alle Bakterien, die anfällig für Penizilline sind, die sogenannten grampositiven Arten (weil sie auf die sogenannte Graufärbung ansprechen), besitzen eine Zellwand mit einer Struktur, die Polysaccharid-Ketten enthält, welche an Polypeptidketten gebunden und mit ihnen zu einem dreidimensionalen Gitter vernetzt sind. Wenn sich die Bakterienzelle teilt, muß sie neues Zellwandmaterial produzieren. Das tut sie, indem sie eine zweidimensionale Polysaccharid-Polypeptid-Struktur in die dreidimensionale vernetzte Struktur der Zellwand umwandelt. Der Mechanismus dieses Prozesses ist in Abb. 36 gezeigt, und in der Skizze bedeutet das einfach die Abtrennung der endständigen Aminosäure (ein Alanin) von einer Polypeptidkette und die Anbindung der vorletzten Aminosäure (auch ein Alanin) an die endständige Aminosäure (gewöhnlich ein Glycin) einer Polypeptid-Seitenkette. Penizillin entfaltet seine Wirkung, indem es das Enzym blockiert, das an diesem Prozeß beteiligt ist, nämlich die Transpeptidase. Dieses Enzym wird durch die Ähnlichkeit der Form des Antibiotikums und der letzten beiden Aminosäuren (Alanin – Alanin) der Polypeptidkette ›genarrt‹ und reagiert

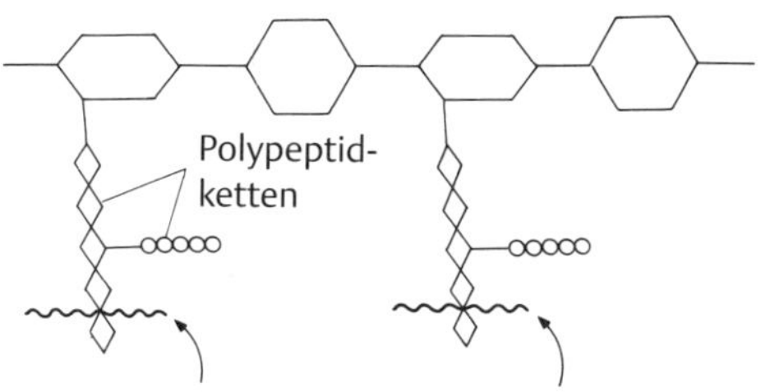
Polysaccharidkette
Polypeptid-
ketten

a) Die Transpeptidase spaltet das endständige Alanin ab.

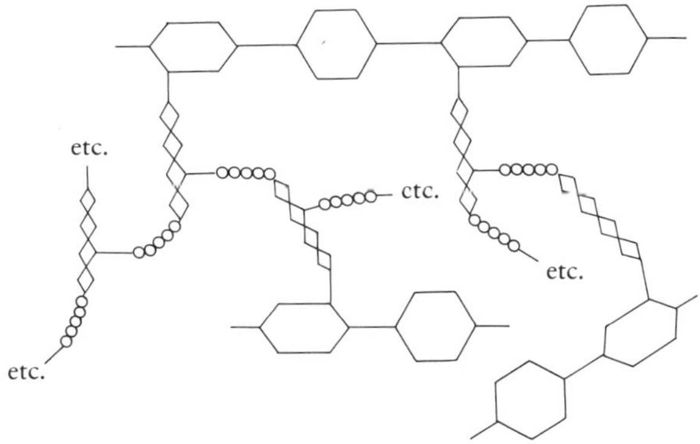
etc.
etc.
etc.
etc.

b) Die dreidimensionale Zellwandmatrix nach der Vernetzung.

Abb. 36 Mechanismus der Penizillin-Wirkung.

mit dem Antibiotikum in der Weise, daß es irreversibel gebunden wird und damit für den Vernetzungsvorgang nicht mehr zur Verfügung steht.

Die β-Lactamasen der resistenten Bakterien greifen den viergliedrigen Ring der Penizilline (den β-Lactam-Ring) an, brechen ihn auf und verhindern so die Reaktion mit dem Enzym Transpeptidase. Der Aufbau der Zellwand kann danach ungehindert weitergehen. Vor kurzem haben einige pharmazeutische Firmen Hemmstoffe der β-Lactamase auf den Markt gebracht. Diese wirken nicht unbedingt antibakteriell, aber sie verhindern, daß die β-Lactamasen die Penizilline zerstören. Eine neue Arzneistoffkombination von Beechams ist besonders interessant, da sie ein Breitbandpenizillin (Amoxicillin) mit einem natürlich vorkommenden Hemmstoff der β-Laktamasen (die Clavulan-Säure) verbindet.

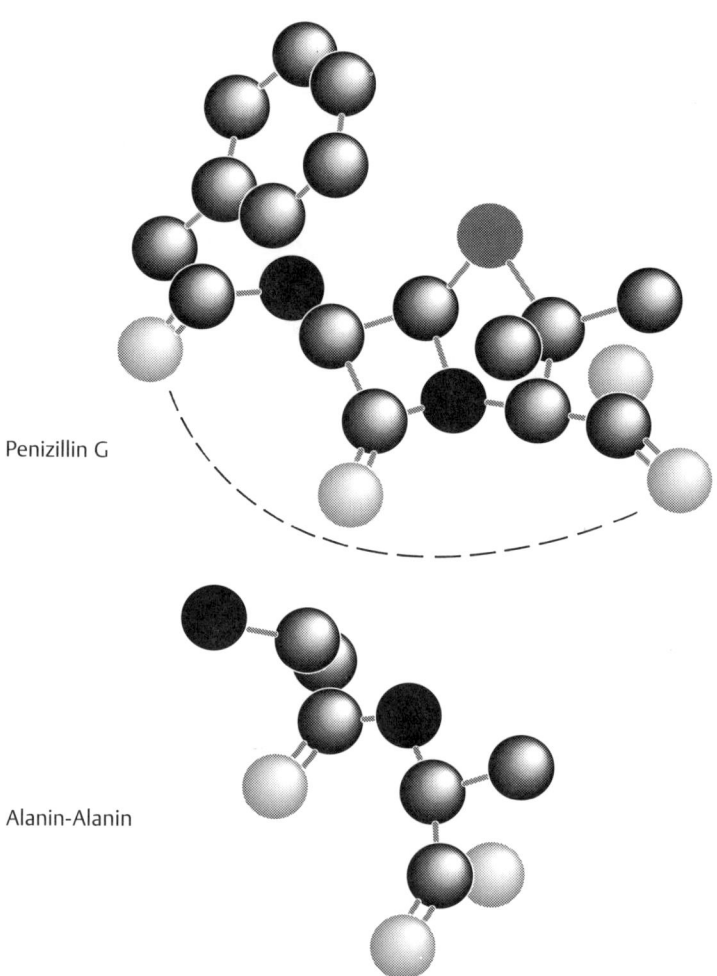

Penizillin G

Alanin-Alanin

Abb. 37   Vergleich der Strukturen von Penizillin G und Alanin-Alanin. Der mit dem Kreisbo-
gen gekennzeichnete Teil des Penizillin G ähnelt der Struktur von Alanin-Alanin.
Die Transpeptidase läßt sich dadurch täuschen, akzeptiert Penizillin G als Substrat
und wird irreversibel daran gebunden.

Zusätzlich zu dem Problem der Resistenz tauchten bei der klinischen Anwendung von Penizillinen weitere Schwierigkeiten auf. Zum einen
stellte man fest, daß ein kleiner Teil der Bevölkerung allergisch gegen die
Arzneistoffe war. Zum andern wirkten die meisten Penizilline nicht gegen

gramnegative Bakterien wie *Salmonella* und *Pseudomonas*. Diese Organismen sind vor allem in den Entwicklungsländern von Bedeutung, wo sie schwächende Infektionen hervorrufen. Sie sind auch besonders gefährlich für Patienten, deren Immunsystem geschwächt ist, z. B. Menschen, die sich einer Chemotherapie unterziehen und (in jüngster Zeit) HIV-Infizierte.

Die Arbeit mit den Penizillinen regte andere an, nach Schimmelpilzen mit antibakterieller Wirkung zu suchen. Im Jahre 1948 brachte Giuseppe Brotzu eine Reihe von Ereignissen in Gang, die beinahe ebenso aufregend waren die diejenigen, die Fleming zwanzig Jahre zuvor eingeleitet hatte. Er war Direktor des »Instituto d'Igiene« in Cagliari auf Sardinien und er hatte einen Schimmelpilz isoliert, den er am Auslauf eines Abwasserkanals entnommen hatte und der das Wachstum des Typhuserregers hemmte. Das war bedeutsam, da Penizillin gegen derartige gramnegative Organismen nicht wirkte. Er erzielte eine partielle Reinigung und er benutzte diesen Rohextrakt zur erfolgreichen Behandlung eines Patienten mit Beulen und Abszessen, die von grampositiven Organismen hervorgerufen worden waren. Er erzielte sogar einen gewissen Erfolg bei Patienten, die an Typhus und Paratyphus litten. Die italienischen Behörden zeigten jedoch kein Interesse an seiner Arbeit, und in seiner Verzweiflung nahm Brotzu mit einem Freund Kontakt auf, der früher einmal Beamter im öffentlichen Gesundheitsdienst in Cagliari gewesen war. Dieser wiederum sorgte dafür, daß Florey eine Kultur des Schimmelpilzes erhielt.

Der Schimmelpilz wurde als *Cephalosporium acremonium* identifiziert, und die William Dunn Hochschule trat wieder in Aktion, um dessen antibakterielle Wirkung zu erforschen und auszuwerten. Nach mehreren Fehlstarts isolierte das Team, das von E. P. Abraham geleitet wurde, eine schwach antibakterielle Substanz, die sie Cephalosporin C nannten. Sie hatte gegenüber Penizillin G zwei Vorteile – sehr geringe Toxizität und Resistenz gegenüber den β-Laktamasen –, aber die Einführung von Methicillin durch Beechams im Jahre 1960, das ebenfalls resistent war, schien die Aussichten für Cepahlosporin C zu vermindern. Diese wurden allerdings wieder besser, nachdem man bei Eli Lilly entdeckt hatte, daß das Grundgerüst von Penizillin G chemisch in das von Cephalosporin C umgewandelt werden kann. Daraufhin wurde eine ganze Menge neuer Cephalosporine synthetisiert.

Die derzeitige Situation ist die, daß sich die Cephalosporine, anders als die Penizilline, als generell resistent gegen den Angriff von β-Lactamasen erwiesen haben und auch ein breiteres Wirkungsspektrum besitzen als die Penizilline. Sie sind allerdings in der Herstellung teurer, und deshalb bleiben die meisten neueren Arzneistoffe der klinischen Anwendung

Abb. 38   Sie arbeiten an der Struktur von Penizillin: (von links nach rechts) Edward Abraham, Wilson Baker, Ernest Chain und Robert Robinson (1945).

vorbehalten, obgleich z. B. Cephaclor und Cephalexin häufig verschriebene oral wirksame Cephalosporine sind. Und die Suche nach neuen synthetischen und natürlich vorkommenden Antibiotika geht weiter.

Bodenlebende Mikroorganismen haben sich immer schon als Fundgrube für interessante natürliche Produkte, besonders antibakterielle Substanzen, erwiesen, und zeitgleich mit den Studien von Chain und Florey begann Selman Waksman ein Screening-Programm mit einer Vielzahl von Mikroorganismen aus dem Erdboden. Sein vordringlichstes Ziel war es, eine Substanz zu finden, die das Wachstum von *Mycobacterium tuberculosis*, dem Verursacher der Tuberkulose hemmen konnte. Im Jahre 1943 isolierten er und seine Mitarbeiter schließlich Streptomycin aus *Streptomyces griseus*. Dieses wirkte nicht nur gegen *M. tuberculosis*, sondern auch gegen eine ganze Reihe anderer Krankheitserreger. In der klinischen Anwendung war Streptomycin ein voller Erfolg, obgleich als bedeutende Nebenwirkung

Taubheit auftrat, hervorgerufen durch eine irreversible Schädigung des Hörnervs.

Andere in der Erde befindliche Mikroorganismen enthüllten bald darauf ihre Geheimnisse. Dazu gehörte Chloramphenicol (aus *Streptomyces venezuelae*), das mittlerweile gewöhnlich ernsten Erkrankungen wie Meningitis und der lokalen Anwendung bei Infektionen der Augen und der Ohren vorbehalten bleibt; außerdem die Tetracycline (von verschiedenen *Streptomyces*-Arten), die die ersten halbsynthetischen, oral wirksamen Antibiotika in den frühen 50er Jahren waren, und Griseofulvin (aus *Penicillium griseofulvum*), das zum ersten Mal im Jahre 1939 isoliert wurde und das sich später als besonders wirksam gegen Pilzinfektionen (z. B. Ringelflechte, Tinea) bei Rindern und Menschen erwies. Viele andere haben sich als erfolgreiche Wirkstoffe gegen Krebs erwiesen.

Obgleich also die Wirksamkeit von schimmligen Brotumschlägen und Erdpflastern zweifelhaft ist, bildeten Schimmelpilze und in der Erde befindliche Mikroorganismen eine reiche Quelle für wertvolle antibakterielle und gegen Pilze wirkende Stoffe. Diese Arzneistoffe haben einen wesentlichen Beitrag zu einer erhöhten Lebenserwartung und Lebensqualität im zwanzigsten Jahrhundert beigetragen. Wie die meisten anderen modernen Arzneistoffe waren sie das Ergebnis der gemeinsamen Anstrengung von Chemikern, Biochemikern, Pharmakologen und Klinikern.

Entzündungshemmende Wirkstoffe

»Wenn man die Blätter (des Beinwell) mit Eiweiß zerstampft, sie auf jede vom Feuer verbrannte Stelle aufträgt, so nimmt das die Hitze, verschafft sofortige Erleichterung und läßt sie später zuheilen.«

Dieses Rezept von Culpeper faßt die Symptome einer Entzündung schön zusammen: Wärme und Röte, den Schmerz, die Schwellung und die mit der Entzündung verbundene Zerstörung des Gewebes. Entzündungen können in zwei Haupttypen eingeteilt werden: in chronische und akute. Zum chronischen Typ gehören die rheumatische Arthritis, das rheumatische Fieber, die Psoriasis und das Emphysem, und zum akuten Typ gehören der Heuschnupfen und der Sonnenbrand. Bei all diesen Zuständen reagiert das Gewebe auf bestimmte Reize. Gewöhnlich befindet sich das betroffene Gewebe in der Lunge oder im Atmungstrakt (z. B. beim Emphysem und beim Heuschnupfen), in den Gelenken (z. B. bei der rheumatischen Arthritis), oder in der Haut (z. B. bei der Psoriasis und beim Sonnenbrand).

Viele der chronischen Entzündungszustände sind das Ergebnis von sogenannten Autoimmunerkrankungen, die, wie der Begriff erkennen läßt, dazu führen, daß der Erkrankte Antikörper produziert, die sein eigenes Gewebe zerstören. Ein gutes Beispiel dafür stellt das rheumatische Fieber dar, bei dem eine Infektion durch eine hämolytische (blutzersetzende) Streptokokkenart die Produktion von Antikörpern hervorruft, die nicht nur den Eindringling zerstören, sondern auch – bei Menschen mit entsprechender Veranlagung – das Herz(klappen)gewebe und die dadurch den Entzündungszustand hervorrufen. Bei der rheumatischen Arthritis richten sich die körpereigenen Antikörper gegen die Gelenke, und die Zerstörung der Zellen führt zur Produktion von hydrolytischen Enzymen, die eine weitere Zerstörung und die Symptome der chronischen Entzündung hervorrufen.

Als Hauptursachen für die akute Entzündung gelten mechanische oder chemische Schädigung, Strahlung (z. B. Wärme-, ultraviolette oder radioaktive Strahlung) und Fremdkörper (z. B. Bakterien, Pilze, Pollen oder Parasiten). Die chemischen Mediatoren für die klassischen Symptome Wärme, Röte, Schmerz und Schwellung (leicht vorzustellen als Folge eines extremen Sonnenbades) sind Histamin, Kinine (kleine Peptide), Eicosanoide (alle Abkömmlinge der Arachidonsäure, einer Fettsäure) und in manchen Geweben das 5-Hydroxytryptamin (auch Serotonin genannt). Alle diese Mediatoren, vor allem das Histamin, sind wirksame Mediatoren für eine Vasodilatation, das heißt, sie rufen eine Erweiterung der Blutgefäße hervor. Wenn der Entzündungszustand anhält, können sich Thrombozyten und Leukozyten an der beschädigten Stelle zusamenballen und ein Blutgerinnsel oder einen Thrombus bilden. Der Schmerz rührt daher, daß lokale Nervenendigungen durch Histamin, Serotonin oder die Kinine stimuliert werden.

Die oben erwähnten Mediatoren werden (wenn auch nicht ausschließlich) von jenen weißen Blutkörperchen gebildet, die als Mastzellen bekannt sind. Eine typische Abfolge von Ereignissen, die der Freisetzung dieser Substanzen vorausgehen, ist in Abb. 39 dargestellt. Sie zeigt die Interaktion zwischen einem Allergen (Kreuzkraut-Pollen, Hausstaubmilben, etc.) und den für diese Substanzen spezifischen Antikörpern, die an die Oberfläche der Mastzellen gebunden sind.

Diese Antikörper gehören zur Klasse der Immunglobuline E (IgE) und werden von solchen Personen, die eine genetische Veranlagung für Allergien und Asthma haben, in weitaus größeren Mengen als normal produziert. Die Bildung dieses Antikörper-Allergen-Komplexes führt zu einer Veränderung der Oberfläche der Mastzelle und zur Öffnung der Kalzium-Kanäle. Der daraus resultierende Einstrom von Kalzium-Ionen aktiviert eine Anzahl von zytoplasmatischen Enzymen, die die Bildung von Histamin und Ei-

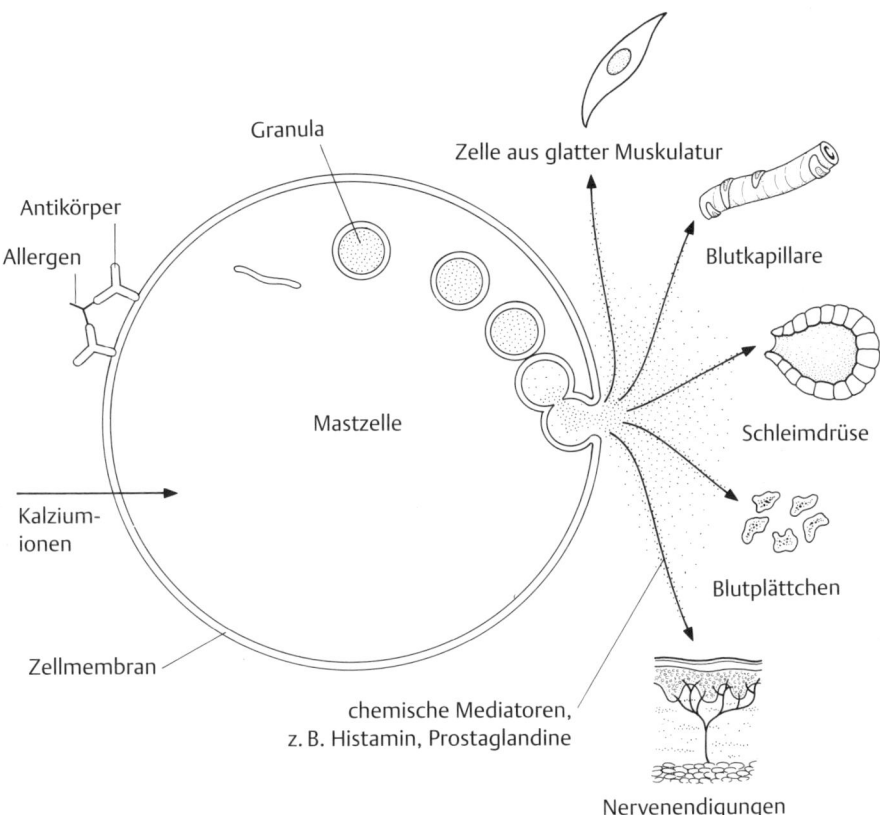

Abb. 39   Die Mastzelle und ihre Beteiligung am Entzündungsvorgang.

cosanoiden katalysieren. Letztendlich bricht die Zelle auf und setzt diese Substanzen frei, die dann mit anderen Zellen interagieren; so kommt es rasch zur akuten Entzündung, wie es bei einer Allergie, dem Asthma, dem Ekzem und dem Heuschnupfen zu beobachten ist. Interessanterweise haben Heuschnupfen und andere Allergien anscheinend in den vergangenen zwanzig Jahren zugenommen. Das ist vermutlich auf die rasche Zunahme der Umweltverschmutzung im selben Zeitraum zurückzuführen.

Für die Entzündungsreaktion spielen noch viele weitere zelluläre Interaktionen eine Rolle, und andere chemische Mediatoren sind daran beteiligt: z. B. Kinin, aber auch Lymphokine, Leukotriene und Prostaglandine. Obgleich ein vollständiges Verstehen dieser Prozesse noch in weiter Ferne liegt, können wir eine recht vernünftige Vorstellung von den Reaktionsweisen der bekannten entzündungshemmenden Wirkstoffe gewinnen, wenn wir ihre Interaktionen mit dem System betrachten, wie es in Abb. 39 gezeigt ist.

In den verschiedenen Kräuterbüchern sind zahllose Heilmittel aufgeführt, und die meisten Pflanzen fanden zum einen oder anderen Zeitpunkt Anklang. Im Papyrus Ebers werden für die Behandlung von Entzündungen verschiedene Vorschläge gemacht, z.B. in Honig zerdrückte Zwiebeln, die mit Bier getrunken werden, zerhackte Fledermäuse in einem Breiumschlag, Wespenkot in frischer Milch, oder ein Stück Blei in einer Mischung aus Katzen- und Hundekot, die als Breiumschlag aufgetragen wird.

Dioskurides empfahl (neben anderen Pflanzen) den Koriander (*Coriandrum sativum*):»(Es) ist bekannt, daß er eine kühlende Wirkung hat. Wenn er mit Brot aufgetragen wird ... heilt er das Antoniusfeuer und schleichende Geschwüre.« Dieser Glaube wurde von Gerard bestätigt:»Wenn man den Saft der Blätter in einem Bleimörser mit Bleiweiß, Silber-Lithargyrum, Essig und Rosenöl vermischt und zerstampft, dann heilt er das Antoniusfeuer und nimmt jegliche Entzündung.« Vom Stechapfel (*Datura stramonium*) war er noch mehr begeistert:»Wenn man den Saft des Stechapfels mit Schweineschmalz kocht und eine Salbe daraus herstellt, heilt er jede Art von Entzündung, alle Verbrennungen oder Verbrühungen durch Feuer, Wasser, kochendes Blei, Schießpulver ...«

Culpeper war ein ganz besonderer Freund des Wintergrün (*Gaultheria procumbens*):»Das Wintergrün steht unter dem Einfluß des Saturn und ist ein besonders gutes Wundenkraut ... eine Salbe, die aus dem zerstampften grünen Kraut hergestellt wird, oder die man erhält, wenn man den Saft mit Schweineschmalz kocht, ist eine hervorragende Salbe und von den Deutschen hochgelobt, die sie zur Heilung aller Arten von Wunden und Verletzungen benutzen.«

Darüber hinaus empfahl er die Große Klette, Kamille, Beinwell, Mutterkraut, Königskerze, Ysop, Gartenraute und Schierling. Über den Schierling schrieb er:»Man kann ihn ohne Bedenken bei Entzündungen, Tumoren und Schwellungen aller Körperteile anwenden – mit Ausnahme der Geschlechtsteile.«

Die Indianer Nordamerikas haben nie ein Kräuterbuch hervorgebracht, aber ein Großteil ihrer Volksmedizin wurde von Virgil J. Vogel in seinem Buch mit dem Titel »American Indian Medicine« aufgezeichnet, und daraus geht hervor, daß die Zaubernuß (*Hamamelis virginiana*) die am häufigsten gegen Entzündungen verordnete Pflanze war. Und sie war offensichtlich wirkungsvoll, denn der Eli Lilly-Katalog enthielt noch im Jahre 1965 eine gesetzlich geschützte Arznei, die Zaubernuß, Stechapfel und andere Zutaten enthielt; sie war eine »lindernde Salbe, die eine zeitweilige Erleichterung bei Hämorrhoidenschmerzen« brachte. Aus der Zaubernuß stammte die entzündungshemmende Eigenschaft und das Hyoscin aus dem Stechapfel wirkte als Lokalanästhetikum.

Die meisten Kräuterbücher erwähnten auch Extrakte aus Weidenblättern oder -rinde zur Behandlung von Entzündungen. Diese wurden deswegen gewählt, weil unsere Vorfahren glaubten, daß sich die Heilmittel gewöhnlich an den Orten befanden, an denen eine Erkrankung am häufigsten auftrat. Demnach waren also rheumatische Beschwerden an feuchten Orten verbreitet, wo auch die Weide gedieh.

Das Papyrus Ebers enthält eine besonders treffende Beschreibung sowohl der Entzündung als auch der Wirksamkeit des Weidenextrakts:

>*Wenn du einen Mann mit einer Wunde untersuchst ... und wenn diese Wunde entzündet ist ... (da ist) eine Wärmekonzentration; die Ränder der Wunde sind gerötet und dieser Mann ist infolgedessen heiß ... Dann mußt du kühlende Substanzen für ihn zubereiten, um die Hitze zu entziehen ... Weidenblätter.«*

Gerard empfahl die Blätter und die Rinde der Weide, um »das Blutspucken und anderen Blutfluß zu beenden«, während Culpeper sie für eine andere Art »Entflammung« empfahl: »Wenn man die Blätter zerstampft und in Wein kocht und dann trinkt, hemmt das die Hitze der Lust in Mann und Frau und löscht sie sogar ganz aus, wenn man das Getränk lange anwendet.«

Im siebzehnten und achtzehnten Jahrhundert war die Chinarinde (die Chinin enthält) das beliebteste Heilmittel zur Behandlung von inneren Entzündungen, und der erste Bericht von der Anwendung des Weidenextraktes, der von Reverend Edward Stone stammt, erschien erst am Ende des achtzehnten Jahrhunderts. Er behandelte Patienten die Fieber hatten (gewöhnlich ist die Malaria gemeint) mit 20 Körnchen (ungefähr 1 g) pulverisierter Weidenrinde in einem Schluck Wasser, alle 4 Stunden und erzielte zufriedenstellende Ergebnisse.

Der erste klinische Versuch wurde im Jahre 1876 von dem schottischen Arzt Thomas MacLagan durchgeführt, der 100 Patienten mit rheumatischem Fieber behandelte. Er verordnete Salicylsäure, die man durch chemische Umwandlung des Salicin, dem wichtigsten aktiven Bestandteil der Weidenrinde, erhielt. Seine Behandlung führte zu einer vollständigen Remission des Fiebers und der Gelenkentzündung, die für die Erkrankung charakteristisch ist. Etwa sechs Jahre zuvor hatte Professor Marcellus von Neuki aus Basel nachgewiesen, daß Salicin *in vivo* in Salicylsäure umgewandelt wurde. Zusammen mit anderen hatte er gezeigt, daß diese Verbindung in der Lage ist, die Temperatur bei solchen Patienten zu senken, die an Typhus und rheumatischem Fieber litten.

In Dresden wurde eine Fabrik errichtet, um die weltweite Nachfrage nach Salicylsäure und seinem Natriumsalz zu befriedigen. Zwar war die Behandlung der fieberhaften Zustände höchst erfolgreich, doch schmeckten diese riesigen Dosen, die verordnet wurden, nicht nur unerfreulich, sondern riefen auch Magenreizungen und Magenschäden hervor. Das wurde durch die Einführung der Acetylsalicylsäure durch die deutsche Firma Bayer im Jahre 1899 fast vollständig überwunden. Sie gaben ihr den Handelsnamen »Aspirin«, zusammengesetzt aus dem »A« von »Acetyl« und dem »spir« von «*Spirea ulmania*«, jener Pflanze, aus der die Salicylsäure ursprünglich isoliert worden war. Bayer ließ diesen Handelsnamen registrieren und daraufhin entstand ein heftiges Gerangel zwischen Bayer und anderen deutschen Firmen, die Acetylsalicylsäure verkauften. Bayer forderte, daß dann, wenn ein Arzt »Aspirin« verschrieb, ihr Produkt abgegeben werden mußte. Der Apotheker konnte andere Arten der Acetylsalicylsäure nur dann abgeben, wenn auf dem Rezept »Ersatz für Aspirin« stand.

Am Ende des Ersten Weltkrieges verlor Bayer seine Exklusivrechte auf den Namen »Aspirin«, als die Alliierten ihren Besitz beschlagnahmten. Während des Krieges hatten die Alliierten einen großen Wettbewerb inszeniert, um einen anderen chemischen Weg zur Synthetisierung von Aspirin zu finden; der Preis von 20 000 Pfund ging schließlich an einen Australier, George Nicholas, der sein Produkt »Aspro« nannte.

Acetylsalicylsäure ist immer noch der am weitesten verbreitete Arzneistoff, und es werden jährlich mehr als 25 Millionen Kilogramm produziert. Der tägliche Verbrauch von ca. 35 000 kg in den USA und ca. 6000 kg in Großbritannien beweist die Beliebtheit von Aspirin als antipyretisches (fiebersenkendes), analgetisches und antirheumatisches Arzneimittel. Als wichtigste Nebenwirkung bei einer Langzeitanwendung gilt das Magengeschwür, obgleich das Risiko durch die Anwendung von Aspirin in löslicher Form verringert werden kann.

Die Aufklärung seiner Wirkungsweise stellte so etwas wie einen Meilenstein in der Pharmakologie dar. Im Jahre 1971 wiesen John Vane und seine Mitarbeiter an der Wellcome Stiftung nach, daß das Aspirin eines der an der Produktion der Prostanoide (Prostaglandine, Thromboxane und Prostacyclin) beteiligten Schlüsselenzyme hemmte. Diese Prostanoide gehören chemisch zur Familie der Eicosanoide, die sich alle von der Arachidonsäure (Eicosatetraensäure) herleiten. Diese Prostanoide werden in Mikrogramm-Mengen von vielen Zellen gebildet, und sie sind erforderlich für die Kontrolle der normalen Funktion der Bronchien, für die Kontrolle der Magensäure, für die Auslösung der Wehentätigkeit am Ende der Schwangerschaft, für die Kontrolle der Blutgerinnung etc. Außerdem wirken sie als Mediatoren bei Entzündungen, Verengung der Bronchien, bei Schmerz und bei Fieber.

Aspirin hemmt das Schlüsselenzym Cyclo-Oxygenase und verhindert die Bildung der Prostanoide, aber es ist nicht in der Lage, solche Enzyme zu hemmen, die als Lipoxygenasen bekannt sind und die die Entstehung von anderen Gruppen von Eicosanoiden – den Leukotrienen, Lipoxinen etc. – kontrollieren. Diese sind ebenfalls Mediatoren bei Entzündungen, und sie spielen eine Schlüsselrolle beim Asthma und der allergischen Reaktion. Somit wird deutlich, warum Aspirin wenigstens einige der Symptome einer Entzündung erleichtern kann und warum es im Magen-Darm-Trakt Probleme verursacht.

Erst in jüngster Zeit wurde vermutet, daß Aspirin und die anderen nicht-steroidalen Entzündungshemmer (non-steroidal anti-inflammatory drugs – NSAIDs – sie werden weiter unten beschrieben) auch die Funktion jener weißen Blutkörperchen beeinflussen, die als Neutrophile bekannt sind. Diese sind die Hauptbeteiligten im Kampf des Körpers gegen das Eindringen von fremden Organismen, Allergenen etc., und sie sind auch in die verschiedenen Autoimmunerkrankungen verwickelt. Sie zerstören Zellen, indem sie Proteasen freisetzen, die Proteine zerstören, und indem sie höchst reaktive Sauerstoffverbindungen, wie Peroxide und Superoxide, abgeben. Es sieht so aus, als ob die NSAIDs die Anhäufung von Neutrophilen und die Bindung von Neutrophilen an andere Zellen verhindern – beide Reaktionen sind notwendig, um Gewebe zu schädigen. Es wird noch weitergehenderer Forschung bedürfen, bevor die Wirkungsmechanismen von Aspirin und der anderen NSAIDs vollständig verstanden werden.

Die neueren entzündungshemmenden Arzneistoffe sind dazu erdacht worden, die nützlichen analgetischen, antipyretischen und entzündungshemmenden Eigenschaften des Aspirin mit einer verringerten Toxizität für den Magen zu verbinden. Ganz typische Experimente zur Modifizierung des Wirkstoffes waren jene, die bei Boots Ltd. durchgeführt wurden. Sie betrafen die Synthese von zahlreichen Strukturanalogen von Aspirin. Wie so oft, war ihre erste wirksame Verbindung (Boots 7268) ursprünglich für die Anwendung in der Landwirtschaft hergestellt worden, aber sie erwies sich als doppelt so wirksam wie Aspirin, als sie in einem Entzündungshemmer-Screening getestet wurde. Es wurden ungefähr 600 ähnliche Ver-

bindungen hergestellt und die wirksamste von ihnen (Boots 8402) war sechs-
bis zehnmal wirksamer als Aspirin. Eine weitere strukturelle Manipulation
führte zu dem höchst wirksamen Wirkstoff Ibuprofen (Brufen® und Nur-
ofen®), der nicht nur bis zu dreißigmal wirksamer war als ein entzündungshemmender Wirkstoff, sondern auch gute analgetische und antipyretische
Eigenschaften besaß (dreißig- und zwanzigmal mehr als vergleichsweise
Aspirin). Dieser Wirkstoff hat sich sowohl als wirksam als auch sicher über
lange Anwendungszeiten erwiesen, und er ist jetzt in vielen Ländern auch
rezeptfrei erhältlich.

Andere pharmazeutische Firmen haben ähnliche Entdeckungen
gemacht, und Naproxen (Naprosyn®), von Syntex hergestellt, wird ebenfalls weithin angewendet. Beide Wirkstoffe sind Mitglieder jener Gruppe
von Verbindungen, die man als nicht-steroidale Entzündungshemmer
(NSAIDs) nennt, und der Name läßt erkennen, daß die andere wichtige
Gruppe entzündungshemmender Wirkstoffe die Steroide sind.

Es ist vermutlich schon seit Hunderten von Jahren bekannt, daß
Frauen, die an einer rheumatischen Arthritis leiden, eine deutliche Verbesserung ihrer Symptome erfahren, wenn sie schwanger werden. Der Arzt Phi-
lip Hensch vermutete im Jahre 1930 als erster, daß diese Reaktion auf die
Wirkung der Hormone zurückzuführen sei und er nannte diese mutmaßliche Substanz »Compound E«. Die Identität und die Herkunft des Hormons
wurde erst in den 40er Jahren nachgewiesen, als es als das Steroid Cortison
identifiziert wurde, welches von den Drüsen der Nebenniere produziert und
dort aus dem Cholesterin synthetisiert wird (Abb. 40).

Cholesterin ist das wichtigste Steroid der Säugetiere und ein er-
wachsener Mensch besitzt etwa 250 g davon. Einen Teil nimmt der Mensch
mit der Nahrung zu sich, aber das meiste wird von der Leber produziert. Ein
großer Teil dieses Cholesterins dient entweder als Baustein für Zellmembranen oder wird in Gallenflüssigkeit umgewandelt, die an der Assimilation
der Nahrungsfette beteiligt ist. Winzigste Mengen werden für die Bildung
der Steroidhormone benötigt: für die Kortikosteroide der Nebenniere und
die Sexualhormone der Ovarien oder der Hoden.

Zur ersten Gruppe gehören die entzündungshemmenden Steroide,
die in diesem Kapitel besprochen werden. Die Sexualhormone sollen in dem
Kapitel über das Fortpflanzungssystem berücksichtigt werden.

Die Produktion der Kortikosteroide unterliegt der Kontrolle des
Hypothalamus – einem kleinen Bezirk im zentralen Teil des Gehirns. Der
Hypothalamus setzt eine ganze Zahl von Peptiden frei, die wiederum die
Ausschüttung von spezifischen Peptidhormonen aus der Hypopyhse stimu-

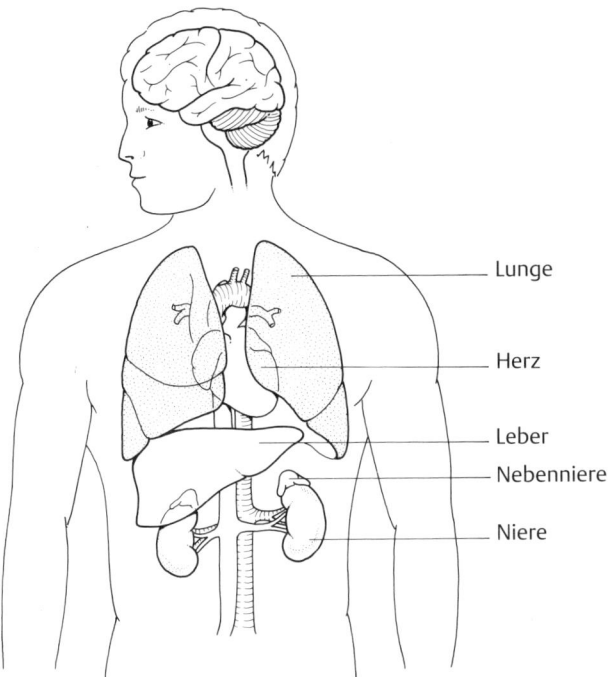

Lunge

Herz

Leber
Nebenniere

Niere

Abb. 40   Die wichtigsten Organe des Menschen.

lieren. Die Kortikosteroid-Synthese in den Nebennieren wird von einem dieser Hormone, dem ACTH (adrenocorticotropes Hormon), eingeleitet. Es werden zwei Typen von Steroiden produziert: die Glukokortikoide und die Mineralokortikoide. Letztere haben im wesentlichen mit der Regulierung des Mi-
neralstoffhaushalts (vor allem der Natrium- und Kalium-Ionen) und der
Flüssigkeiten zu tun.

Die Glukokortikoide, insbesondere Cortison und Hydrocortison stimulieren die Produktion der Glukose, vor allem in der Leber, und die Umwandlung in seine polymere Speicherform, das Glykogen. Um das zu erreichen, können die Glukokortikoide Eiweiß aus den Muskeln mobilisieren
und es zu Aminosäuren abbauen, die dann als ›Bausteine‹ für die Produktion der Glukose (Glukoneogenese) verwendet werden können. Streß steigert die Freisetzung der Glukokortikoide und die daraus resultierende erhöhte Stoffwechselaktivität hilft uns, solche belastenden Veränderungen in
unserer Umwelt zu überleben.

Im Jahre 1948 war Cortison (immer noch als »Compound E«) als Endprodukt einer 36stufigen industriellen chemischen Synthese erhältlich, aber es überrascht nicht, daß die Vorräte begrenzt waren und daß ein Gramm des Arzneistoffes ungefähr 200 Dollar kostete. Hensch erhielt eine ausreichende Menge von dem Wirkstoff, um eine Patientin, die hoffnungslos an rheumatischer Arthritis erkrankt war, behandeln zu können, und sie erfuhr eine dramatische (wenn auch vorübergehende) Besserung mit beinahe vollständiger Linderung der Schmerzen und Rückgang der Schwellung in ihren Gelenken.

Als Ergebnis dieses klinischen Versuches unternahm die pharmazeutische Industrie große Anstrengungen, um beträchtliche Mengen dieser »Wunder-Droge« zu produzieren. G. D. Searle führte eine in großem Maßstab angelegte Extraktion von Cortison aus den Nebennieren von Rindern durch, wohingegen Syntex die chemische Umwandlung des weiblichen Hormons Progesteron in Cortison und seine Strukturanaloge erforschte. Sie besaßen bereits einen beträchtlichen Vorrat an Progesteron, dank der Pionierarbeit von Russell Marker, der mehrere steroidhaltige Pflanzen identifiziert hatte und der dann diese Steroide als Ausgangsmaterial für die Synthese von Progesteron verwendet hatte. Die ganze Geschichte dieser Entdeckung und ihrer Bedeutung für die Erfindung der kontrazeptiven Steroide (»Anti-Baby-Pille«) soll in dem Kapitel über das Fortpflanzungssystem beschrieben werden.

Ergänzend muß noch erwähnt werden, daß die Firma Upjohn ebenfalls an der Suche nach Cortison beteiligt war und daß sie schließlich mit dem Pilz *Rhizopus nigricans* Erfolg hatte. Ihr gelang die biochemische Umwandlung des Progesteron (10 Tonnen wurden von Syntex zu 48 Cent pro Gramm zur Verfügung gestellt) in 11-Hydroxyprogesteron und dann die chemische in Hydrocortison.

Obgleich jedoch beide Arzneistoffe sehr wirksame entzündungshemmende Mittel waren, besaßen sie auch eindeutig mineralokortikoide Aktivität. Das bedeutete, daß Patienten möglicherweise eine gefährliche Störung ihres Flüssigkeitshaushaltes sowie ihres Natrium- und Kaliumhaushaltes erlitten. Diese Arzneistoffe sind mittlerweile hauptsächlich der lokalen Anwendung vorbehalten bzw. werden direkt in die betroffenen Gelenke des Arthritis-Patienten injiziert.

Trotz dieses Rückschlags besaß die pharmazeutische Industrie eine vielversprechende Verbindung, und in den nachfolgenden vierzig Jahren wurden zahlreiche Strukturanaloge dieser natürlichen Steroide hergestellt und ausgewertet. Ein Großteil der Arbeit wurde von Syntex in den USA und von Glaxo in Großbritannien durchgeführt und sie basierte auf der ursprünglichen Idee von Russell Marker, Vorläufer der Steroide aus Pflanzen zu gewinnen. Syntex gewann ihren Vorläufer (Diosgenin) anfänglich aus einer mexikanischen Pflanze aus der Gattung *Dioscorea*, aber sie entdeckten später, daß Hecogenin aus der amerikanischen Agave (*Agave sisalina*) ein besseres Ausgangsmaterial darstellte. Im Jahre 1951 berichtete Syntex von der Synthese von Cortison aus Hecogenin, und später erhielt Glaxo die Lizenz für den Herstellungsprozeß. Glaxo baute den Herstellungsweg von Syntex aus, und beide Firmen kommerzialisierten ihre Prozesse und stellten eine ganze Anzahl therapeutisch nützlicher Arzneistoffe her. Fluocinolonacetonid (Synalar®, Syntex) und Betamethason-Valerianat (Betnesol-V®, Glaxo) sind die bekanntesten unter ihnen und die weithin am häufigsten verschriebenen Mittel für die Behandlung von Ekzem und Psoriasis. Für die innerliche (systemische, generelle) Anwendung ist das am häufigsten verschriebene entzündungshemmende Steroid immer noch Prednisolon, obgleich in den letzten Jahren einige bemerkenswerte Fortschritte in der Entwicklung von Steroiden zur Behandlung von Asthma gemacht wurden. In dem Kapitel über den Atmungsapparat wird noch deutlich werden, daß ein Asthmaanfall – was auch immer seine Ursache sein mag – das bekannteste Symptom eines entzündlichen Zustandes der Lunge ist. In einem Versuch, diesen chronischen Zustand zu behandeln, führte Glaxo das Beclomethason-Dipropionat (Beconase®) ein, das als Aerosol in einem Inhalationsgerät angewendet wird. In Dosen von 300–400 Mikrogramm pro Tag ergab sich keine signifikante Wirkung auf den allgemeinen Steroid-Stoffwechsel (d. h. keine Wirkungen auf das Mineralstoffgleichgewicht oder den Hormonstatus). Der Arzneistoff erwies sich bei einer großen Zahl von Erkrankten als sehr wirksam für die Kontrolle der asthmatischen Symptome. Er wird außerdem als Nasenspray zur Linderung der Not bei Heuschnupfen angewandt.

Die Wirkungsweise dieser entzündungshemmenden Steroide ist immer noch im wesentlichen ein Rätsel. Man nimmt an, daß diese Steroide gewisse Organellen (Granula) innerhalb der Mastzellen stabilisieren und dadurch die Freisetzung von Histamin und der Enzyme, die an der Produktion der Prostanoide beteiligt sind, verhindern. Zusätzlich dazu verhindern sie möglicherweise die Produktion der Kollagenase-Enzyme, die an der Zerstörung des Bindegewebes beteiligt sind.

Ganz gewiß gibt es noch viel zu lernen über die Entzündung und die Wirkungsweisen der Arzneistoffe, die bei der Behandlung der verschiedenen Entzündungszustände angewendet werden. Trotz alledem scheint es angemessen zu erwähnen, daß die meisten der in diesem Kapitel beschriebenen Fortschritte erst nach 1948 gemacht wurden, und die Hundertjahrfeier der Einführung von Aspirin werden wir erst im Jahre 1999 ausrichten können.

≡   Arzneistoffe mit Wirkung auf das Fortpflanzungssystem

Die meisten Funktionen und Dysfunktionen des menschlichen Körpers, die in diesem Kapitel bisher beschrieben wurden, liegen weitgehend jenseits der Kontrolle des Menschen. Hinsichtlich Sexualität und Fortpflanzung besteht jedoch immerhin die Möglichkeit, einen gewissen Einfluß auszuüben. Es überrascht sicher nicht, daß die Menschen sich seit langer Zeit für Pflanzen interessieren, welche die Fruchtbarkeit kontrollieren, eine Abtreibung herbeiführen oder Wehen auslösen oder für solche Pflanzen, die eine aphrodisierende Wirkung besitzen.

Von den Kräuterkennern scheint Culpeper das größte Interesse an dieser Thematik gehabt zu haben, und es wird niemanden mehr wundern, daß die Pflanzen, die er empfahl, alle unter dem Einfluß der Venus standen. Über den Rainfarn (*Tanacetum vulgare*) schrieb er: »Die Dame Venus war geneigt, Frauen durch dieses Kraut mit einem Kind zu erfreuen – Wird dieses Kraut zerstampft und auf den Nabel aufgetragen, verhindert es Fehlgeburten ... Sorgt dafür, daß jene Frauen, die sich Kinder wünschen, dieses Kraut lieben, es ist ihr bester Begleiter außer ihren Ehemännern.« Er ging so weit zu behaupten, daß »allein der Geruch (von Rainfarn) Fehlgeburten verhindert«. Das Mutterkraut (*Tanacetum parthenium*) war nicht weniger wirksam: »Die Venus herrscht über dieses Kraut und hat ihm befohlen, ihren Schwestern beizustehen und ein allgemeines Stärkungsmittel für ihren Mutterleib zu sein.« Für jene, die ihre Kräuter gerne mit Alkohol tranken, ist »ein Absud der Blüten in Wein, zusammen mit ein wenig Muskatnuß oder Muskatblüte, der oft am Tag getrunken wird, ein erprobtes Heilmittel, um die Regel der Frauen zu erleichtern«.

Was auch immer die Wirkungen dieser Kräutertränke waren – der Großteil der Physiologie und Biochemie der Fortpflanzung unterliegt der Kontrolle der steroidalen Geschlechtshormone. Diese werden als Reaktion auf die Freisetzung von Peptidhormonen aus der Hypophyse produziert: das luteinisierende Hormon (LH) und das follikelstimulierende Hormon (FSH), die sogenannten Gonadotropine. Bei den Frauen veranlassen diese die Eierstöcke zur Produktion von Östrogen, welches seinerseits zu Veränderungen im Fortpflanzungsapparat und zur Produktion von Progesteron führt. Bei den Männern wirken die Gonadotropine auf die Hoden und stimulieren die Produktion von Androgenen wie Testosteron.

Kleine Mengen dieser Hormone werden von Geburt an produziert, aber ihre Konzentration steigt in der Pubertät steil an und bewirkt die Entwicklung der sekundären Geschlechtsmerkmale: Bartwachstum und Stimmbruch bei Männern bzw. die Entwicklung der Milchdrüsen bei den

Frauen. Ganz allgemein gesagt, führen sie zu den sichtbaren Unterschieden zwischen den Geschlechtern in der Verteilung von Haaren und Körperfett und den verschiedenartigen Körperformen, die auf Unterschieden im Skelett und in der Muskulatur beruhen. Die größte Bedeutung haben möglicherweise die subtilen Veränderungen in der Konzentration der weiblichen Hormone, die für den Menstruationszyklus und für die Erhaltung der Schwangerschaft nach der Empfängnis verantwortlich sind.

Zwischen der Pubertät und der Menopause – einem Zeitraum von ungefähr dreißig bis vierzig Jahren – steht jeden Monat eine Eizelle für eine mögliche Befruchtung bereit. Unter dem Einfluß von LH und FSH beginnen sich eine oder mehrere Zellen (Follikel), welche unreife Eizellen enthalten, in den Eierstöcken zu entwickeln. Wenn der Follikel wächst, beginnt er Östrogene zu bilden und diese wirken ihrerseits auf die oberste Zellschicht des Uterus, das Endometrium, und bewirken, daß sich dieses verdickt. Ungefähr drei Tage vor dem Eisprung gibt es einen plötzlichen Anstieg in der Konzentration der Östrogene und des LH, was zur Freisetzung der reifen Eizelle führt. Nun wird jedoch ein anderes Hypophysenhormon, Prolaktin, ausgeschüttet. Es wirkt auf den aufgeplatzten Follikel und regt diesen zur Produktion von Progesteron und kleinen Mengen Östrogen an. Diese Hormone wirken auf das Endometrium und bereiten es für die Aufnahme einer befruchteten Eizelle vor. Darüber hinaus hemmen sie über eine Rückkopplung die Hypophyse und verhindern damit eine weitere Ausschüttung von LH oder FSH. Falls keine Befruchtung stattfindet, verringert sich die Progesteron- und Östrogenkonzentration, das Corpus luteum zerfällt und die Oberflächenschicht des Endometriums wird abgestoßen, was sich als Menstruation äußert. Eine Zusammenfassung der zyklischen Veränderungen in der Hormonkonzentration und deren Folgen sind in Abb. 41 dargestellt.

Falls eine Befruchtung stattfindet, nistet sich das Keimbläschen in der Gebärmutterwand ein und sondert das Choriongonadotropin (engl. *human chorionic gonadotropin,* daher die Abkürzung HCG) ab. Dieses wirkt ähnlich wie LH und verhindert die Auflösung des Corpus luteum (Gelbkörper), welcher mit einer Zunahme an Progesteron und Östrogen reagiert. Diese bewirken erneutes Wachstum des Endometriums und es findet – natürlich – keine Menstruation statt. Auch der Zyklus bleibt aus, weil die kontinuierliche Produktion von hohen Progesteronkonzentrationen durch den Gelbkörper und die sich entwickelnde Placenta die Ausschüttung von LH und FSH unterdrücken.

In der Vergangenheit führten diese frühen Anzeichen einer Schwangerschaft oft dazu, daß die »Leidtragende« sich bei einem Quacksalber oder Kräuterkundigen um ein pflanzliches Abtreibungsmittel bemühte.

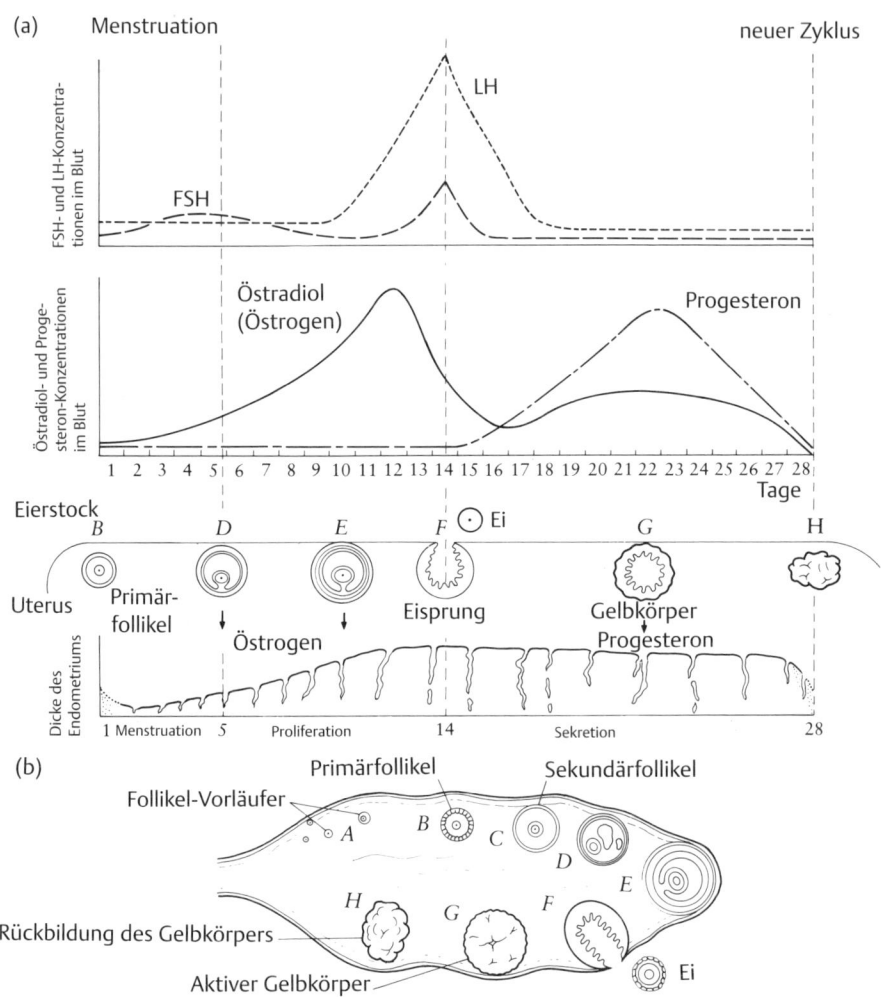

Abb. 41   Der Menstruationszyklus. Gezeigt werden die zellulären Veränderungen im Verlauf des Zyklus.

Dioskurides empfahl »Abtreibungswein«: »Unter den Pflanzen sind es Veratrum (Germer) oder wilde Gurke oder Skammoniawurzel, deren Früchten diese Fähigkeit innewohnt, und der Wein, den man daraus macht, wirkt schädigend (auf den Fetus). Man gibt ihn mit Wasser ... den Frauen, die gefastet und zuvor erbrochen haben.« Die Schoschonen benutzten ebenfalls ein Gebräu aus den Wurzeln von *Veratrum californicum*, allerdings eher als Kontrazeptivum denn als Abtreibungsmittel. Aber das erfolgreichste aus Kräutern hergestellte Kontrazeptivum war zweifellos der Tee, den man aus den Blättern der mexikanischen Zoapatel-Pflanze (*Montana tomentosa*) herstellte. Er konnte die Menstruation oder Wehen auslösen und er diente sicherlich der Regulierung der Fruchtbarkeit. Vor kurzem von der Ortho Pharmaceutical Corporation durchgeführte Forschungen haben die Wirksamkeit des Hauptbestandteils Zoapatanol nachgewiesen. Dieses und eine ganze Reihe synthetischer Analoge verhindern die Empfängnis oder bewirken einen frühen Abort bei Meerschweinchen. Es wurden allerdings bis jetzt keine Versuche am Menschen durchgeführt.

Die Kontrolle der Fruchtbarkeit in großem Umfang und mit einem hohen Maß an Zuverlässigkeit wurde durch die Entdeckung der empfängnisverhütenden ›Pille‹ ermöglicht. Dabei war man eigentlich eher auf der Suche nach einem Arzneistoff, mit dem spontane Fehlgeburten verhindert werden konnten, als nach einem Mittel zur Kontrolle der Fruchtbarkeit. Zwischen 1925 und 1935 wurden zwar viele steroidale Sexualhormone in reiner Form isoliert, dennoch waren sie immer knapp. Das überrascht kaum, wenn man sich vorstellt, daß man, um 12 mg des Östrogens Östradiol zu erhalten, 4 Tonnen Eierstöcke von Schweinen extrahieren mußte. Dennoch war im Jahre 1934 genügend Progesteron verfügbar, um es jenen Frauen verabreichen zu können, die ständig Fehlgeburten hatten. Das Hormon war sehr effektiv, aber seine Kosten schlossen Versuche in großem Rahmen aus.

Die Arbeit an der synthetischen Herstellung durch den Chemiker Ružička in der Schweiz gipfelte im Jahre 1937 in der Produktion von Ethisteron, einem oral wirksamen, progesteronartigen Wirkstoff, und dem verwandten Wirkstoff Ethinylöstradiol, der eine gute östrogene Wirksamkeit besaß. Letzterer ist sicher der Wirkstoff der Wahl für die Hormonsubstitution. Man gibt es Frauen nach der Menopause, um die Stimmungsveränderungen zu mildern, die oft mit dem Verlust weiblicher Hormone einhergehen. Es hilft auch, die Osteoporose-Häufigkeit zu vermindern, welche wiederum auf die verringerten Konzentrationen an Östrogenen und die damit einhergehenden Veränderungen im Kalzium-Stoffwechsel zurückzuführen ist.

Im Jahre 1950 entwarfen George Pincus von der Worcester Foundation for Experimental Biology und John Rock, ein Gynäkologe an der Harvard Universität, das erste orale Kontrazeptivum. Dieses basierte auf der Vorherrschaft von Progesteron für drei Wochen, gefolgt vom Entzug des Wirkstoffes für eine Woche, um die Menstruation auszulösen. Die Dosierung des Wirkstoffes war jedoch hoch (ca. 300 mg täglich) und ungefähr eine von fünf Frauen erlebte eine unvollständige Kontrolle ihrer Zyklen mit daraus resultierenden Zwischenblutungen. Natürlich wurde ein wirksameres Progesteron erforderlich.

Zur Lösung dieses Problems muß man sich an die Arbeiten des Steroid-Chemikers Russell Marker erinnern (er wurde kurz in dem Kapitel über die entzündungshemmenden Arzneistoffe erwähnt). Im Jahre 1939 versuchte er, eine billige und erneuerbare Quelle für Steroid-Hormone zu finden. Seine Idee bestand darin, natürliche Pflanzen-Sterine zu benutzen und eine chemische Umwandlung dieser Verbindungen in Hormone durchzuführen. Anfänglich arbeitete er mit Sarsapogenin aus der Sarsaparilla-Wurzel. Im Jahre 1940 wandte er seine Aufmerksamkeit jedoch Diosgenin, aus *Dioscorea*-Arten zu. Er fand einen wirksamen chemischen Weg von Diosgenin zu Progesteron und durchstreifte dann die Südwest-Staaten der USA und Mexico nach einer guten Quelle für Diosgenin. Schließlich fand er eine im Staate Veracruz einheimische Art, die große Mengen seines Ausgangsmaterials enthielt. Da es ihm nicht gelang, das Interesse der pharmazeutischen Industrie an seinen Ideen zu wecken, gründete er sein eigenes Laboratorium in Mexico City und ging in Produktion.

Man sagt, Marker erschien im Jahre 1943 eines Tages in den Büros einer ortsansässigen pharmazeutischen Handelsgesellschaft, den Laboratorios Hormona, mit ungefähr 2 kg Progesteron, die in altes Zeitungspapier eingewickelt waren. Diese hatten zu jener Zeit einen Wert von ungefähr 160 000 Dollar und entsprachen einem ansehnlichen Anteil der jährlichen Progesteron-Produktion. Das Ergebnis dieses bemerkenswerten Ereignisses war die Gründung des Pharma-Unternehmens Syntex, und Marker stellte noch einige weitere Kilogramm Progesteron her, bevor er die Firma im Jahre 1945 nach einer Meinungsverschiedenheit verließ.

Sein Nachfolger, George Rozenkranz, hatte im Labor mit Ružička gearbeitet und benutzte dessen Kenntnisse der Steroid-Chemie, um Wege von Diosgenin zu allen vier Klassen von Steroid-Hormonen (Androgene, Östrogene, Gestagene und Kortikoide) zu erfinden oder zu verbessern. Unter diesen vier Arten stellten die Östrogene die größte Herausforderung dar, da sie sich in ihrer Struktur von den anderen Hormonen ganz wesentlich unterschieden. Jedoch mit der handfesten Unterstützung des amerikanischen Chemikers Carl Djerassi, der später Direktor von Syntex werden sollte, wurde das Problem im Jahre 1950 gelöst.

Bis zum Jahre 1951 hatten sie ein neurartiges Gestagen, genannt Norethisteron (Norethindron), geschaffen, wohingegen die Firma Searle auch eine in der Struktur ähnliche Verbindung hergestellt hatte, die als Norethynodrel bekannt ist. Beide Verbindungen erwiesen sich als wirksame Gestagene, und im Jahre 1956 begann in Puerto Rico ein in großem Umfang durchgeführter klinischer Versuch. 221 Frauen erhielten Norethynodrel und 1 – 2 Prozent eines synthetischen Östrogens (Mestranol) in Form von Tabletten (Enavid®) innerhalb eines Zeitraumes von zwei Jahren, und nur jene Frauen, die aus dem Versuch ausgestiegen sind, wurden schwanger. Nach einer weiteren Studie mit 1600 Frauen, erhielt Searle die Erlaubnis, das erste orale Kontrazeptivum im Jahre 1960 auf den Markt zu bringen.

In den folgenden fünfzehn Jahren wurden zahlreiche andere Zusammensetzungen erprobt, und es zeigte sich bald, daß die relativ hohe Gestagen-Dosis (ungefähr 10 mg pro Tag), die am Anfang angewendet wurde, unnötig war. Syntex höchst wirksames Norinyl lief im Jahre 1964 »vom Stapel«; es enthielt 2 mg Norethindron und 0,1 mg Mestranol. Ende der 60er Jahre traten Befürchtungen hinsichtlich des Östrogengehaltes der Pille auf, als man feststellte, daß bei Frauen, die die Pille über eine lange Zeit nahmen, mit höherer Wahrscheinlichkeit Herzinfarkte und Schlaganfälle auftraten. Als Folge davon enthalten die meisten oralen Kontrazeptiva jetzt nur noch winzige Mengen an Östrogen in Verbindung mit kleinen Mengen an Gestagen. Es ist von Interesse, daß vor kurzem nachgewiesen werden konnte, daß die Langzeitanwendung von Gestagen eine nachweislich schützende Wirkung gegen Brustkrebs besitzt.

Was die Wirkungsweise dieser Kontrazeptiva anbelangt, weiß man inzwischen, daß das Gestagen zwei Hauptwirkungen besitzt: Es ruft Veränderungen im Zervikalschleim hervor, der sich verdickt und dadurch das Vorankommen der Spermien verhindert, und das Endometrium erfährt Veränderungen, die es für die Einnistung weniger geeignet machen. Der Wirkstoff liefert damit etwas, was Dioskurides nicht bieten konnte: ein Mittel, durch das eine Frau ihre Fruchtbarkeit zufriedenstellend und mit einem Minimum an Streß kontrollieren kann.

Die Kräuterkundigen schenkten der Kontrolle männlicher Fruchtbarkeit nur spärliche Aufmerksamkeit, obgleich die Chinesen anscheinend die Möglichkeit dieses Zugangs gezeigt haben. Ein chinesischer Arzt stellte in den 50er Jahren fest, daß viele Ehen kinderlos blieben, wenn rohes Baumwollsamenöl zum Kochen verwendet wurde. Daß es sich dabei um ein männliches Problem handelte, konnte leicht nachgewiesen werden, weil Männer, die vor kurzem noch fruchtbar waren, unfruchtbar wurden, wenn sie in diese Gegend zogen.

An Tieren durchgeführte Untersuchungen wurden im Jahre 1971 abgeschlossen, und sie lieferten den endgültigen Beweis für die Wirksamkeit und Zuverlässigkeit des Hauptbestandteiles des Öles, Gossypol. Im Jahre 1972 begannen klinische Versuche mit Männern, die eine tägliche Dosis von 20 mg Gossypol erhielten, bis die Zahl ihrer Spermien unter ein bestimmtes Niveau sank. Danach erhielten sie eine Erhaltungsdosis von 75–100 mg zweimal im Monat. Bei den ersten 4000 Männern, die über einen Zeitraum zwischen sechs Monaten und vier Jahren behandelt wurden, betrug die geschätzte Wirksamkeit dieser Anwendung 99,9 Prozent, und drei Monate nach der letzten Gossypol-Gabe hatte die Zahl der Spermien wieder einen akzeptablen Umfang erreicht. Erst die Zeit wird es weisen, ob diese Form der Empfängnisverhütung sicher, wirksam und für westliche Männer akzeptabel ist.

Am anderen Ende des Fruchtbarkeitszyklus steht das Auslösen der Wehen, das ebenfalls die großen Geister unter den Kräuterkundigen beschäftigt hat. Im Papyrus Ebers lesen wir, daß eine Frau »Pfefferminze auf ihr nacktes Hinterteil auftragen« sollte, oder daß sie alternativ »Fenchel, Weihrauch, Knoblauch, frisches Salz und Wespendung zu einer Kugel formen und in ihre Vagina einführen« sollte.

Wesentlich größer war der therapeutische Nutzen des Mutterkorns. Es wurde als Geburtshilfe zum ersten Mal von dem deutschen Arzt Lonitzer in seinem »Kreuterbuch« erwähnt, das er im Jahre 1582 veröffentlichte. Europäische Hebammen nahmen diesen Vorschlag mit Begeisterung an, und Mutterkorn wurde weithin dazu benutzt, »den Geburtsvorgang zu beschleunigen«. Der erste wissenschaftliche Bericht über seine Anwendung stammt von dem amerikanischen Arzt John Stearns aus dem Jahre 1808, obgleich er zugab, daß dieses Rezept für pulverisiertes Mutterkorn, oder *pulvis parturens*, ursprünglich von einer eingewanderten deutschen Hebamme stammte.

Es ist interessant, die Begeisterung, mit der amerikanische Ärzte diesen neuen Arzneistoff aufnahmen, mit der eher vorsichtigen Herangehensweise ihrer europäischen Kollegen zu vergleichen. Letztere kannten all die Gefahren der Mutterkornvergiftung, während die Amerikaner nur wenig Erfahrung mit dieser Erkrankung hatten. Eine Folge dieser Unwissenheit waren viele Überdosierungen, die den Tod zahlreicher Mütter und viele Totgeburten zur Folge hatten. Im Jahre 1822 mahnte David Hosach von der Columbia University zur Vorsicht und empfahl, Mutterkorn einzig als Mittel zur Stillung der nachgeburtlichen Blutung anzuwenden. Das ist heutzutage die in der Geburtshilfe wichtigste Indikation für Mutterkornalkaloide.

Die Isolierung der Mutterkornalkaloide wurde im Jahre 1903 bei Burroughs Wellcome untersucht: im Jahre 1905 isolierten Barger und Carr eine komplexe Mischung von Alkaloiden, die sie »Ergotoxin« nannten. Später isolierte Stöll bei Sandoz reines Ergotamin (im Jahre 1939), und Dudley, Moir und Mitarbeiter vom National Institute for Medical Research in London gewannen reines Ergometrin. Kharasch von der University of Chicago gewann ebenfalls Ergometrin, obgleich er seine Verbindung »Ergonovin« nannte. Dieses ist bis heute der beste Wirkstoff für die Behandlung der nachgeburtlichen Blutung; es ruft eine deutliche Kontraktion der Blutgefäße der Gebärmutter hervor.

Spätere Versuche von Stöll und Albert Hofmann, wirksamere Verbindungen herzustellen, führten zur Entdeckung des LSD, über das wir bereits sprachen. Die strukturelle Verwandtschaft zwischen LSD und Ergometrin bildete die Grundlage für ein höchst phantasievolles, wenn auch illegales Drogengeschäft in den 70er Jahren. Ein medizinisch qualifiziertes Mitglied der Bande erstand große Mengen an Ergometrin – angeblich für geburtshilfliche Zwecke – und ein Team von Chemikern wandelte es dann in LSD um. Dieses lukrative Geschäft erfuhr – dank der anhaltenden Bemühungen der Thames Valley Police Force – ein abruptes Ende in einer Operation mit dem Decknamen »Julie«.

Während die verschiedenen Arzneistoffe und Kräutermittel, die bis jetzt beschrieben wurden, direkt auf die oberen Teile des Geschlechtsapparates einwirken, richten sich die Behandlungen, die bei Geschlechtskrankheiten angewendet werden, hauptsächlich auf die unteren Teile des Urogenitaltraktes. Der Organismus, der die Syphilis verursacht, *Treponema pallidum*, wirkt nur bei Menschen. Es gibt noch drei weitere Erkrankungen, die von *Treponema*-Arten verursacht werden: die Pinta, die Frambösie und die endemische Syphilis. Die Pinta und die endemische (nicht-venerische) Syphilis sind relativ leichte Formen. Es sind die anderen beiden Erkrankungen, die das meiste Leiden verursacht haben. Bei der Frambösie tritt die anfängliche krankhafte Veränderung gewöhnlich an exponierten Teilen des Körpers auf, während sich bei der geschlechtlichen Syphilis die ersten Veränderungen an den Genitalien zeigen. Die nachfolgende Ausbreitung auf andere Teile des Körpers ist bei der Frambösie am ausgeprägtesten und gewöhnlich erfolgt eine Schädigung der Knochen. Man weiß inzwischen, daß es in Amerika in der vorkolumbianischen Zeit alle vier Treponema-Erkrankungen gab, während in Europa nur die geschlechtliche (venerische) und die endemische Syphilis vorkamen. Jene *Treponema*-Arten, die Pinta und Frambösie verursachen, ziehen ein heißes, feuchtes Klima vor, während die anderen Arten am besten in einer gemäßigten Umgebung gedeihen.

Die Frambösie wurde vermutlich von den Seeleuten, die von den Entdeckungsreisen des Columbus zurückkehrten, nach Europa importiert. Sie hatten sich die Erkrankung vermutlich in Haiti und der heutigen Dominikanischen Republik zugezogen, wo die einheimischen karibischen Indianer sicherlich davon betroffen waren. Einer der Chronisten der Reisen des Columbus, de Herrera, schrieb im Jahre 1601 in seiner »General History« über Ereignisse, die er in das Jahre 1503 datierte:

»Als Folge des Geschlechtsverkehrs mit den (indianischen) Frauen, zogen sie sich eine Erkrankung zu, die bei den Indianern verbreitet, aber den Kastilianern nicht bekannt war und ihnen große Pein bereitete. Sie hatten am ganzen Körper Pusteln, begleitet von starken Schmerzen, anstekkend und unheilbar, was sie fluchend sterben ließ. Aus diesem Grunde kehrten viele von ihnen nach Kastilien zurück, in der Hoffnung, daß ihnen Luftveränderung gut tun würde, aber sie verbreiteten so die Krankheit.«

Es besteht kein Zweifel über den Ort der ersten Epidemie, weil sie während der Invasion Italiens durch die französische Armee von Charles VIII. (in der einige von Columbus Seeleuten waren) auftrat. Nach dem Fall von Neapel im Jahre 1495 folgte eine Periode ungezügelter Ausschweifung. Ob die Franzosen die Syphilis einschleppten, oder ob sie sich diese von den neapolitanischen Huren zuzogen, bleibt offen, aber einige der letztgenannten waren sicherlich Indianerinnen, die von den heimkehrenden Spaniern mitgebracht worden waren und die wahrscheinlich die Krankheitsträger waren. Als sicher gilt, daß die Franzosen, als sie schließlich aus Italien vertrieben wurden, die Krankheit mitnahmen; sie wurde auf die übrigen Länder der damals bekannten Welt übertragen und forderte in den folgenden fünfzehn Jahren nicht weniger als zehn Millionen Opfer.

Diese Krankheit trug verschiedene Namen: »die französische Krankheit«, »die spanische Krankheit« oder »die großen Pocken«, und jene, die davon betroffen waren, litten zunächst unter Entzündungen der Genitalien. Danach folgte ein rasches Fortschreiten der Erkrankung, die auf die Knochen übergriff und Gaumen und Nase zerfraß. Zunächst wurde der geschlechtliche Aspekt der Krankheit nicht erkannt, und neben Kohl war die am häufigsten genannte Ursache Gotteslästerung. Da Seefahrer und Soldaten äußerst lautstark fluchten, war es ganz natürlich, daß diese auch die ersten Leidtragenden sein sollten. Später wurde die Sünde der Unzucht in Betracht gezogen, und man sagte, daß die Entfaltung von Leidenschaft während des Geschlechtsverkehrs die Beteiligten für die Krankheit empfänglich machen würde. Ambroise Paré (bekannt für seine Behandlung von Schußwunden) behauptete, daß die Krankheit eine Strafe Gottes sei: »... Gottes Zorn, der erlaubte, daß diese Krankheit auf die menschliche Rasse niederkommt, um ihre Lüsternheit zu zügeln.« Ein detaillierterer Bericht über Ursache und Wirkungen stammt von Ulrich von Hutten, der sich diese Krankheit in jungen Jahren zuzog. Er erkannte insbesondere den geschlechtlichen Zusammenhang: »Es gibt im Intimbereich von Frauen Schädigungen, die auf lange Zeit äußerst virulent bleiben; sie sind besonders gefährlich, weil sie für das Auge des Mannes, der mit Frauen sexuell verkehren möchte, weniger offensichtlich sind.«

Schließlich wurden die Indianer Südamerikas beschuldigt, vermutlich um die Aufmerksamkeit der Öffentlichkeit von den grausamen Exzessen der Conquistadores abzulenken. Die Kommentare des Chronisten de Oviedo sind typisch: »Diese Krankheit wurde zum ersten Mal bemerkt, nachdem Admiral Christopher Columbus Indien entdeckt hatte und dorthin zurückkehrte . . . jene, die auf dieser zweiten Reise dabei waren . . brachten diese Plage mit, und bei ihnen steckten sich andere Leute an.« Er war ziemlich genau in seiner Deutung der Art der Übertragung: »Die Erkrankung wird meist durch den Geschlechtsverkehr zwischen Frauen und Männern übertragen . . . nur wenige Christen, die Umgang und Geschlechtsverkehr mit Indianerinnen hatten, sind dieser Gefahr entkommen.«

Der Name »Syphilis« hat einen äußerst interessanten Ursprung: Der an einer Geschlechtskrankheit leidende Syphilus war die Hauptfigur in dem lateinischen Heldenepos (aus dem Jahre 1530) mit dem Namen »Syphilis, sive Morbus Gallicus« (Syphilis oder die französische Krankheit) von Girolamo Fracastoro. Von Fracastoro wird behauptet, er sei der größte lateinische Poet seit Virgil gewesen, aber er war auch Wissenschaftler und Philosoph. Er wurde um das Jahr 1483 in Verona geboren. Er studierte Mathematik und Medizin an der Universität Padua und wurde schließlich dort im Jahre 1501 Dozent für Logik. Er schrieb eine ganze Reihe von Büchern, und abgesehen von seinem Heldenepos ist er wohlbekannt aufgrund seines monumentalen Werkes mit dem Titel »De Contagione« (Von der Ansteckung). In diesem Werk erläutert er seine Ideen zur Krankheit und ihren Ursachen. Er vermutete insbesondere, daß Krankheiten durch »particulas vero minimas et insensibles« (winzige unsichtbare Geschöpfe) hervorgerufen werden.

Das Gedicht enthält einen wissenschaftlichen Bericht über die Syphilis, ihre Ursachen, Symptome und als wichtigstes über ihre Heilverfahren. Fracastoro gab den Rat, daß Vorbeugen besser sei als Heilen: »halte dich von Venus fern und vermeide vor allem die sanften Freuden des Liebesspiels – nichts schadet mehr«; aber jenen, die sich bereits angesteckt hatten, konnte man eine Mischung aus Hopfen, Fenchel, Petersilie, Erdrauch, Wurmfarn, Frauenhaarfarn, Meerzwiebel und Nieswurz auf die Wunden auftragen. Falls das nichts half, waren drastischere Methoden erforderlich: »Es gibt einige, die zuerst Styrax, rotes Quecksilbersulfat, Bleioxid, Antimon und Weihrauchkörnchen zusammenmischen, dann mit deren bitterem Rauch den Körper völlig einhüllen und so die erbärmliche Krankheit vernichten.« Es überrascht nicht, daß der Patient entsetzlich litt: »Aber die Behandlung ist nicht nur ernst und heftig, sondern auch tückisch, denn die Atemluft würgt heftig im Rachen und wenn sie sich freikämpft, unterstützt sie nur mit Mühe das kränkliche Leben.«

Quecksilberhaltige Salben waren die übliche Behandlung bis zur Entdeckung von Penizillin. Sie wurden von Paracelsus im sechzehnten Jahrhundert eingeführt, und ihre Wirksamkeit wurde im Jahre 1881 von Robert Koch wissenschaftlich nachgewiesen, als er zeigte, daß Quecksilberchlorid Anthrax-Sporen, die in einer Kultur wuchsen, abtöten konnte. Die löslicheren Quecksilbersalze, wie die von Benzoesäureestern und Salicylsäureestern, wurden in den späten 80er Jahren des neunzehnten Jahrhunderts als spezifische Behandlung der Syphilis eingeführt. Paul Ehrlich, der »Vater« der medizinischen Chemie, untersuchte mehr als 600 Arsenderivate, bevor er das höchst wirksame Arsenphenylglycin (Arsphenamin, Salvarsan®) im Jahre 1910 entdeckte. Zwischen April und Dezember 1910 wurden ungefähr 65 000 Fläschchen dieses Wirkstoffes Ärzten unentgeltlich für die Behandlung ihrer Patienten zur Verfügung gestellt; dieser Wirkstoff blieb das Mittel der Wahl, bis Penizillin erhältlich war.

Im Laufe der Jahre wurde man auf zahlreiche Pflanzen aufmerksam, und Extrakte aus den südamerikanischen Pflanzen *Guaiacum sanctum* und *Guaiacum officinale* , das heißt »heiliges Holz« und »Holz des Lebens«, waren im sechzehnten und siebzehnten Jahrhundert sehr beliebt. Gerard stellte fest: »Der Sud aus der Rinde oder dem Holz von *G. officinale* ist von herausragendem Nutzen bei der Behandlung der ›Französischen Pokken‹, und er ist das älteste und stärkste Mittel, das bislang gegen diese Krankheit bekannt ist.« Aber der wichtigste Beitrag zur Prävention dieser Krankheit wurde von einem Dr. Condom im späten achtzehnten Jahrhundert erbracht. Er schuf das, was umgangssprachlich als »englischer Gehrock« bekannt war, aus dem Blinddarm des Lammes. Dieser wurde gewaschen, getrocknet und durch eine Behandlung mit Mandelöl geschmeidig gemacht, womit das erste primitive Kondom geschaffen war. Es überrascht sicher nicht, wenn man erfährt, daß er vom Klerus verdammt und von seinen Kunden gelobt wurde. Und bis heute stellt diese Erfindung einen guten Schutz dar, und zwar nicht nur gegen Schwangerschaft, sondern auch gegen sexuell übertragene Krankheiten.

Schließlich verzichtete kein Kräuterkundiger, der etwas auf sich hielt, auf Rezepte für Liebestränke und Aphrodisiaka. Oberon bittet um einen solchen Trank im »Sommernachtstraum« (II, i):

»Hol mir die Blum'! Ich wies dir einst das Kraut.
Ihr Saft, geträufelt auf entschlafne Wimpern,
macht Mann und Weib in jede Kreatur,
die sie zunächst erblicken, toll vergafft.«

Beim Menschen unterliegt der Sexualtrieb oder die Libido sowohl bei Männern als auch bei Frauen der Kontrolle einer Reihe von Hormonen, unter anderem auch dem Hormon des Hypothalamus, das die Freisetzung von LH (luteinisierendes Hormon), Prolaktin und Testosteron stimuliert. Eine Reihe von Pflanzen erscheint auf fast allen Listen von mutmaßlichen Aphrodisiaka, aber Yohimbin aus dem afrikanischen Baum *Corynanthe yohimbe* ist vermutlich das einzige, für das man den Wirksamkeitsnachweis erbringen kann. Zu den anderen, zweifelhafteren Extrakten, gehören die Vanilleschote, die Süßholzwurzel und der Ginseng. Seit mindestens 5000 Jahren wird Ginseng von Männern im Fernen Osten als Mittel zum Erhalt oder zur Steigerung ihrer Männlichkeit angewandt. In kontrollierten Experimenten wurde gezeigt, daß Ginseng die Lebenskraft steigert und daß er vermutlich ganz allgemein den Stoffwechsel anregt.

Eine Reihe tierischer Produkte wird ebenfalls wegen ihrer legendären aphrodisierenden Eigenschaften erwähnt. Die berüchtigtsten unter ihnen sind das Horn des Nashorns und getrocknete, sogenannte spanische Fliegen oder Canthariden, gewonnen aus *Cantharis vesicatoria*. Ersteres ist wertlos und letzteres führte immer eher zum Tod als zu sexueller Erregung. Sein Ruf beruht wahrscheinlich auf seiner Eigenschaft, eine Irritation der Harnröhre mit nachfolgender Dauererektion hervorzurufen, das heißt eine verlängerte Stimulation des erektilen Gewebes der männlichen oder weiblichen Genitalien.

In Wirklichkeit sind alle diese Tränke und Extrakte im wesentlichen nutzlos, und die Kräuterkundigen wären möglicherweise erfolgreicher gewesen, hätten sie die Wirkungen der menschlichen Absonderungen auf die Angehörigen des jeweils anderen Geschlechts studiert. Es ist ein gut beschriebenes Phänomen, daß die meisten weiblichen Säugetiere zum Zeitpunkt des Eisprungs wohlriechende Substanzen (Pheromone) absondern. Diese haben auf die Männchen eine sexuell anziehende (aphrodisierende) Wirkung, und die Paarung findet zu dem Zeitpunkt statt, der für eine erfolgreiche Fortpflanzung der Gattung optimal ist. Frauen sondern zum Zeitpunkt des Eisprungs relativ große Mengen organischer Säuren (z. B. Essigsäure und Buttersäure) ab; deren Geruch könnte man am besten als eine Mischung aus Essig und ranziger Butter beschreiben. Zusätzlich enthält der männliche Schweiß erhebliche Mengen eines Abbauprodukts von Testosteron, das in konzentrierter Form nach Urin riecht. In Spuren haben beide Chemikalien einen moschusartigen Duft, was nicht unattraktiv ist, und es ist durchaus möglich, daß diese Verbindungen als Aphrodisiaka wirken, wenn sie von Frauen abgesondert werden, bzw. als Dominanzfaktoren, wenn Männer sie freisetzen. In früheren Zeiten pflegten solche chemischen Substanzen, die der erfolgreichen sexuellen Fortpflanzung dienten, zweifellos den Fortbestand der menschlichen Spezies garantieren, was über das hinaus geht, was man von den verschiedenen Kräutergebräuen behaupten kann.

☰ Mittel für Herz und Kreislauf

Nach dem Papyrus Ebers funktioniert das menschliche Herz eher wie ein Ziehbrunnen denn wie eine Pumpe, und die Beschreibung des Herz-Kreislauf-Systems ist entzückend, wenngleich etwas verworren: »Wenn die Atemluft in die Nase gelangt, nimmt sie ihren Weg zum Herzen und zu den Eingeweiden und die letztgenannten Gefäße geben dem Körper reichlich davon ... Es gibt vier Gefäße zu seinen Ohren ... der Lebensatem geht in das rechte Ohr und der Todesatem in das linke Ohr ... Zwei Gefäße führen zu seinen Hoden, die den Samen befördern.« Ihre Verwirrung in bezug auf Herzerkrankungen war noch extremer: »Wenn das Herz eine Abneigung fühlt, dann kommt das von der Bitterkeit des Herzens aufgrund einer Entzündung des Anus.« Aber ihr Verständnis von Herzversagen war präziser: »Wenn es sein Schicksal ist, daß er sterben soll, dann ist es das Herz, das bestimmt, daß er sterben soll.«

Trotz der Bemühungen von Aristoteles, Galen und vieler anderer, machte das Verständnis des Kreislaufsystems nur langsame Fortschritte. Galen glaubte, daß die Arterien und Venen zwei separaten Systemen angehörten, mit einer Art von Gezeitenfluß des Blutes zum Herzen und vom Herzen weg. Venöses Blut stammte aus Verdauungsprodukten in der Leber und gelangte in die rechte Seite des Herzens und von dort über die Lungenarterien zu den Lungen. Ein wenig venöses Blut tropfte jedoch durch »Verbindungen« in die linke Seite des Herzens, wo es sich dann mit Luft aus den Lungen vermischte, und dadurch einen »Lebenshauch« schuf, der dann über die Arterien durch den Körper transportiert wurde. Die eigentliche Rolle des Herzens als Pumpe wurde zweifellos nicht klar erkannt.

Der Spanier Michael Servetus (1509 – 1553) kam dem Verstehen der Rolle des Herzens näher. Er war sowohl Theologe als auch Arzt und sorgte durch seine fanatischen Unitarier-Meinungen für viel Verdruß sowohl unter den Katholiken als auch unter den Protestanten. Einer seiner religiösen Texte, »The Restoration of Christianity«, enthielt einen Bericht über seine Vorstellungen vom Kreislaufsystem. Wie Galen glaubte er an den »Lebenshauch«, der »seinen Ursprung in der linken Herzkammer (hatte), auch wenn die Lungen ganz wesentlich zu seiner Entstehung beitrugen«. Er verneinte jedoch die Existenz einer »Verbindung« im Herzen und vermutete stattdessen, daß »das Blut aus der Lungenarterie in die Lungenvene übertragen wird, durch eine verlängerte Passage durch die Lungen, in deren Verlauf es aufbereitet wird und eine hochrote Farbe bekommt«. In den Lungen »vermischt es sich mit der eingeatmeten Luft in diesem Durchgang, und befreit von rußigen Dämpfen« wurde es ein »geeigneter Aufenthaltsort für den Lebenshauch«.

Allerdings war dieser nützliche wissenschaftliche Beitrag nur eine Marginalie im Vergleich zu der ketzerischen Natur seiner übrigen Werke; er wurde in Genf, auf dem Weg nach Italien verhaftet, der Ketzerei angeklagt und auf dem Scheiterhaufen verbrannt. Es blieb somit William Harvey (1578–1657) überlassen, den ersten genauen Beitrag zum Blutkreislauf zu liefern.

Harvey wurde in Kent geboren und studierte in Cambridge und Padua, bevor er eine Stelle als Arzt am St. Bartholomäus Krankenhaus in London annahm. Er war Arzt in der Übergangszeit der Regentschaft von James I. und Charles I. und er gab seine Entdeckungen hinsichtlich des Blutkreislaufs im Jahre 1616 bekannt. Er fegte Galens Theorie von den »Verbindungen« zwischen den Herzkammern vom Tisch und zeigte, daß das Blut während seines Durchgangs durch den Körper nicht verbraucht wurde. Letzteres wurde elegant nachgewiesen, indem Harvey das Blutvolumen maß, das vom Herzen über einen Zeitraum von mehreren Minuten ausgeworfen wurde, und somit zeigte, daß es das Gesamtvolumen, das sich im Körper befindet, bei weitem übertraf. Somit konnte es nicht von der Leber wiederaufgefüllt worden sein, wie Galen behauptet hatte.

Sein Buch mit dem Titel »Exercitatio Anatomica de Motu Cordis et Sanguinis in Animalibus« (Anatomischer Versuch über die Bewegung des Herzens und des Blutes), das im Jahre 1628 veröffentlicht wurde, war in lateinischer Sprache verfaßt, aber die folgende Übersetzung zeigt, wie scharfsichtig Harvey war:

»Zuallererst kontrahiert der Vorhof und im Verlaufe seiner Kontraktion zwingt er das Blut ... in die Herzkammer und indem diese sich füllt richtet sich das Herz augenblicklich auf, spannt alle Fasern an, kontrahiert die Kammern und vollbringt einen Schlag, durch den es augenblicklich das zugeführte Blut ... in die Arterien befördert. Die rechte Herzkammer schickt ihre Füllung in die Lungen ... Die linke Herzkammer schickt ihre Füllung in die Aorta und über diese durch die Arterien in den gesamten Körper ... die alleinige Tätigkeit des Herzens besteht in der Weiterleitung des Blutes und seiner Verteilung, in die entlegensten Teile des Körpers unter Zuhilfenahme der Arterien.«

Diese Beschreibung ist erstaunlich genau, wie man bei einer Betrachtung der Abb. 42 und 43 feststellen kann. Bei einem Erwachsenen hat das Herz ungefähr die Größe einer Männerfaust und wiegt zwischen 180 und 400 g, je nach Statur und Geschlecht. Es ist ein Hohlorgan, das vorwiegend aus Muskel (Myokard) besteht und ist in vier Kammern aufgeteilt: den rechten und den linken Vorhof sowie die rechte und die linke Herzkammer (Ventrikel). Das Blut gelangt in das Herz über den Vorhof und verläßt es über die Ventrikel (vgl. Abb. 43). Sauerstoffreiches Blut aus der Lunge strömt in den linken Vorhof ein und gelangt über die Mitralklappe in die linke Herzkammer, von welchem aus es durch die Aortenklappe und über die Aorta in den Kreislauf gelangt. Die Koronararterien führen von der Aorta weg und versorgen die Herzwände mit Blut. Sauerstoffarmes Blut kehrt zum rechten Vorhof über die großen Venen zurück: über die obere Hohlvene aus dem oberen Teil des Körpers und über die untere Hohlvene aus den unteren Teilen des Körpers. Dieses Blut gelangt dann in die rechte Herzkammer

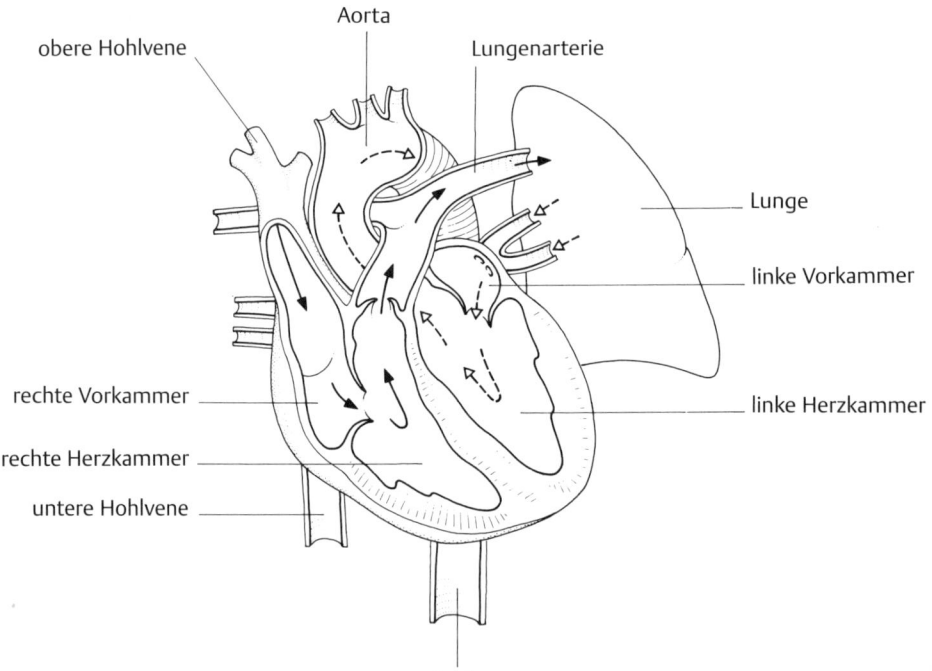

Abb. 42   Das menschliche Herz.

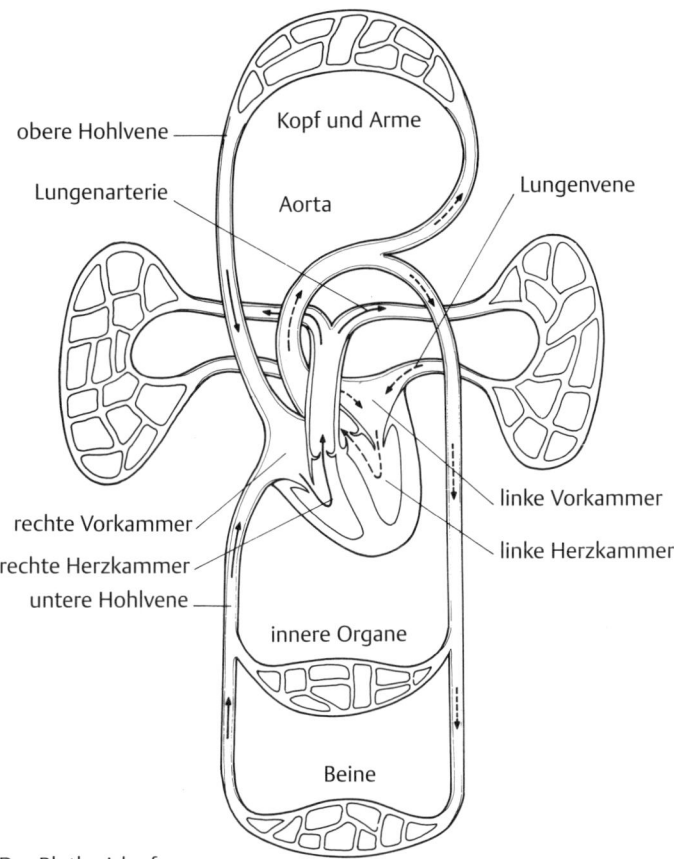

obere Hohlvene

Kopf und Arme

Lungenarterie

Lungenvene

Aorta

rechte Vorkammer

linke Vorkammer

rechte Herzkammer

linke Herzkammer

untere Hohlvene

innere Organe

Beine

Abb. 43 Der Blutkreislauf.

über die Trikuspidalklappe und danach über die Pulmonarklappe und die Pulmonararterie in die Lungen.

Die Koordinierung der Pumptätigkeit des Herzens (in der Regel zwischen 70 und 80 Schlägen pro Minute in Ruhe) wird von zwei Gruppen von speziellen Muskelzellen kontrolliert, die erregbar sind und einen Nervenimpuls weiterleiten können. Diese sind als Sinusknoten und als Atrioventrikularknoten bekannt. Der gesamte Herzmuskel wird innerviert und erhält Nervensignale über das autonome System. Wenn das Herz stimuliert wird, benötigt es große Mengen an Sauerstoff, um wirksam funktionieren zu können, und deshalb wirkt eine Erkrankung der Koronararterien so entkräftend und möglicherweise gefährlich.

Während anstrengender körperlicher Bewegung muß das Herz seinen Blutausstoß unter Umständen auf das Zehnfache steigern, und der zusätzliche Sauerstoffbedarf wird durch eine Erweiterung der Koronararterien bereitgestellt. Falls dies aufgrund einer Verengung der Arterie, etwa infolge einer Arteriosklerose, nicht möglich ist, führt es zu schmerzhafter Angina pectoris. Arteriosklerose ist eine der häufigsten Erkrankungen in den entwickelten Ländern, wo stark fetthaltige Nahrung die Norm ist; sie wird durch Fetteinlagerungen in den Arterienwänden hervorgerufen. Streß, Rauchen und exzessives Trinken scheinen diesen Zustand zu verschlimmern, und im Herzen wird der fortschreitende Mangel in der Blutversorgung von den klassischen Symptomen der Herzerkrankung begleitet: Kurzatmigkeit und Ermüdung durch Bewegung, oft begleitet von den Schmerzen der Angina pectoris. Ein plötzlicher Verschluß der Koronararterie löst einen Herzinfarkt aus, der manchmal von einer Unterbrechung der Sinusknotenreize begleitet wird. Der Tod ist meist auf die Auswirkungen dieser Arrhythmien zurückzuführen. Die lebensrettenden Maßnahmen mittels eines starken Schlags auf den Brustkasten oder die Anwendung von Defibrillatoren verdanken ihren Erfolg der Wiederherstellung des normalen Herzrhythmus.

Zu den Langzeitauswirkungen der Herzerkrankung gehören auch verschiedene Probleme an anderen Organen, insbesondere an den Nieren. Das Ödem (Wassersucht), das wahrscheinlich auf ungenügendes Funktionieren der Nieren zurückzuführen ist, ist ein häufiges Symptom. Zahllose Darstellungen in mittelalterlichen medizinischen Abhandlungen zeigen Personen mit einer Flüssigkeitsretention, vor allem mit Schwellungen an den Armen und Beinen und einem großen Bauch. Oft war der Patient bettlägerig, weil die Flüssigkeit den Raum um die Lunge herum ausfüllte und das Atmen erschwerte.

Die Kräuterkundigen früherer Zeiten behandelten Wassersucht mit der Meerzwiebel, *Scilla maritima*. Ein altes syrisches Rezept benutzte »Wein aus Meerzwiebeln« bei einem »bösen Zustand der Leber und des Magens und für jene Menschen, die Wasser ansammelten«. Dioskurides behauptete, daß »die Wurzel ..., die man mit Weißwein vermischt aufträgt, Knaben geschlechtsunreif halten soll«; aber sie »leert auch deinen Bauch und veranlaßt dich zu urinieren«. Auch Gerard verordnete sie leidenschaftlich gern: »Diese geröstete oder gebackene Zwiebel wird mit Tränken und anderen Arzneien, die Urinieren hervorrufen und Stauungen der Leber und der Milz auflösen, gemischt ... Man gibt sie auch denjenigen, die an Wassersucht, an Gelbsucht leiden und jenen, die von Bauchkoliken gequält werden.«

Unter den anderen Pflanzenarten, die durch die Jahrhunderte angewendet wurden, finden sich auch *Apocynum cannabinum* und verschiedene Seidenpflanzengewächse (*Asclepias*-Arten) welche von den amerikanischen Indianern sehr gepriesen wurden. Alle diese Pflanzen enthalten die sogenannten Herzglykoside, welche bereits als Bestandteile bestimmter Pfeilgifte erwähnt wurden; aber die mit Abstand wichtigste Quelle für diese Substanzen sind die Fingerhutarten *Digitalis purpurea* und *D. lanata*. Im Jahre 1785 veröffentlichte William Withering seine Monographie »An Account of the Foxglove and some of its Medical Uses: with Practical Remarks on Dropsy, and other Diseases« (Ein Bericht über den Fingerhut und einige seiner medizinischen Anwendungen: mit praktischen Hinweisen zur Wassersucht und anderen Erkrankungen). Diese Monographie stellte die erste systematische Auswertung eines Arzneistoffes dar und war ein Vorbild für ehrliches und gründliches Berichten – unerreicht bis zu den klinischen Versuchen dieses Jahrhunderts.

Der Ursprung des Wortes »digitalis« ist bekannt. Es wurde zum ersten Mal von dem deutschen Botaniker Leonhardt Fuchs im Jahre 1542 benutzt. Im Deutschen heißt diese Pflanze »Fingerhut«, und somit wurde das lateinische Wort für Finger, *digitus*, als Name für die ganze Pflanzenart angewandt. Die Herkunft des englischen Wortes »foxglove« (Fuchs-Handschuh) ist viel unklarer, aber eine plausible Vermutung ist die, daß es sich um eine Verfälschung von »folk's glove« (Feen-Handschuh) handelt.

Die Extrakte dieser Pflanze waren während vieler Jahrhunderte in Verwendung, und Culpeper verweist auf ihre Anwendung bei »the king's evil« (Skrofulose, eine Form der Tuberkulose). John Murray, Professor für Medizin in Hannover im Jahre 1769, war gleichfalls von ihrem medizinischen Nutzen begeistert: »Ein Mann, der ein skrofulöses Gewächs am rechten Ellenbogen hatte, das drei Jahre lang von qualvollen Schmerzen begleitet wurde, konnte mit vier Gaben des Saftes (*Digitalis purpurea*), den er einmal im Monat zu sich nahm, beinahe geheilt werden.«

Die andere Hauptindikation, bei der Digitalis verordnet wurde, war Epilepsie. Culpeper behauptete, daß »es sich gezeigt hat, daß durch einen Absud aus zwei Handvoll dieser Pflanze, zusammen mit vier Unzen Engelsüß in Bier, mehrere von der Fallsucht geheilt wurden«. John Parkinson hingegen behauptete, daß »nachdem sie den Absud zu sich genommen haben ... jene, die 26 Jahre lang daran (Fallsucht) gelitten haben und einmal in der Woche gefallen waren ... in 14 oder 15 Monaten nicht einmal gefallen sind«.

William Withering kannte diese Heilmittel sicherlich, aber bis zum Jahre 1775 existiert kein Beweis dafür, daß er von ihrem Nutzen bei

WILLIAM WITHERING M.D. F.R.S. &c.&c.

Drawn and Engraved by W. Bond from an original picture

painted by C. F. Breda, in the possession of William Withering Esq. F.L.S.

Abb. 44   William Withering, der eine Fingerhut-Pflanze in der Hand hält (Stich von W. Bond, 1822).

der Behandlung der Wassersucht wußte. Withering wurde im Jahre 1741 in Wellington, Shropshire geboren; sein Vater war ein erfolgreicher Apotheker, und mehrere andere Mitglieder seiner Familie waren entweder Chirurgen oder praktische Ärzte. Bei dieser Herkunft erstaunt es nicht, daß man Withering Medizin studieren ließ (an der Universität von Edinburgh) und daß er im Jahre 1766 zum Doktor der Medizin promoviert wurde. Nach einer kurzen Zeit in Frankreich kehrte er nach England zurück und half dabei, das Krankenhaus von Stafford aufzubauen, bevor er im Jahre 1775 in Birmingham eine Praxis übernahm. Von da an bis zu seinem Lebensende behandelte er sowohl die Reichen als auch die Armen von Birmingham und leistete Pionierarbeit in der vorsichtigen Anwendung von Digitalis.

Withering verwarf die Signaturenlehre, die seit Galens Zeit vorgeherrscht hatte, vollständig und stellte auf der ersten Seite seines Buches folgendes fest:

>*So stehen die offensichtlicheren und wahrnehmbaren Eigenschaften von Pflanzen wie Farbe, Geschmack und Geruch nur in geringem Zusammenhang mit den Krankheiten, für deren Heilung sie angewandt werden; denn ihre besonderen Eigenschaften sind nicht von der äußeren Beschaffenheit abhängig ... Ihr Nutzen muß demnach entweder aus der Beobachtung ihrer Wirkungen auf Insekten und Vierfüßer ... oder von der empirischen Anwendung und der Erfahrung des Volkes abgeleitet werden.*«

Sein Interesse an der Anwendung des Fingerhuts wurde im Jahre 1775 durch eine Anfrage geweckt, bei der es um ein geheimes Heilmittel gegen Wassersucht ging, das von einer Frau aus Shropshire verordnet wurde. Der Trank rief Erbrechen und Durchfall hervor und enthielt Extrakte aus ungefähr zwanzig Pflanzen, aber Withering vermutete zu Recht, daß die wirksame Grundlage aus dem Fingerhut stammte. Ein weiteres Beispiel für dessen Wirksamkeit enthüllte sich ihm bald danach und betraf den Direktor des Brazen Nose (heute Brasenose) College in Oxford, Dr. Ralph Cawley, der mit einem Extrakt aus der Wurzel des Fingerhuts von der Bauchwassersucht geheilt worden war. Daraufhin beschloß Withering eine gründliche klinische Auswertung durchzuführen. Nachdem er mit einem Absud aus der Pflanze (einem Extrakt, der mit Hilfe von kochendem Wasser zubereitet wird) experimentiert hatte, beschloß er entweder Infusionen (Extrakte, die mit heißem oder kaltem Wasser gewonnen werden) oder die pulverisierten Blätter zu verabreichen. Seine klinischen Erfahrungen mit diesen Zubereitungen werden in seinem Buch in Form von 263 Fallgeschichten beschrieben, und ihre Lektüre ist fesselnd.

Abb. 45   *Digitalis*, der Fingerhut.

Fall IV (Juli 1775) betraf eine Frau mittleren Alters, mit klassischen Symptomen chronischen Herzversagens (Herzinsuffizienz):

»Ich fand sie der Erstickung nahe; ihr Puls war äußerst schwach und unregelmäßig, ihr Atem war sehr kurz und mühsam, ihr Gesicht eingefallen, ihre Arme waren bleifarben, klamm und kalt ... Ihr Bauch, ihre Beine und ihre Hüften waren extrem angeschwollen; die Menge ihres Urins war sehr gering – nicht mehr als jedesmal ein Löffel voll.«

Sie war vorher von Dr. Erasmus Darwin, dem Großvater von Charles Darwin behandelt worden, jedoch ohne Erleichterung ihrer Symptome. Withering beschloß sofort, es mit Digitalis in Verbindung mit Muskatnuß zu versuchen, und die Schwellung ging stark zurück. Daraufhin erhielt sie bestimmte Mengen an *Guaiacum officinale* (gewöhnlich bei der Behandlung von Syphilis angewandt), Myrrhe, Zinksulfat, Kalomel (Quecksilber(I)-chlorid), ätzendes Quecksilbersublimat (Quecksilber(II)-chlorid), Kaliumsulfat, Rhabarber, Chinarinde (Chinin) und weitere Dosen an Digitalis. Irgendwie gelang es ihr, das alles zu überleben und sie lebte weitere neun Jahre mit nur geringen Anzeichen an Wassersucht.

Fall XX (Januar 1779):

»Bauchwassersucht; Beine und Hüften gewaltig ödematös (Ansammlung von Flüssigkeit unter der Haut, besonders in den Beinen) ... geringe Mengen von Urin; Puls aussetzend; Atem sehr kurz. Er hatte verschiedene Arzneien genommen ... aber ohne Erleichterung ... Ich ordnete eine Infusion von Digitalis an, die ihn sehr elend machte; wirkte mächtig als Diuretikum und beseitigte alle seine Symptome.«

Fall LXXI (Mai 1781):

»Herr S –, 48 Jahre alt. Ein kräftiger Mann, der ein ausschweifendes Leben gelebt hatte. Seit einiger Zeit war sein Atem sehr kurz, seine Beine schwollen gegen Abend an und seine Urinmengen waren gering. Acht Unzen der Digitalisinfusion riefen einen beträchtlichen Urinfluß hervor; seine Beschwerden verschwanden nach und nach und kehrten nicht zurück.«

Fall LXXXI (Oktober 1781):

»Herr B –, 33 Jahre alt. Er hatte eine immense Menge an leichtem Bier getrunken und war jetzt wassersüchtig geworden. Er war ein kräftiger Mann mit bleichem Teint: sein Bauch war groß und seine Beine und Hüften waren zu einem enormen Umfang angeschwol-

*len. Ich verordnete eine Digitalisinfusion, die ihn innerhalb von
zehn Tagen vollständig entleerte.«*

Aber nicht alle Fälle fanden einen solch erfolgreichen Ausgang,
wie zum Beispiel Fall XIV (Februar 1778):

*»Herr R – aus K –. Er hatte in der Vergangenheit sehr an Gicht gelit-
ten und lebte sehr ausschweifend. Gelbsüchtiger Teint; Aszites (Flüs-
sigkeitsansammlung im Bauch); Beine und Hüften waren stark angeschwollen; kein Appetit; extrem schwach; ans Bett gefesselt ... Ich
verordnete ihm einen Digitalisabsud und ein herzstärkendes Mittel; aber er überlebte nur ein paar Tage.«*

Diese vielen Erfolge (und einige Mißerfolge) wurden ohne irgend-
welche Kenntnis der Wirkungsweise von Digitalis erreicht. Withering erkannte nie, daß der gesteigerte Urinfluß und der daraus folgende Rückgang
der Symptome in erster Linie auf die zunehmende Kontraktionsfähigkeit
des Herzmuskels zurückzuführen war, welche durch die Verabreichung von
Digitalis hervorgerufen wurde. Diese Unkenntnis sollte seine großen Ver-
dienste um die Medizin nicht schmälern, denn er führte nicht nur eine er-
schöpfende wissenschaftliche Untersuchung über die Wirkungen von Digitalis an seinen Patienten durch, sondern er betonte ebenso die Bedeutung
der sorgfältigen Wahl der Dosierung. Dieser Rat war dringend notwendig,
denn zu jener Zeit benutzten die meisten Ärzte hohe Dosen von Cocktails
aus Pflanzenextrakten.

Nach Witherings Tod im Jahre 1799 ging die Anwendung von Digitalis zurück. Der Grund dafür war in erster Linie der, daß die Ärzte versuchten, es für jedes nur vorstellbare Leiden zu nutzen, und ihr Scheitern bei der
Heilung von allem und jedem, von der Bronchitis bis hin zum Wahnsinn,
führte dazu, daß das Vertrauen in die Wirksamkeit von Digitalis nachließ.
Der Arzt Richard Bright veröffentlichte Berichte über seine klinischen Auswertungen von Digitalis im Jahre 1827 und er unterschied ganz genau zwischen Wassersucht, die auf Nierenversagen und jener, die auf Stauung
durch Herzversagen zurückzuführen war, aber seine Erkenntnisse wurden
weitgehend ignoriert. Die Unwissenheit über die Wirkungsweise von Digitalis dauerte bis ins zwanzigste Jahrhundert hinein.

Sir James MacKenzie, der mit der Herzstation am Mount Vernon
Hospital in London beauftragte Arzt, erkannte im Jahre 1905 ganz richtig
den Zustand des Vorhofflimmerns. Er verabreichte bei diesem Zustand Digitalis und stellte fest, daß es die Kontraktionsfähigkeit des Herzens steigerte
(positiv inotroper Effekt), aber er glaubte, daß dies auf die Verlangsamung
des Herzschlags zurückzuführen sei. Ein besseres Verständnis der Wirkun-

gen des Arzneistoffes war erst möglich, als den Ärzten ein Elektrokardiograph zur Verfügung stand. Dieser wurde im Jahre 1887 von Waller erfunden. Im Jahre 1903 machte Einthoven noch einige technologische Verbesserungen, und der Elektrokardiograph erlaubte es den Kardiologen, die verschiedenen Ursachen und Folgen des Herzversagens zu erforschen. Bald wurde klar, daß Digitalis eine direkte Wirkung auf den Herzmuskel ausübte und in den meisten Fällen von Herzversagen von Nutzen war. Die nennenswerten Ausnahmen waren jene, die durch eine Erkrankung der Aortenklappe hervorgerufen wurden, wie zum Beispiel eine Aortenklappenstenose, die von rheumatischem Fieber verurscht wird.

Weitere Fortschritte konnten erst nach der Isolierung der aktiven Bestandteile von Digitalis erzielt werden. Ein Wirkstoff war in roher Form schon im Jahre 1841 aus *D. purpurea* von zwei Franzosen, Homolle und Quevenne, vom Hôpital de la Charité in Paris, isoliert worden, und ihre Bemühungen wurden mit einem Preis in Höhe von 1000 Francs durch die Gesellschaft für Pharmazie belohnt. Andere, anscheinend unterschiedliche Wirkstoffe wurden in den folgenden Jahren isoliert, und es gab viel Verwirrung bis im Jahre 1928 Windaus und Mitarbeiter die tatsächlichen Strukturen von zwei Hauptbestandteilen, nämlich von Digitoxin und Digitalin, bekanntgaben.

Zwei Jahre später isolierte Sydney Smith von Burroughs Wellcome in Dartford, Kent, reines Digoxin als Hauptbestandteil von *Digitalis lanata*. Er zeigte, daß Digoxin wirksamer war, als irgendein anderer Wirkstoff aus *Digitalis purpurea*, und die Firma Wellcome begann dieses Naturprodukt unter dem Handelsnamen Lanoxin® zu vermarkten. Lanoxin® erfährt noch immer breite Anwendung bei der Behandlung der Herzinsuffizienz. Ursprünglich überzeugte Wellcome die Bauern aus der Gegend um Dartford *Digitalis lanata* anzubauen, aber aufgrund der Launen des englischen Klimas kommen die meisten Pflanzen mittlerweile aus wärmeren Ländern.

Mit der verstärkten klinischen Anwendung von Digoxin unter sorgfältigen Bedingungen hinsichtlich Dosierung und Reinheit, wurde offenbar, daß seine Wirksamkeit von Patient zu Patient stark variierte. Vor allem mußten die Digoxin-Tabletten sorgfältig rezeptiert werden, so daß eine wirksame Resorption des Arzneistoffes erfolgen konnte, und bis in die 70er Jahre hatte das Digoxin von verschiedenen Herstellern unterschiedliche Wirksamkeit.

Die derzeitige Beurteilung des klinischen Nutzens von Digoxin kann wie folgt zusammengefaßt werden: für Patienten mit Herzarrhythmien (schnellem Vorhofflimmern) ist es das Mittel der Wahl, aber bei Patienten mit Herzschwäche ohne begleitende Arrhythmie, wird sein Nutzen eher kontrovers diskutiert. Der Wirkmechanismus der Herzglykoside, wie Digoxin, wurde auf Seite 31 erklärt; aber zur Erinnerung sei gesagt, daß Herzglykoside die Kontraktionsfähigkeit des Herzmuskels wahrscheinlich dadurch steigern, daß sie die intrazelluläre Verfügbarkeit von Kalziumionen erhöhen. Dies führt zu einem gesteigerten Ausstoß aus dem beeinträchtigten Herzen nach einem Herzinfarkt.

Wesentlich umstrittener ist die Anwendung von Digoxin zur Langzeitbehandlung der chronischen Herzinsuffizienz. In diesem Fall ziehen viele Kliniker Diuretika dem Digoxin (mit dem Ziel, die Flüssigkeitsretention zu verringern) vor, vor allem dann, wenn der Herzrhythmus normal ist. Die Langzeitanwendung von Diuretika ist jedoch nicht ohne Risiko, und das mit dem Aufkommen von synthetischen Vasodilatoren (gefäßerweiternden Substanzen), wie z. B. Captopril, steht eine weitere Möglichkeit zur Behandlung der Herzinsuffizienz zur Verfügung. Diese Vasodilatoren tragen darüber hinaus dazu bei, einen erhöhten Blutdruck zu senken, der bei einer Herzinsuffizienz manchmal als Folge einer verschlechterten Nierenfunktion auftritt. Ein weiterer Faktor, der die Anwendung von Digoxin beeinflußt, ist dessen Toxizität, die auf Veränderungen im Transport von Natrium- und Kaliumionen zurückzuführen ist.

In einer neueren Übersichtsarbeit in der Zeitschrift »Chemistry in Britain« zur Feier des zweihundertsten Jahrestages der Veröffentlichung von Witherings Buch, hat Aronson den gegenwärtigen Wissensstand übersichtlich zusammengefaßt: »In vielen Zentren sind sowohl die Vergiftungsfälle als auch die therapeutischen Erfolge im Zusammenhang mit der Anwendung von Digitalis nicht besser als jene, die Withering am Ende des 18. Jahrhunderts erzielen konnte.« Ungeachtet dieser Vorbehalte, bleibt William Witherings sorgfältige Analyse der Anwendung eines natürlichen, aus Pflanzen gewonnenen Arzneistoffes bis heute einer der Meilensteine der Arzneimittelforschung.

Der hohe Blutdruck, der oben erwähnt wurde, ist nicht nur ein gelegentlich auftretendes Anzeichen einer Herzerkrankung; er kann seine Ursache auch in einer Minderfunktion aufgrund einer Nierenerkrankung haben. Von einer Reihe von Pflanzenextrakten weiß man, daß sie eine blutdrucksenkende Wirkung haben, und die am häufigsten erwähnten zählen zu den Gattungen *Rauwolfia* und *Veratrum*. *Rauwolfia*-Extrakte werden seit Jahrhunderten in Indien angewandt. In Sanskrit war der Extrakt als »sarpagandha« bekannt, ein legendäres Mittel gegen Schlangenbisse; und der Hindu-Name »chandra«, d. h. »Mond«, spiegelt seine Anwendung als Tranquilizer bei der Behandlung des Wahnsinns (das engl. *lunatic* = wahnsinnig leitet sich von lat. *luna* = Mond her) wider. Der wichtigste aktive Bestandteil der *Rauwolfia*-Arten ist Reserpin, das dadurch wirkt, daß es die Katecholamin-Speicher im Gehirn leert. Folge davon ist eine Dämpfung und Beruhigung des Zentralnervensystems, und zusätzlich führt es zu einer Entspannung des Herzens und zu einer Reduzierung des Blutdrucks. Im Jahre 1949 behandelte R. J. Vakil am King Edward Hospital in Bombay fünfzig Hochdruckpatienten mit Reserpin – mit gutem Erfolg. Seine Befunde wurden durch Wissenschaftler der Firma Squibb (USA) bestätigt, und Reserpin wurde im Jahre 1953 als blutdrucksenkendes Mittel zur klinischen Anwendung gebracht. Zwar hat es niemals die Erwartungen erfüllt, aber die Ärzte stellten fest, daß der Arzneistoff bei Patienten, die ihn einnahmen, zu einer deutlichen Entspannung führte, weshalb Reserpin in der Folgezeit als Tranquilizer weiterentwickelt wurde. Dieser Aspekt soll im nächsten Abschnitt (über Arzneistoffe zur Beeinflussung des Nervensystems) weiterentwickelt werden.

Ein positives Ergebnis dieses Fehlschlags waren die Experimente, die von Udenfried am National Heart Institute in Bethesda, Maryland, durchgeführt wurden. Udenfried wußte, daß der synthetische Arzneistoff Methyldopa ebenfalls zu einer Entleerung der Katecholaminspeicher führte; Methyldopa erwies sich schließlich als sehr wirkungsvoller blutdrucksenkender Wirkstoff, der vor der Einführung moderner Arzneimittel, wie zum Beispiel Betablocker und Captopril, als blutdrucksenkender Arzneistoff weit verbreitet war. Wie im nächsten Kapitel gezeigt wird, hat der chemisch verwandte Wirkstoff L-Dopa ebenfalls interesssante und hilfreiche Wirkungen auf das Zentralnervensystem (ZNS).

Blutdrucksenkung, Abbau von Streß, Verzicht auf Rauchen und Alkoholmißbrauch sind Möglichkeiten, das Risiko eines Herzinfarkts zu verringern. Da jedoch das plötzliche Ereignis ausnahmslos durch die Blockade eines der Blutgefäße hervorgerufen wird, die das Herz versorgen, oder – im Falle eines Schlaganfalls – das Gehirn, besteht beträchtliches Interesse an Wirkstoffen, die als Antikoagulantien wirken. Es spricht nichts dafür, daß unsere Vorfahren irgendein Interesse in dieser Richtung hatten, aber einer der üblicherweise verwendeten Arzneistoffe ist sicherlich chemisch verwandt mit einem natürlich vorkommenden Antikoagulans.

In den 20er Jahren erkrankte in Teilen von Norddakota und Alberta das Vieh an einer verhängnisvollen Bluterkrankheit, und zwar nach dem Verzehr von schimmligem, süßem Klee. Als auslösender Faktor wurde schließlich Dicumarol identifiziert, und obgleich sich dieses Naturprodukt als ungeeignet für die klinische Anwendung erwies, stellte sich das vollständig synthetische Analogon Warfarin als sehr wirkungsvoll heraus. Diese Verbindungen greifen in den körpereigenen Blutgerinnungsmechanismus ein, genau gesagt auf der Reaktionsstufe, auf der Vitamin K eine Rolle spielt. Warfarin ist vermutlich besser als Rattengift bekannt; seine tödliche Wirkung beruht auf den Blutverlusten durch Magen-Darm-Blutungen.

Vorbeugen ist natürlich besser als Heilen, und es spricht heute vieles dafür, daß der Knoblauch (und vielleicht auch die Zwiebel) dazu beiträgt, die Bildung von arteriosklerotischen Ablagerungen zu verhindern, die ihrerseits den Kern für größere Blutgerinnsel bilden, welche wiederum zu einer Blockade in den Blutgefäßen führen. Die alten Ägypter und Babylonier verzehrten große Mengen an Knoblauch und Zwiebeln, vor allem, weil sie magische Eigenschaften vermuteten; und die seefahrenden Wikinger und Phönizier vermieden auf ihren Schiffsreisen Skorbut durch den Verzehr von riesigen Mengen an Knoblauch (und dessen Bestandteil Vitamin C). Auch die Juden aßen gerne Knoblauch, aber es wird gesagt, daß die Empfehlung im Talmud »am Freitag Knoblauch zu essen, aufgrund seiner gesunden Wirkung«, sich auf dessen angebliche aphrodisierende Eigenschaft bezog. Im Gegensatz dazu verachten die Muslime den strengen Knoblauchgeruch, obgleich sie nicht darüber erhaben waren, Knoblauch zur Abwehr des »bösen Blikkes« anzuwenden. Es war tatsächlich in vielen Ländern üblich, Amulette aus Knoblauch zu tragen, um sich gegen Vampire und andere böse Dinge zu schützen.

Dioskurides empfahl Knoblauch gegen Schlangenbisse, Bisse von tollwütigen Hunden, blutunterlaufene Augen, gegen Glatze, Ekzem, Herpes, Lepra, Skorbut, Zahnweh und Wassersucht, und Plinius pries in seiner »Historia naturalis« die Eigenschaften von Knoblauch über die genannten Anwendungsgebiete hinaus als Antidot bei einer Vergiftung durch Bilsenkraut und Eisenhut, gegen Asthma, Hämorrhoiden, Schnupfen, Krämpfe und Brüche. Culpeper berichtete von einer ähnlichen Anwendung:

> *»Er regt den Harnfluß und die Menstruation an, hilft bei Bissen von tollwütigen Hunden oder anderen giftigen Kreaturen. Er tötet Würmer ab im Körper von Kindern, er löst und scheidet zähen Schleim aus, reinigt den Kopf, hilft gegen Lethargie, ist ein gutes Vorbeugungsmittel und Heilmittel bei irgendwelchen Seuchen, Abszessen oder fauligen Geschwüren; er entfernt Flecken der Haut, erleichtert Schmerzen in den Ohren ...«*

Erst in jüngster Zeit wurde die wahrscheinlich vorbeugende Wirkung gegen Arteriosklerose entdeckt. Eine Reihe von Bestandteilen des Knoblauchs sind in den letzten Jahren entdeckt worden. Zwei davon, Ajoen und Methylallyl-Trisulfid verhindern wirksam die Thrombozytenaggregation. Da diese Art von Anhäufung oder Verklumpung wesentlich zur Bildung von Blutgerinnseln beiträgt, überrascht es kaum, daß in den Ländern, in denen viel Knoblauch verzehrt wird, wesentlich weniger Menschen an koronarer Herzkrankheit sterben. So gibt es zum Beispiel in Großbritannien ein gehäuftes Auftreten von Herzinfarkten (pro Jahr 1800 von 100 000 Männern im Alter von 35–75 Jahren), während die entsprechende Zahl in Frankreich 150 auf 100 000 beträgt (Zahlen der British Heart Foundation aus dem Jahre 1987). Es müssen natürlich auch andere Faktoren in Betracht gezogen werden, aber man kann die prophylaktische Wirkung des Knoblauch sicherlich ernst nehmen. Wenn Culpeper feststellte, daß »er ein Heilmittel gegen alle Erkrankungen und Verletzungen ist«, dann kam seine Übertreibung möglicherweise der Wahrheit näher, als man sich das vorstellen konnte.

Substanzen, die das zentrale Nervensystem beeinflussen

Nicht Mohn noch Mandragora,
noch alle Schlummersäfte der Natur
erkünsteln je den süßen Schlaf dir wieder,
den du noch gestern hattest.   *Othello III, iii*

Unsere Vorfahren waren sich sehr wohl der schlaffördernden Eigenschaften der Alraune und des Opiums bewußt. Und obgleich erstere ebenfalls viel zur Schmerzlinderung angewandt wurde, ist es der Schlafmohn, der das berühmteste (und berüchtigtste) aller Analgetika liefert – nämlich Morphin. Die Sumerer haben Opium ganz sicher schon im Jahre 4000 v. Chr. angewandt. Im Papyrus Ebers erscheint Opium als Bestandteil eines Heilmittels für Kinder, die an Koliken leiden: »die Kapseln der Mohnpflanze und Fliegendreck, der an der Wand ist«. In der griechischen Mythologie war der Schlafmohn Thanatos (dem Gott des Todes), Hypnos (dem Gott des Schlafes) und Morpheus (dem Gott der Träume) geweiht. Homer ließ in seiner »Odyssee« Helena einen Schlaftrunk zubereiten, »der allen Kummer, alle Sorge und jedes kranke Gemüt vertreibt«. Wie rohes Opium tatsächlich gesammelt wurde, hat erstmals Dioskurides beschrieben:

> »Aber es obliegt jenen, die Opium herstellen, ... das Sternchen [den kleinen Stern auf dem Kopf der Samenkapsel] mit einem Messer einzuritzen ... und an der Seite des Kopfes gerade Einkerbungen in die Außenseite, und die Träne, die herauskommt, mit dem Finger in einen Löffel abzustreifen und wenig später zurückzukommen, denn es ist eine weitere (Träne) herausgequollen und ebenso am nächsten Tag.«

Diese Methode, Opium zu sammeln, wird immer noch angewandt, und als Opium bezeichnet man das getrocknete, milchige Exsudat, das dann austritt, wenn die unreifen Samenkapseln von *Papaver somniferum* angeritzt werden. Diese braune, gummiartige Masse enthält ungefähr 25 Gewichtsprozente an Opiumalkaloiden, von denen Morphin (bis zu 17 Gewichtsprozent) und Codein (bis zu 4 Gewichtsprozent) die wichtigsten sind.

Galen verordnete Opium unter anderem bei chronischen Kopfschmerzen, Schwindel, Epilepsie, Asthma, Koliken, Fieberzuständen, Wassersucht, Lepra, Schwermut und »Frauenproblemen«. Dieses breite Wirkungsspektrum führte dazu, daß es sich sowohl bei Ärzten als auch bei Patienten großer Beliebtheit erfreute; sein Ruf und seine Anwendung verbreiteten sich, als später arabische Invasoren und Händler über das Land kamen. In dem Jahrhundert nach Mohammeds Tod im Jahre 632 n. Chr. dehnte sich das arabische Reich aus, bis es sich von Spanien im Westen bis nach Indien im Osten erstreckte. Opium wurde so im 8. Jahrhundert in Persien, Indien und im heutigen Malaysia eingeführt, sowie im Mittelalter in China. Bald wurde es in all diesen Ländern angebaut; zunächst wandte man es als Schlaftrunk und zur Behandlung von Durchfall an.

Seine Anwendung als Schmerzmittel wurde von Paracelsus im sechzehnten Jahrhundert populär gemacht, als er verschiedene Opiumzubereitungen unter dem Namen »Laudanum« (vom lateinischen *laudare* = loben) einführte. Thomas Sydenham (berühmt für seine Extrakte aus der Chinarinde, wie z. B. Chinin) wird die Einführung von Opium in Britannien zugeschrieben, aber es war sein Schüler, Thomas Dover, der das hochgeschätzte Doversche Pulver erfand. Dover war eine interessante Persönlichkeit, ein ehemaliger Pirat und der Retter von Alexander Selkirk (Defoes Vorbild für Robinson Crusoe), der dann Medizin studierte. Sein Pulver enthielt Opium, Lakritze, Salpeter und Ipecacuanha. Letztere Zutat wirkte sehr zuverlässig als Brechmittel, wenn die vorgeschriebene Dosierung überschritten wurde. Ein weiteres beliebtes Heilmittel war Godfreys Stärkungsmittel, welches Opium, Melasse und Sassafras enthielt; es wurde häufig als Zahnungshilfe, gegen rheumatische Schmerzen und gegen Durchfall verwendet.

Bis ins frühe siebzehnte Jahrhundert hinein hatten die Chinesen Opium hauptsächlich als Zutat in Kuchen für besondere Anlässe und als Arzneimittel angewandt; es war erst das Aufkommen des Tabaks, welches das plötzliche Interesse am Opiumrauchen herbeiführte. Nach seiner Entdeckung im fünfzehnten Jahrhundert wurde Tabakrauchen unter den Seeleuten sehr beliebt, und sie führten diese Gewohnheit in China, Indien, Japan und Siam (Thailand) ein. In China breitete sich das Tabakrauchen so sehr aus, daß der Herrscher Tsung Chen den Gebrauch von Tabak im Jahre

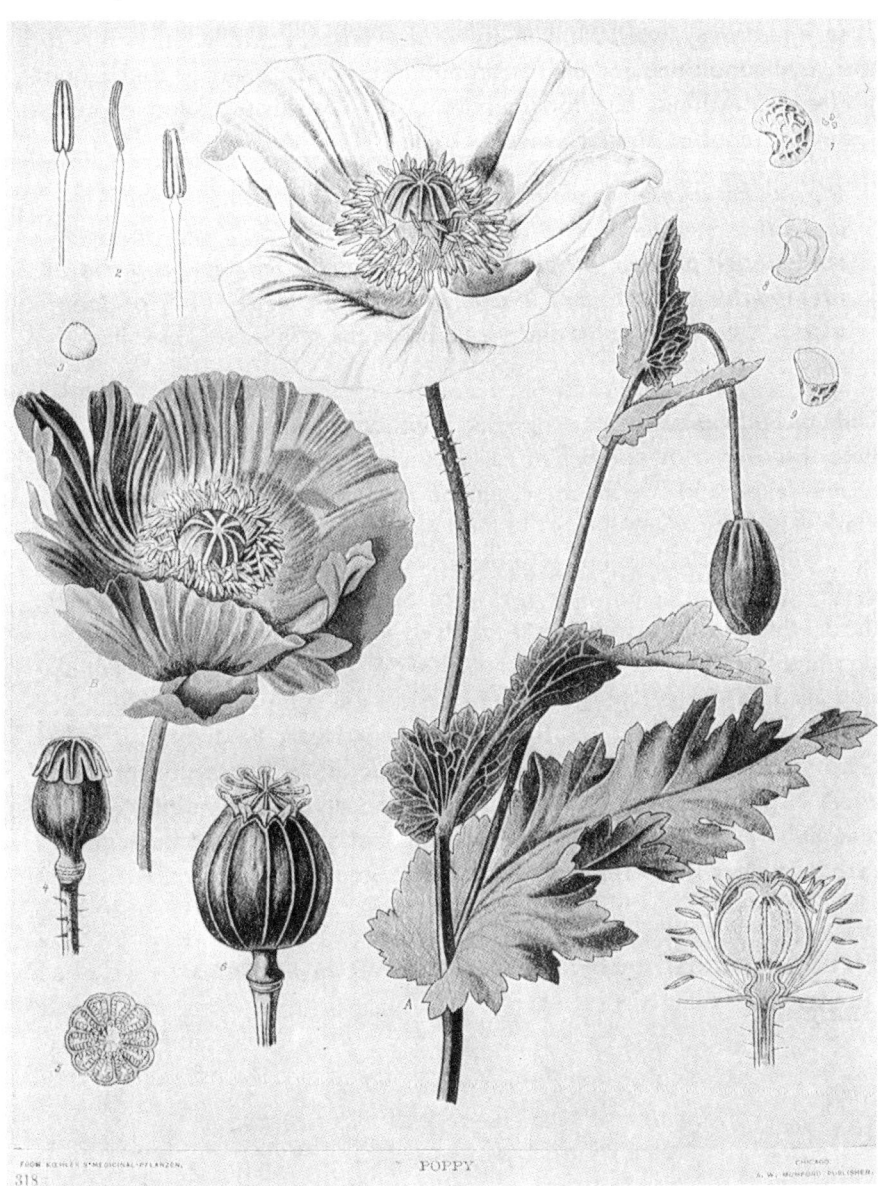

Abb. 46   *Papaver somniferum,* der Schlafmohn.

1644 verbot, mit dem Ergebnis, daß sich die Bevölkerung stattdessen dem Opium zuwandte. Am Ende des Jahrhunderts nahm ein Viertel der Bevölkerung diese Droge. Die chinesische Opiumernte reichte nicht aus, um die große Nachfrage zu befriedigen, und die Ostindische Kompanie begann einen lukrativen Handel, der diesen Bedarf zu decken suchte. Um das Jahr 1830 lieferte die Gesellschaft Opium im Wert von 1 000 000 Pfund pro Jahr, was etwa einem Sechstel ihrer gesamten Jahreseinkünfte in Indien entsprach. Der größte Teil dieses Opiums wurde von britischen und amerikanischen Händlern über den Hafen von Canton nach China geschmuggelt. Schließlich unternahmen die chinesischen Behörden im Jahre 1839 Schritte, um diese Flut von illegalem Opium einzudämmen.

Die chinesische Regierung ernannte einen Beauftragten mit dem Namen Lin Tse-Hsu, der sich dieser Aufgabe annehmen sollte, und dem es nach mehreren Fehlversuchen gelang, im Jahre 1839 1000 Tonnen Opium zu beschlagnahmen und zu vernichten. Es folgte ein kleiner Aufruhr, worauf er den Hafen von Canton für die Briten schloß, um eine weitere Einfuhr zu verhindern. Die Stimmung war gereizt, Schüsse fielen, und der erste Opiumkrieg begann im November 1839. Er dauerte bis zum Jahre 1842, und in dieser Zeit eroberte oder blockierte eine Streitmacht von 10 000 britischen

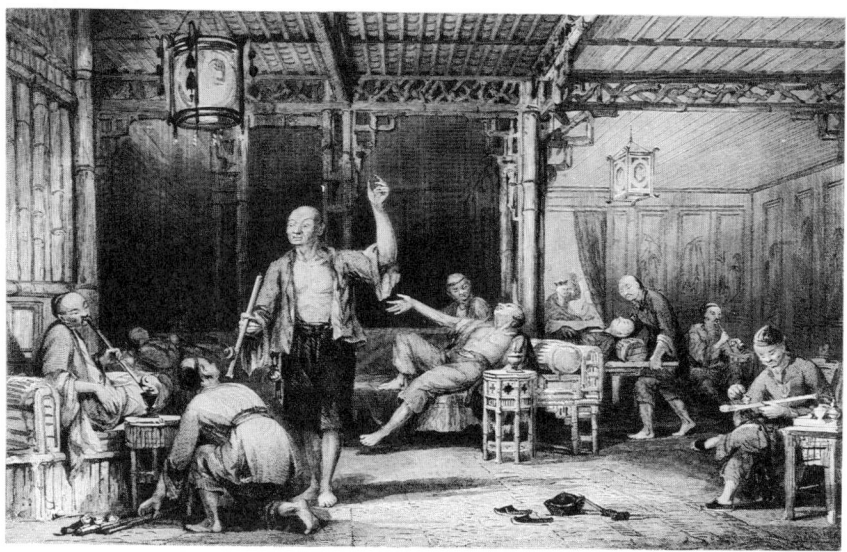

Abb. 47   Eine chinesische Opiumhöhle des 19. Jahrhunderts.

Soldaten und Seeleuten mehrere Häfen. Schließlich mußten die Chinesen kapitulieren. Auf der darauffolgenden Friedenskonferenz von Nanking, traten die Chinesen Hong Kong für alle Zeit an die Briten ab (obgleich es ihnen jetzt im Jahre 1997 zurückgegeben werden soll), und sie wurden dazu gezwungen, weitergehende Handelsrechte einzuräumen und Reparationszahlungen in Höhe von 21 Millionen Pfund zu leisten. Der Import von Opium wurde – in noch größerem Umfang – wieder aufgenommen.

In den nachfolgenden Jahren wurde von Zeit zu Zeit in Frage gestellt, ob diese Art von Handel moralisch vertretbar sei. Im Jahre 1893 wurde ein Antrag im britischen Parlament, der »Opiumhandel sei moralisch unhaltbar«, von einer großen Mehrheit zu Fall gebracht; eine königliche Kommission erstellte einen sehr langen Bericht, aber es wurde nichts unternommen. Zumindest ein Teil des Problems bestand in dem hohen Maß an Unwissenheit und in den bestehenden Vorurteilen, wie durch die folgende Stellungnahme eines Berichtes mit dem Titel »The Opium Question Solved« (Die Opiumfrage ist gelöst) aus dem Jahre 1882 deutlich wird: »Wenn das indische Opium sofort gestoppt würde, wäre das in der Tat eine fürchterliche Katastrophe. Ich würde sagen, daß ein Drittel der erwachsenen Bevölkerung (Chinas) an ihrem Verlangen nach Opium sterben würden.« Schließlich beschlossen die Briten im Jahre 1908, die Exporte von indischem Opium nach China zu reduzieren. Aber erst als chinesische Einwanderer den Opiumkonsum in den USA, in Australien und Südamerika einführten, sahen die verschiedenen Regierungen schließlich ein, daß etwas unternommen werden mußte, um den Gebrauch des Narkotikums zu drosseln.

Die Internationale Opium-Kommission wurde im Jahre 1909 eingesetzt, und bis zum Jahre 1914 hatten vierunddreißig Nationen zugestimmt, die Produktion und den Import von Opium zu drosseln. Dann kam der 1. Weltkrieg dazwischen, und beim nächsten Treffen der Kommission im Jahre 1924 war die Zahl der Länder, die einer irgendwie gearteten Form der Kontrolle zugestimmt hatten, auf zweiundsechzig gestiegen. Schließlich übernahm der neu geschaffene Völkerbund die Aufgabe, Opium und andere Narkotika zu kontrollieren, und er erklärte unter anderem, daß alle Unterzeichnerstaaten »wirkungsvolle Gesetze oder Regeln [erlassen sollten], um Herstellung, Import, Verkauf, Verbreitung, Export und Anwendung aller narkotisierend wirkenden Drogen ausschließlich auf medizinische und wissenschaftliche Zwecke zu begrenzen«. Das waren großartige Ziele, aber die armen Bauern in Indien, Pakistan, Afghanistan, in der Türkei, im Iran und dem sogenannten »Goldenen Dreieck«, wo die Grenzen von Burma, Thailand und Laos zusammenlaufen, waren wenig beeindruckt von solch vornehmen Gefühlen. Für sie lohnte sich die Produktion von verbotenem Opium weitaus mehr als die bäuerliche Subsistenzwirtschaft. Der unerlaubte Handel blühte immer weiter, und er tut es auch heute noch.

Einer der Gründe für die Beliebtheit von Opium (und neuerdings auch von Heroin), kam daher, daß es mit Künstlern in Verbindung gebracht wurde. Schriftsteller wie Thomas de Quincey, Edgar Allan Poe und Samuel Taylor Coleridge müssen wenigstens einen Teil der Verantwortung für die Verbreitung des Opiatkonsums in Europa und Amerika auf sich nehmen. Von de Quincey wird erzählt, daß er Laudanum erstmals im Jahre 1804 ausprobierte, um Zahnschmerzen und rheumatische Beschwerden zu lindern. Seine Begeisterung für die Droge kannte keine Grenzen:

> *»Daß meine Schmerzen verschwunden waren, war nun in meinen Augen nur noch eine Bagatelle; dieser negative Effekt verlor sich in der Großartigkeit der positiven Wirkungen, die sich mir in dem Abgrund des göttlichen Vergnügens, das sich plötzlich enthüllte, eröffnet hatten.«*

Später beschrieb er seine Liebe zu Opium in poetischeren Worten:

> *»Oh, du reines, feines und alles übertreffendes Opium! ... oh du reines und gerechtes Opium!, daß vor das Gericht der Träume – um des Triumphes verzweifelter Unschuld willen – du falsche Zeugen laden ... und ›aus der Anarchie des Traumschlafs‹ die Gesichter von lange begrabenen Schönheiten ans Sonnenlicht rufen mögest ... und du hast die Schlüssel zum Paradies, oh, du reines, feines und mächtiges Opium!«*

Die Erinnerungen an seine Opiumjahre wurden daraufhin im Jahre 1821 in seinem berühmtesten Werk mit dem Titel »Confessions of an English Opium Eater« (deutscher Titel: Bekenntnisse eines englischen Opiumessers) veröffentlicht.

Es ist sicher, daß Coleridge die »Freuden des Opiums« kannte; in der Phase seiner größten Kreativität verbrauchte er ungefähr vier Pints (1 Pint entspricht ca. 0,57 l) Laudanum pro Woche. Wenn man »The Rime of the Ancient Mariner« (Die Ballade vom alten Seemann) liest, kann man sich leicht vorstellen, daß Opium eine gewisse Rolle bei der Entstehung dieses ungewöhnlichen Gedichts spielte.

> *Schleimiges Zeug mit Beinen kroch / auf dem schleimigen Meer. Und überall um uns herum tanzten in wildem Durcheinander / die Todesfeuer zur Nacht; / das Wasser brannte, wie Hexenöl, / grün und blau und weiß.*

Die chemische Erforschung von Opium begann im neunzehnten Jahrhundert. Im Jahre 1804 isolierte Armand Séquin zum ersten Mal seinen Hauptbestandteil, den er nach dem griechischen Gott der Träume »Morphin« nannte. Ein Jahr später isolierte auch Wilhelm Serturner, der Apotheker war, Morphin und wies seine betäubende Wirkung an einem Hund nach.

Obgleich er seine Ergebnisse veröffentlichte, wurden sie nicht beachtet, bis im Jahre 1817 eine weitere Publikation in den anerkannten »Annales de Chimie« erschien. Diese Veröffentlichung berichtete von seinen Erfahrungen nach einer Überdosierung mit 100 mg Morphin.

Mit der Erfindung der Subkutan-Spritze im Jahre 1853 waren Möglichkeiten zur wirksamen Schmerzlinderung verfügbar, und die Anwendung von Morphin zu diesem Zweck war im Amerikanischen Bürgerkrieg und im Krieg zwischen Frankreich und Preußen weit verbreitet. Im Jahre 1874 stellte Alder Wright von der St. Mary's Hospital Medical School ein Analogon von Morphin her, das Diacetylmorphin (Diamorphin), und dieses wurde von der deutschen Firma Bayer im Jahre 1898 auf den Markt gebracht. Als »heroischer« Arzneistoff wurde es begeistert aufgenommen – daher der Name »Heroin« –, und es fand breite Anwendung, vor allem in Hustenmitteln. Sein hohes Suchtpotential wurde erst später erkannt, zu einer Zeit, als es bereits weltweite Popularität erlangt hatte, und die Regierungen mußten rasch neue Gesetze erlassen, um die Anwendung von gefährlichen Arzneimitteln zu regeln.

Zur chemischen Struktur von Morphin wurde zum ersten Mal im Jahre 1923 ein Vorschlag gemacht, und zwar von John Gulland und Robert Robinson, aber die chemische Synthese gelang erst im Jahre 1952 durch Gates und Tschudi, die Röntgenstrukturanalyse erst 1968 – 164 Jahre nach der ursprünglichen Isolierung durch Séquin. Im Lauf der Jahre synthetisierte die pharmazeutische Industrie zahlreiche Strukturanaloge von Morphin, und zwar in dem Bemühen, ein wirksames Analgetikum herzustellen, dem das Suchtpotential von Morphin und Heroin fehlt. In den Anfangsjahren mußten diese Forschungsarbeiten durchgeführt werden, ohne daß man irgendetwas über die Wirkungsweise von Morphin wußte, und die meisten Analoge hatten eine einfachere chemische Struktur, wie z. B. Levorphanol, Dextrometorphan und Pethidin (Dolantin®). Letzterer Arzneistoff hat sich als besonders wirksam zur Linderung von Schmerzen unter der Geburt erwiesen, und ein zusätzlicher Vorteil besteht darin, daß es bei dem Neugeborenen nicht wie bei Morphin zu einer Atemdepression kommt. Ein Vergleich der chemischen Strukturen von Pethidin und Morphin wird in Abb. 48 gezeigt.

Die Wirkungsweise der Opiate ist immer noch nicht vollständig bekannt, aber es ist heute zumindest möglich, jene Stellen zu identifizieren, an denen sie ihre betäubenden und beflügelnden Wirkungen ausüben. Morphin und die anderen Opiate binden an Rezeptoren im Gehirn und an anderen Stellen im Körper. Die Identifizierung dieser Opiatrezeptoren wurde durch die Anwendung von zwei Arten von Opiatanalogen erleichtert: die synthetischen Opiatantagonisten, wie Naloxon, und Opiate, die mit Tritium markiert sind, einem radioaktiven Isotop des Wasserstoffs.

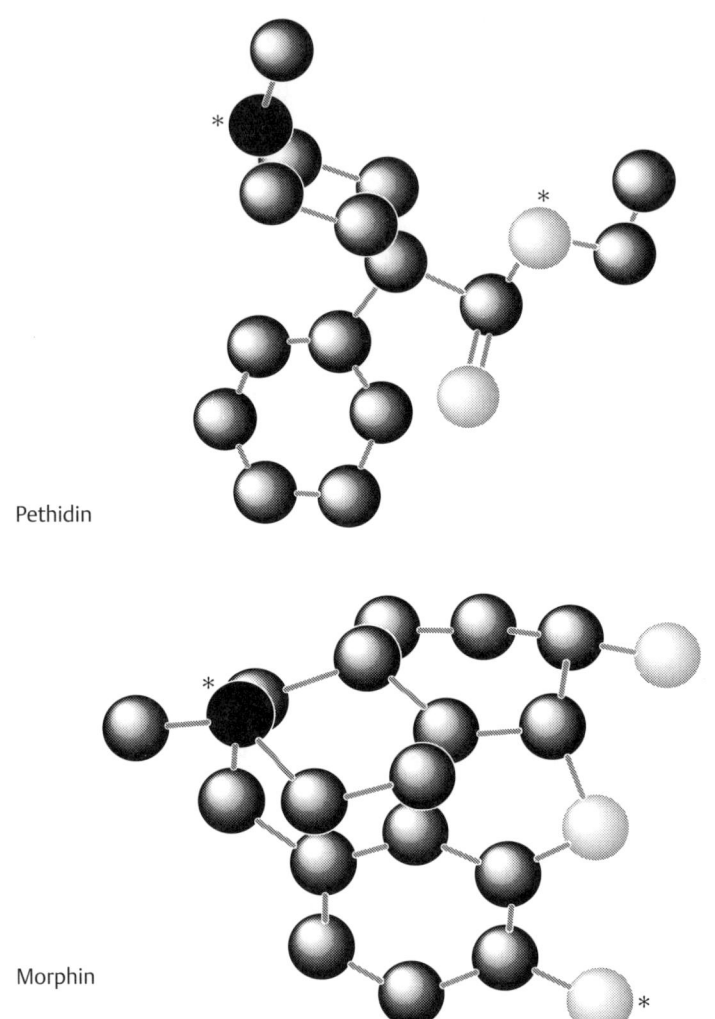

Pethidin

Morphin

Abb. 48   Vergleich der Strukturen von Pethidin und Morphin. Pethidin kann seine Konformation ändern; mit den Opiatrezeptoren interagiert es vermutlich über das mar-
kierte Stickstoff- bzw. Sauerstoffatom.

Die Opiatantagonisten waren Ergebnis eines Programmes, das die Entwicklung neuer Opiate zum Ziel hatte, denen das Suchtpotential fehlt, unter gleichzeitiger Beibehaltung der analgetischen Wirksamkeit. Sie heben die Wirksamkeit von Morphin und Heroin auf (Antagonismus), indem sie diese von ihren Rezeptoren verdrängen, aber wenn sie sich gebunden haben, entfalten sie nicht die typischen euphorisierenden Wirkungen. So wirkt Naloxon, wenn man es verabreicht, um die Wirkungen einer Heroinüberdosierung aufzuheben.

Die Tritiumanaloge verfügen über ein oder mehrere Tritiumatome anstelle der Wasserstoffatome. Diese Atome sind radioaktiv, und die Moleküle geben somit β-Teilchen ab, deren Anzahl gemessen werden kann. Indem sie diese zwei Arten von Analogen anwandten, konnten Pert und Snyder im Jahre 1973 zeigen, daß Morphin, Naloxon und andere Opiate tatsächlich an zwei verschiedene Rezeptoren binden, nämlich im Gehirn und im Gastrointestinaltrakt. Die tatsächliche Lokalisierung der Rezeptoren war schwieriger zu bestimmen, aber sie gelang Pert, Snyder und Kuhar – alle drei Angehörige der John Hopkins University Medical School in Baltimore – schließlich im Jahr 1973. Sie fanden die höchste Rezeptorkonzentration in jenen Gehirnarealen, von denen man weiß, daß sie an der Schmerzwahrneh-

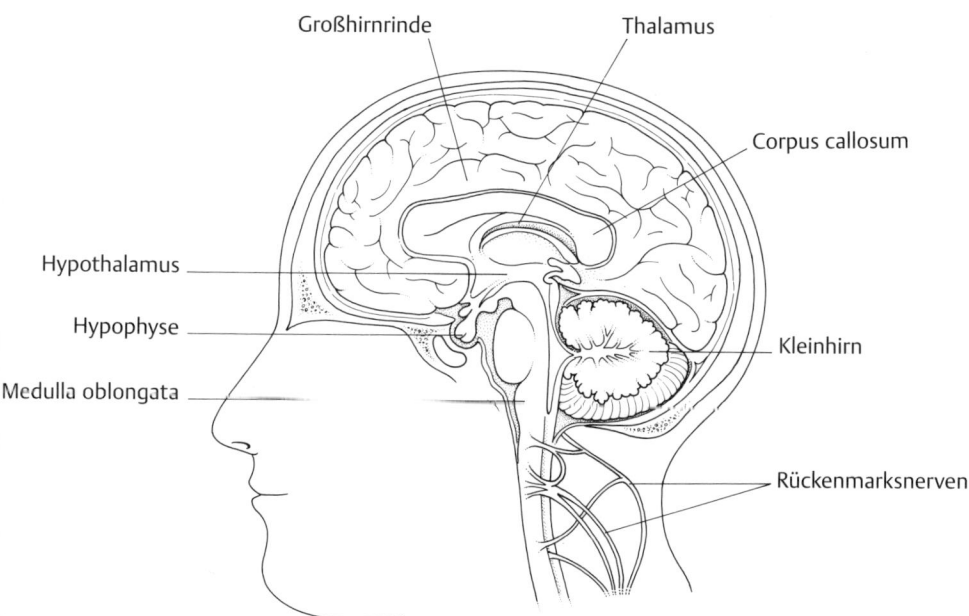

Abb. 49   Das menschliche Gehirn.

mung beteiligt sind, nämlich in der Substantia gelatinosa und im Thalamus (Abb. 49). Zusätzlich gab es eine dichte Anhäufung der Rezeptoren in einem Gebiet nahe der Großhirnrinde, das als limbisches System bekannt ist. Dies war deswegen von besonderem Interesse, weil Zellen dieses Gebietes an der Kontrolle von Affekt- und Triebverhalten beteiligt sind. Das limbische System steht auch mit dem Hypothalamus in Verbindung, der, wie wir gesehen haben, eine wesentliche Rolle bei der Kontrolle der Hormonfreisetzung spielt; dies erklärt, wie Opiate einen weitreichenden Einfluß auf die Stimmung haben könnten. Andere, periphere Rezeptoren (wie z. B. im Darm) stehen offensichtlich im Zusammenhang mit der beruhigenden Wirkung von Morphin auf den Magen-Darm-Trakt.

Der Mechanismus, der zur Abhängigkeit führt, ist weniger klar, aber er ist nicht einfach auf die Veränderungen in der Zahl der Rezeptoren, oder auf Veränderungen ihrer biochemischen Eigenschaften zurückzuführen. Einzig gesichert ist, daß gewohnheitsmäßige Anwender von Opiaten steigende Mengen der Drogen benötigen, um ihr heftiges Verlangen zu befriedigen und daß sie an ernsten Entzugssymptomen leiden, wenn ihnen die Droge vorenthalten wird. Coleridges Gedicht »Dejection« (Trübsinn) könnte ohne weiteres geschrieben worden sein, als er unter einem solchen Entzug litt. Die eindringlichsten Zeilen sind möglicherweise folgende:

> *Fort, Schlangengedanken, die ihr meinen Geist umschlingt, / düsterer Traum der Wirklichkeit! / Ich wende mich von euch ab und lausche dem Wind, / der lange schon unbemerkt getobt hat. Welch einen Schrei / der Qual, durch Marter lang hingezogen, / gab jene Harfe von sich!*

Nach allem, was man über die Rezeptoren wußte, stellte sich eine fundamentale Frage: Warum hat das Gehirn Rezeptoren für ein pflanzliches Alkaloid? Die einleuchtende Erklärung war die, daß das Gehirn (eine) eigene, endogene opiatähnliche Substanz(en) produziert, und mehrere wissenschaftliche Gruppen begannen, nach diesen hypothetischen Substanzen zu suchen. Die ersten, die deren Existenz überzeugend zeigen konnten, waren im Jahre 1975 Hughes und Kosterlitz von der Universität Aberdeen. Sie isolierten zwei Pentapeptide (fünf Aminosäuren, die in einer definierten Reihenfolge miteinander verknüpft sind), die sich an den Opiatrezeptor banden und eine analgetische Wirkung hervorriefen. Sie tauften diese Substanzen »Enkephaline« (nach dem griechischen *kephale* = Kopf), obgleich der bevorzugte amerikanische Name »Endorphine» war. Dieser Name schließt heutzutage die Enkephaline und andere, erst neuerdings entdeckte Peptide mit Opiatwirkung ein. Ein Vergleich der Struktur eines Enkephalins mit der Struktur von Morphin ist in Abb. 50 gezeigt.

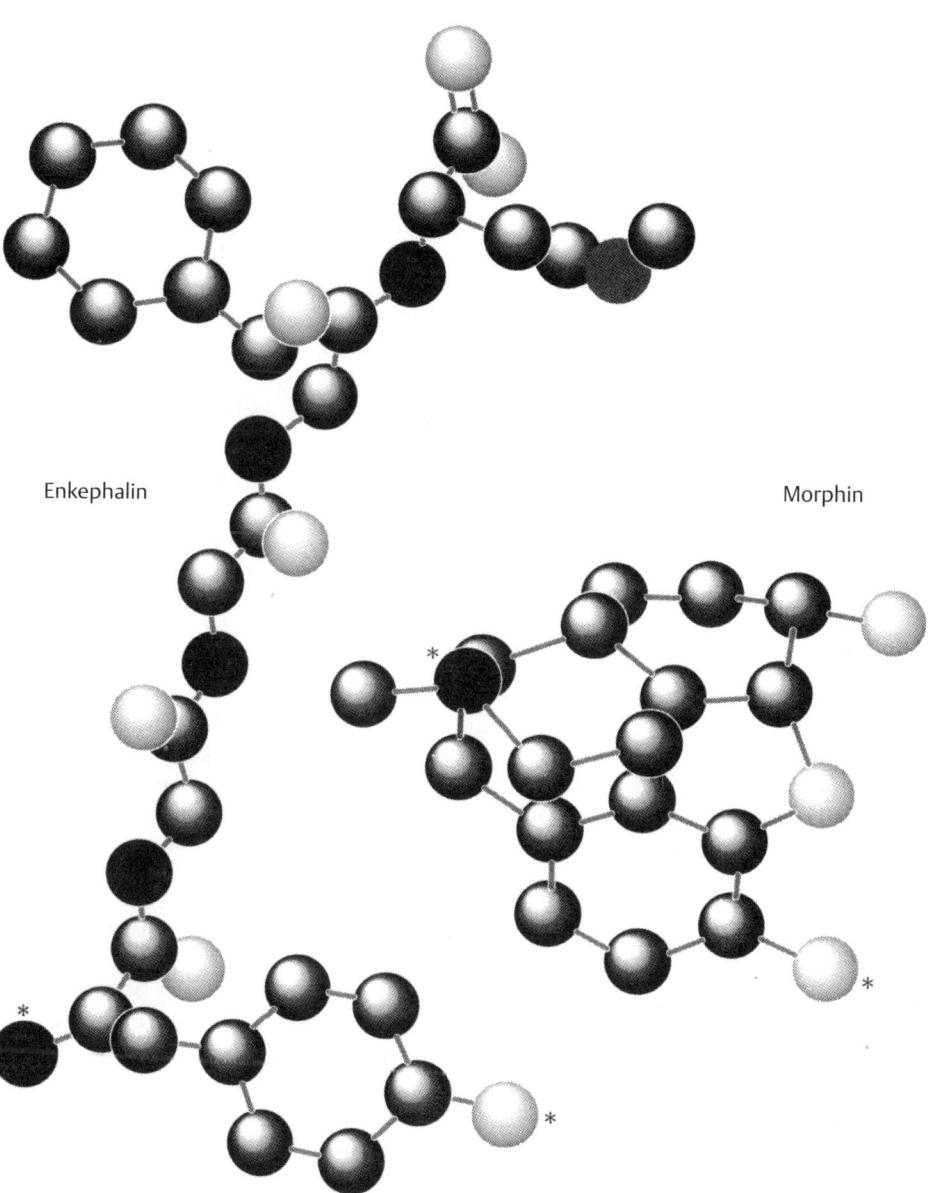

Enkephalin

Morphin

Abb. 50 Vergleich der Strukturen eines Enkephalins und Morphin. Wahrscheinlich interagieren die beiden Moleküle mit den Opiat-Rezeptoren über die gekennzeichneten Atome.

In der Folgezeit zeigte sich, daß die Enkephaline echte Neurotransmitter sind, die sich an Opiat-Rezeptoren der dopaminergen und cholinergen Zentren sowohl im Gehirn als auch im Darm binden. Die Situation wurde jedoch noch komplexer, als man entdeckte, daß es mindestens drei Arten von Opiat-Rezeptoren gibt, die sogenannten μ-, κ- und δ-Rezeptoren. Der μ-Rezeptor ist die Hauptbindestelle von Morphin; der Rezeptor scheint für Schmerzstillung (Analgesie), Euphorie, Sucht und Atemdepression verantwortlich zu sein. Der κ-Rezeptor vermittelt Analgesie und Sedierung, während der δ-Rezeptor die Hauptbindungsstelle für die Enkephaline darstellt und vermutlich für deren analgetische Wirkung verantwortlich ist, obgleich er vermutlich auch psychotrope Effekte vermittelt. Am μ-Rezeptor führt die Bindung eines Agonisten zu einer Öffnung der Kaliumionen-Kanäle an den Neuronen, mit nachfolgender Hyperpolarisierung und einer Hemmung der Übertragung von Nervenimpulsen. Die Bindung eines Agonisten an den δ-Rezeptor bewirkt eine Hemmung der Adenylat-Zyklase, mit einer nachfolgenden Verminderung der Produktion des »second messenger« (zweiter Botenstoff) cAMP (zyklisches Adenosinmonophosphat). Schließlich führt die Bindung eines Agonisten am κ-Rezeptor dazu, daß sich die Kalziumkanäle schließen, mit dem Ergebnis, daß die Konzentration an Kalzium-Ionen in der Zelle abnimmt. Alle diese Vorgänge (zusammengefaßt in Abb. 51) verringern entweder die Frequenz der ›Feuerungsrate‹ der Nervenzellen oder sie beschleunigen die Veränderungen biochemischer Vorgänge in der Zelle, welche die Synthese von Neurotransmittern hemmen. Im Gehirn führen diese Vorgänge zu einer Verminderung der Schmerzempfindlichkeit und deshalb sind opiatähnliche Arzneistoffe (Opioide) als Analgetika so wertvoll. Die eigentlichen Opioide führen auch zu Euphorie und Sedierung und ihre gefährlichste Nebenwirkung ist, abgesehen von ihrem Suchtpotential, eine Depression des Atemzentrums im Gehirn.

Nachdem man mehr über die Rezeptortypen und ihre Lokalisation wußte, konnte man neue Opiate mit spezifischer biologischer Wirksamkeit entwickeln. So hat beispielsweise Buprenorphin eine sehr hohe Affinität zu allen drei Rezeptortypen; es scheint jedoch am κ- und δ-Rezeptor als Agonist zu wirken, während es am μ-Rezeptor eine ausgeprägte antagonistische Wirkung besitzt. Diese Eigenschaft macht Buprenorphin zu einem wirksamen Analgetikum ohne wesentliches Suchtpotential. Eine weitere interessante Entwicklung ist ein neuartiges Molekül, das aus zwei Opiaten besteht und von Porthogese und Mitarbeitern entworfen wurde. Dieses Molekül beinhaltet zwei opiatähnliche Strukturen, die so verbunden sind, daß sie mit zwei benachbarten Rezeptoren gleichzeitig interagieren können. Dies sollte die Produktion von Molekülen ermöglichen, die einen Antagonisten an der μ-Bindungsstelle und einen Agonisten an der κ-Bindungsstelle anbringen – wiederum mit dem Ergebnis einer analgetischen Wirkung ohne Suchtpotential.

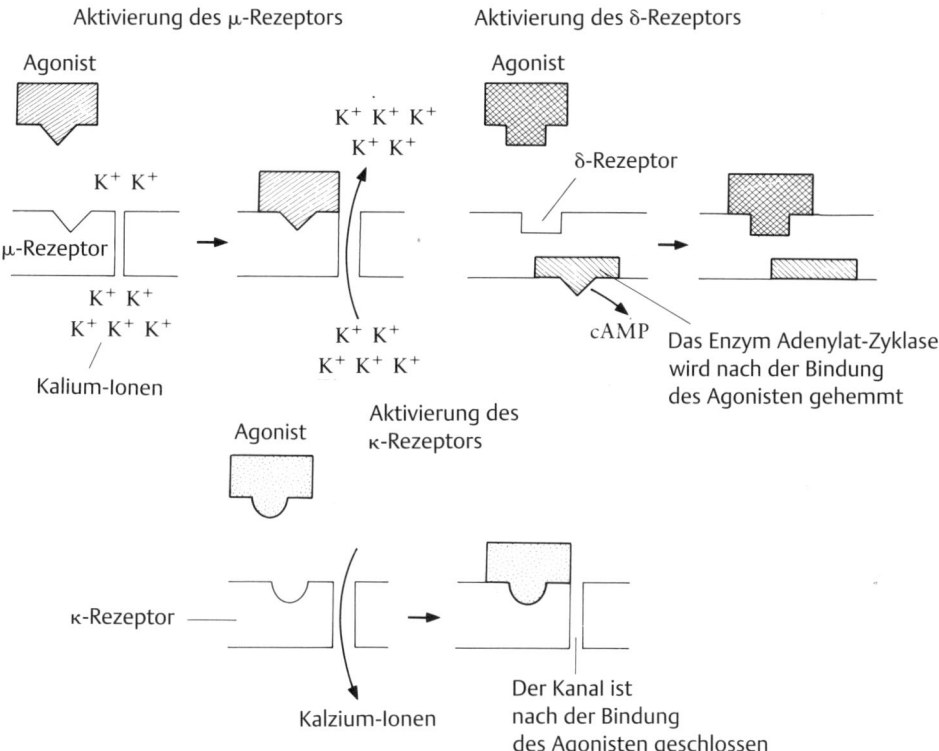

Abb. 51   Die Opiat-Rezeptoren.

Gerard faßte die beiden extremen Wirkungen von Opium sehr prägnant zusammen: »... sowohl inwendig eingenommen, als auch äußerlich auf den Kopf aufgetragen, ruft es Schlaf hervor. Wenn Opium in zu großer Menge eingenommen wird, führt es auch den Tod herbei.« Die moderne Pharmazie verdankt dieser pflanzlichen Droge eine Menge, aber es ist nicht mehr länger nötig, daß man neben seinen positiven auch seine negativen Eigenschaften hinnimmt. Es ist sicher realistisch anzunehmen, daß es in absehbarer Zukunft am Reißbrett entworfene Analgetika ohne Suchtpotential geben wird.

In der »Szene« wurde ebenfalls eine Art von Drogen-Design verfolgt – oft mit vernichtenden Ergebnissen. So wie die Synthese von Heroin, welche ein Milliarden-Geschäft ist, und die von Ecstasy haben zwei andere Designer-Drogen zweifelhafte Berühmtheit erlangt. Eine von ihnen, näm-

lich Phencyclidin (PCP), wurde ursprünglich als ein klinisch nützliches, allgemeines Anästhetikum in den 50er Jahren eingeführt. Eine Reihe von Patienten waren jedoch eine Zeitlang desorientiert, wenn sie aus der Anästhe-
sie erwachten, und viele schienen eine Art von Schizophrenie zu erleben.
Die Droge wurde in den 70er Jahren »wiederentdeckt«, und ihre Szenena-
men »Angel Dust« (Engelsstaub) und »DOA« (dead on arrival – tot bei An-
kunft) lassen auf seine Wirkungen und die möglichen Folgen nach der Einnahme schließen. In maßvoller Dosierung ruft die Droge Halluzinationen
hervor; wenn sie jedoch in einer Überdosis eingenommen wird, kommt es oft
zu akuter Schizophrenie und zum Koma. Es wurde vermutet, daß sie ihre
Wirkung dadurch ausübt, daß sie sich an einen vierten Opiat-Rezeptortyp
(σ) bindet; sie vermindert allerdings auch die Ausschüttung des Neurotransmitters Glutaminsäure im Gehirn.

Die andere Designer-Droge hat sogar noch heimtückischere Wirkungen. Sie wurde in den frühen 80er Jahren in Nord-Kalifornien verkauft
und war bekannt unter dem Namen MPTP (1-Methyl-4-Phenyl-4-(1,2,3,6)-
Tetrahydropyridin), oder »synthetisches Heroin«. Sie rief bei intravenöser
Anwendung alarmierende Symptome hervor. Dazu zählten nicht nur Halluzinationen, sondern auch fast vollständige Unbeweglichkeit und die Unfä-
higkeit, verständlich zu reden. Diese Symptome ähnelten weitgehend jenen, die sich bei Patienten mit fortgeschrittener Parkinson-Krankheit zeigen. Wahrscheinlich litten die Drogenkonsumenten an einer Zerstörung
von Zellen in jenen Bereichen des Gehirns (Substantia nigra), die bekannter-
maßen bei der Parkinson-Krankheit am meisten in Mitleidenschaft gezogen sind. Es ist deshalb von Interesse, die Wirkungsweise von MTPT zu verstehen, weil man dadurch mehr über diese Erkrankung erfahren kann.

Während die Schmerzbehandlung inzwischen fast ganz auf der Anwendung wissenschaftlicher Erkenntnisse beruht, tastet man sich bei der
Behandlung psychischer Erkrankungen noch behutsam vorwärts. Das wird
verständlich, wenn man davon ausgeht, daß die Ursachen solcher Erkrankungen noch weitgehend unbekannt sind. Die meisten Behandlungen beruhen noch immer auf der Anwendung von Tranquilizern, und ein natürlicher
pflanzlicher Wirkstoff, nämlich Reserpin, hat sich als besonders wertvoll erwiesen, und zwar sowohl für die Therapie neurologischer Erkrankungen
wie auch als Hilfsmittel zu deren Verständnis. Der Wirkstoff wird aus der
Wurzel von *Rauwolfia serpentina* gewonnen, die auf dem indischen Subkon-
tinent beheimatet ist. Diese Pflanze ist jahrhundertelang dazu verwendet
worden, eine ganze Reihe von Leiden zu behandeln. Die Pflanze wurde erstmals von dem deutschen Botaniker Leonhard Rauwolf – daher der Name –
nach Europa gebracht. Der Extrakt diente im volkstümlichen Gebrauch in
erster Linie dazu, Zustände innerer Einkehr und Meditation zu erlangen,

und indische Heilige, einschließlich Mahatma Ghandi, nahmen den Wirkstoff regelmäßig zu sich.

Im Jahre 1952 isolierte Emil Schlitter Reserpin und wies seine Wirkung als Tranquilizer nach. In der klinischen Anwendung zeigte Reserpin eine ausgeprägte blutdrucksenkende Wirkung, und schließlich wurde diese Eigenschaft viel höher bewertet als seine Eigenschaft als Tranquilizer. Als jedoch Millionen von Patienten mit Bluthochdruck den Wirkstoff einnahmen, zeigten sich bei einer großen Zahl von ihnen Symptome von Depression. Diese waren so ernst, daß es zu einer ganzen Reihe von Selbstmorden kam. Ungefähr zur selben Zeit wurde es möglich, im Gehirn die Konzentration von Aminen zu bestimmen, und es konnte gezeigt werden, daß Reserpin zu einem Mangel der Amine Serotonin, Dopamin und Noradrenalin im Gehirn führt. Das wurde durch die Hemmung der Wiederaufnahme der Amine in jenen Neuronen verhindert, die die Amine normalerweise freisetzen.

Dieses Charakteristikum der Reserpin-Wirkung wurde eine Zeitlang in der Behandlung der Schizophrenie (nach dem griechischen *skhizo* = spalten und *phren* = Geist) genutzt, einer Krankheit, bei der es zwischen Denken und Handeln nur eine geringe Verbindung gibt. Die Betroffenen sind gewöhnlich in sich gekehrt und leiden an seltsamen Wahnvorstellungen. Man nimmt an, daß erhöhte Konzentrationen an Dopamin eine Hauptursache für diesen Zustand sind. Eine Nebenwirkung von Reserpin war ein Zustand, der der Parkinson-Krankheit ähnelt; die Patienten litten an Zittern, Muskelsteife und Schwäche. Das war von großer historischer Bedeutung, denn es nahm die Beobachtung vorweg, daß die Dopaminspeicher bei Personen, die an der Parkinson-Krankheit litten, stark entleert waren. Vor dem Jahre 1957 hatte man Dopamin für eine reine Vorstufe von Noradrenalin und Adrenalin gehalten, aber diese Erkenntnisse legten nahe, daß es eine eigenständige Rolle als Neurotransmitter haben mußte. Dies führte im Jahre 1967 zu der Einführung von L-Dopa (L-Dihydroxyphenylalanin) als wirksames Arzneimittel zur Behandlung der Parkinson-Krankheit. Dopamin selber kann nicht verabreicht werden, da es die Blut-Hirn-Schranke nicht passieren kann. Bei der Blut-Hirn-Schranke handelt es sich um eine Art Membran, die geladene Moleküle (solche die eine ionische Ladung tragen) vom Gehirn fernhält. Jene Arzneistoffe, die Zugang finden, erlangen diesen gewöhnlich durch Diffusion von einem wäßrigen Medium (Blut) in ein anderes wäßriges Medium (Liquor). L-Dopa kann diese Barriere überschreiten, und da es die unmittelbare Vorstufe von Dopamin ist, stellt es eine Möglichkeit zur Steigerung der lokalen Konzentration an Dopamin dar.

Eine andere Form von Hirnfunktionsstörungen im Alter, die immer bekannter wird, ist die Alzheimer-Krankheit. Sie scheint mit einem

Mangel an Acetylcholin im Zentralnervensystem in Zusammenhang zu stehen. Diese Konzentrationen können bis auf 30 Prozent des Normalwertes abfallen, und gegenwärtig steht noch kein einfaches Molekül (wie L-Dopa) als Vorstufe zur Verfügung, das man den Patienten verabreichen könnte. Die Behandlung dieser Krankheit verspricht eine der Herausforderungen des einundzwanzigsten Jahrhunderts zu werden, denn dann werden ungefähr 20 Prozent der Bevölkerung über 65 Jahre alt sein.

Migräne ist ein weiteres Leiden, das die Menschheit seit Menschengedenken quält, und auch dieses Leiden mag einer Behandlung mit natürlichen Arzneistoffen zugänglich sein. Die frühen Kloster-Apotheken benutzten Mutterkraut (*Tanacetum parthenium*) zur Behandlung sowohl der Migräne als auch der Arthritis, und Gerard liefert wie üblich eine beinahe poetische Beschreibung seiner Anwendung: »Es ist sehr gut für jene, die schwindlig im Kopf sind, oder die den Schwindel haben, den man Vertigo nennt, das heißt ein Schwimmen und Drehen im Kopf.«

Bis vor kurzem gab es keinen echten Beweis dafür, daß die Extrakte der Pflanze wirksam waren. Im Jahre 1985 lieferte jedoch eine Untersuchung an der Londoner Migräneklinik einen Hinweis darauf, daß Mutterkraut eine prophylaktische Wirkung besitzt, obgleich die Befunde dadurch erschwert wurden, daß die Zusammensetzung der Pflanzen uneinheitlich war. Als wichtigste wirksame Bestandteile werden Parthenolide und verwandte Strukturen genannt, und von diesen weiß man, daß sie in ihrer Zusammensetzung von Pflanze zu Pflanze und in Abhängigkeit von der Jahreszeit variieren.

Zu der mutmaßlichen Wirkungsweise dieser Verbindung gehört auch die Hemmung der Serotoninfreisetzung aus den Blutplättchen innerhalb des Gehirns; damit könnte auch erklärt werden, warum – wie behauptet – der Extrakt bei der Behandlung von Arthritis und Psoriasis nützlich ist. Es ist sicherlich wahr, daß es während eines Migräneanfalls Veränderungen in der Durchblutung des Gehirns gibt, und andere Arzneistoffe mit klinischer Bedeutung, wie z. B. Ergotamin, sind wohl deshalb wirksam, weil sie eine Verengung der Blutgefäße bewirken. Hinsichtlich der Bedeutung von Serotonin für die Entstehung des Leidens ist unklar, ob diesem ein Mangel oder ein Überschuß an dem Neurotransmitter zugrunde liegt. Methysergid, das Derivat eines Mutterkornalkaloids, hat wirksame prophylaktische Eigenschaften und ist (in niedriger Dosierung) möglicherweise als Serotonin (5-Hydroxytryptamin)-Antagonist wirksam. Ähnlich wie Methysergid hat auch der neue Wirkstoff von Glaxo, Sumatriptan, der ein Strukturanalogon von 5-Hydroxytryptamin ist, eine serotoninähnliche Wirkung.

Der tatsächliche Wirkmechanismus aller dieser Arzneistoffe ist immer noch ungeklärt, und die Wirksamkeit und Zuverlässigkeit des Mutterkrauts sind nicht erwiesen. Es wäre ein Jammer, wenn sich seine volkstümliche Anwendung als gänzlich ohne Grundlage erweisen würde, obwohl uns dann immer noch die Behauptung Culpepers bliebe, daß ›es ein spezielles Heilmittel gegen eine zu freizügige Einnahme von Opium ist‹.

Antiasthmatisch wirksame Arzneistoffe

Ein Großteil der Kräuterkunde, die sich mit der Behandlung von Erkrankungen der Lunge und der oberen Luftwege beschäftigt, war auf Arzneimittel gegen Husten und Erkältungen ausgerichtet. Culpeper empfahl Rosmarin (*Rosmarinus officinalis*): »Die getrockneten Blätter zerkleinert und wie Tabak in einer Pfeife geraucht, helfen jenen, die an Husten, Schwindsucht oder Tuberkulose leiden.« Ein eher alkoholisches Rezept erschien in Banckes »Kräuterbuch«: »Wenn du Husten hast, dann trinke den Saft der Blätter (von Rosmarin) gekocht in weißem Wein und du wirst gesunden.«

Unglücklicherweise sind die meisten Infektionen der oberen Luftwege auf Viren zurückzuführen, so daß Husten- und Erkältungsmittel bestenfalls eine lindernde Wirkung haben. *Das* Heilmittel für die banale Erkältung entzieht sich uns immer noch, und es wird wahrscheinlich nie eine einzige Behandlungsmöglichkeit geben, da Dutzende von Virusarten an diesem Geschehen beteiligt sind. Eine umstrittene Behandlung beinhaltet die Anwendung von Vitamin C in einer Dosierung von mehreren Gramm. Dies propagierte vor allem Linus Pauling, zweifacher Gewinner des Nobelpreises (für Chemie im Jahre 1954 und für Frieden im Jahre 1963). Er ist mit seiner Überzeugung nicht allein, und wir alle kennen Menschen, die auf ihr heißes Zitronenwasser oder große Mengen an Vitamin-C-Tabletten schwören. Obgleich jedoch das Vitamin durchaus hilfreich sein mag, während man sich von einer Erkältung erholt, konnte seine vorbeugende Wirkung noch nicht nachgewiesen werden. Pflanzliche Heilmittel leisteten einen viel wirksameren Beitrag zur Behandlung von Asthma: Zwei Hauptarzneistoffe sind mehr oder weniger direkt aus der Volksmedizin hervorgegangen. Asthma wird von einer Verengung der Bronchien verursacht, damit einher gehen gewöhnlich eine Entzündung und übermäßige Schleimbildung. Die Häufigkeit von Asthma in Großbritannien beträgt ungefähr 5 Prozent und nimmt zu, und die Lungen aller Erkrankten reagieren überempfindlich auf eine Vielzahl von Reizen. Zu diesen Reizen gehören nicht nur typische Allergene wie Kreuzkraut-Pollen, Hausstaub und Tierhaare, sondern auch Rauch, kalte Luft und sogar körperliche Anstrengung. Einige Asthmatiker reagieren auf alle diese Stimuli.

Die pflanzlichen Heilmittel basieren auf drei erprobten und gut untersuchten Strategien: der Anwendung von verschiedenen *Ephedra*-Arten, vor allem *E. equisetina* und *E. sinaica*, der Anwendung von Pflanzen, die Xanthine, wie Koffein und Theophyllin, enthalten, und der Anwendung von Pflanzen, die Tropanalkaloide enthalten. So rauchten zum Beispiel die amerikanischen Indianer die Blätter von *Lobelia inflata*, während in Indien alle Teile von *Lobelia nicotianaefolia* zur Behandlung von Bronchitis und Asthma benutzt wurden. Beide Pflanzen enthalten das Tropanalkaloid Lobelin. Das Rauchen des Stechapfels (*Datura stramonium*) wurde bereits erwähnt, und eine Anzahl von Tropanalkaloiden, die eine strukturelle Verwandtschaft mit Atropin haben (z. B. Ipratropium), wurden von Asthmatikern zur Inhalation angewandt. Die Chinesen verwenden Ma Huang, einen Extrakt aus beiden *Ephedra*-Arten, seit mindestens 5000 Jahren, aber der aktive Bestandteil, Ephedrin, wurde erst im Jahre 1887 isoliert. Ungefähr zur selben Zeit begann die Arbeit über die sympathomimetischen Amine, und das sollte schließlich zu der Entdeckung von Salbutamol und verwandten antiasthmatisch wirksamen Arzneistoffen führen.

Im Jahre 1897 isolierte der amerikanische Arzt Jacob Abel einen Stoff aus der Nebenniere des Schafes, den er für einen Verjüngungsfaktor hielt, und gab ihm den Namen »Epinephrin« (*epinephric* = neben der Niere gelegen). Ein paar Jahre später wurde eine wirksamere Extraktionsmethode erfunden, und die pharmazeutische Firma Parke Davis vermarktete Epinephrin unter dem Namen »Adrenalin«. Während der frühen Jahre des zwanzigsten Jahrhunderts, beaufsichtigte Friedrich Stölz, Chef der chemischen Forschungsabteilung der Farbwerke Hoechst in Deutschland die Synthese einer ganzen Reihe von Adrenalin-Analogen; eines davon war Noradrenalin. Erst im Jahre 1946 erkannte Ulv von Euler die Schlüsselrolle von Noradrenalin als Neurotransmitter, aber in der Zwischenzeit hatte man festgestellt, daß viele dieser Adrenalinanaloga eine starke Wirkung auf das sympathische Nervensystem hatten. Sie wurden aus diesem Grund »Sympathomimetika« genannt, aber ihr potentieller klinischer Nutzen fand erst viel später Würdigung.

Im Jahre 1923 untersuchte Ku Kuei Chen am Pekinger Union Medical College, die medizinischen Eigenschaften von Ma Huang, das aus *Ephedra sinaica* hergestellt worden war, und es gelang ihm, reines Ephedrin zu gewinnen. In Experimenten mit Hunden konnte gezeigt werden, daß die hergestellte Verbindung nach einer intravenösen Injektion eine anhaltende Steigerung des Blutdrucks und der Herzfrequenz hervorrief; diese

Wirkungen ähnelten denjenigen von Adrenalin. Die Verbindung wurde daraufhin im Jahre 1926 für die klinische Anwendung zugelassen und wurde der erste wirksame Bronchodilatator (»Bronchienerweiterer«) für die Anwendung bei Asthmatikern.

Andere verwandte Strukturen wurden hergestellt, und es zeigte sich, daß die Amphetamine von besonderem pharmakologischem Interesse waren. Der Benzedrin (Amphetamin)-Inhalator wurde eingeführt, um die Nasenschleimhäute abzuschwellen, und sowohl Benzedrin als auch Methedrin (Methylamphetamin) fanden während des Zweiten Weltkriegs weite Verbreitung als Aufputschmittel. Nach dem Krieg waren sie weithin – sowohl legal als auch illegal – erhältlich, und ein ernster Mißbrauch war die Folge. Die stimulierenden Wirkungen auf das zentrale Nervensystem waren für einen antiasthmatischen Arzneistoff unerwünscht, und so waren weitere Strukturabwandlungen erforderlich, bevor man das geeignete pharmakologische Profil erhielt.

Indem man die Ringstruktur von Adrenalin oder Ephedrin mit einer Adrenalin-Amphetamin-Hybridseitenkette kombinierte, erhielt man den Wirkstoff Isoprenalin, der in den USA als Isoproterenol bekannt ist. Isoprenalin wurde im Jahre 1951 als Bronchodilatator eingeführt und wurde vor allem bei den jungen Asthmatikern höchst beliebt. Obgleich es sich nur wenig auf den Blutdruck auswirkte, hatte es unglücklicherweise ausgeprägte herzstimulierende Eigenschaften, und viele Teenager nahmen, ohne es zu wissen, durch ihre Inhalatoren Überdosen zu sich. Allein in Großbritannien wurden 3000 Todesfälle infolge Herzstillstand gezählt, bevor der Arzneistoff zurückgezogen wurde.

Andere strukturelle Veränderungen waren notwendig, um Arzneimittel mit einer langandauernden bronchienerweiternden Wirkung ohne unerwünschte Wirkungen am Herzen bereitzustellen. Die zwei erfolgreichsten Produkte dieser Arzneistoffentwicklung sind Salbutamol (Ventolin®, Glaxo) und Terbutalin (Bricanyl®, Astra); beide sind die derzeit am meisten benutzten Antiasthmatika. Die Selektivität dieser Arzneistoffe beruht auf ihrer spezifischen Wechselwirkung mit bestimmten Adrenalin-Rezeptoren (β_2-Adrenozeptoren) in der Lunge. Im Gegensatz zu Adrenalin, das sowohl mit β-Adrenozeptoren in der Lunge als auch im Herzen (β_2- bzw. β_1-Rezeptoren) interagiert, haben die neueren Wirkstoffe kaum Wirkung an den β_1-Rezeptoren. Trotz der Manipulation ihrer chemischen Struktur mit dem Ziel, die Wirksamkeit zu verbessern, kann man ihre Abstammung von Ma Huang und den chinesischen Kräutern immer noch klar und deutlich sehen (Abb. 52).

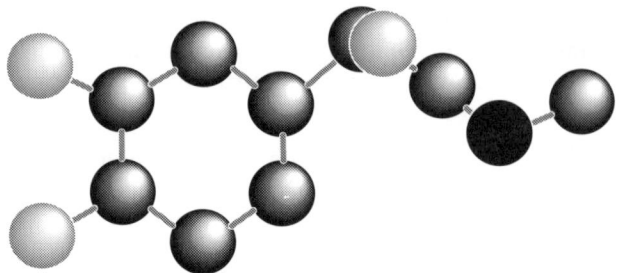

Adrenalin

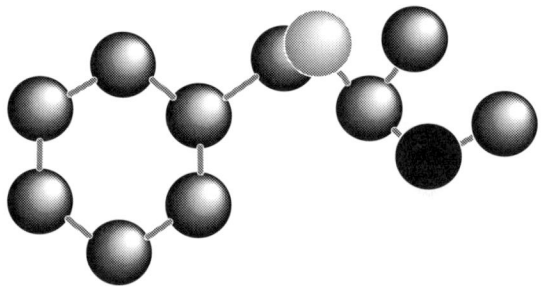

Ephedrin

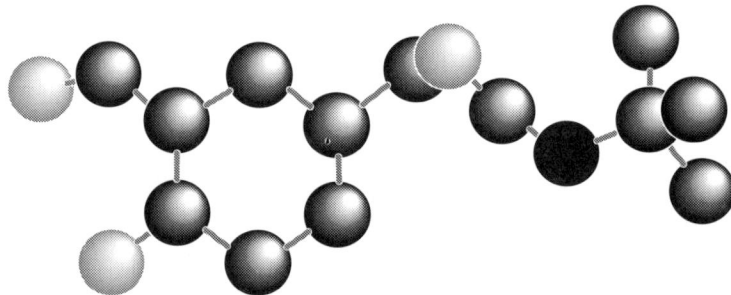

Salbutamol

Abb. 52   Vergleich der Strukturen von Adrenalin, Ephedrin und Salbutamol.

Obgleich diese Arzneistoffe von unschätzbarem Wert sind, behandeln sie nur die Symptome der asthmatischen Erkrankung, und es wäre besser, wenn man Mittel zur Vorbeugung hätte. Wie wir in dem Kapitel über Entzündungen gesehen haben, wird ein Asthmaanfall oft durch die Bindung von Allergenen an Antikörper an der Oberfläche von Mastzellen ausgelöst. Diese Bindung führt zu einer Öffnung der Kalziumkanäle, und der Einstrom von Kalziumionen löst verschiedene enzymatische Reaktionen in den Mastzellen aus. Diese wiederum führen zu der Synthese und nachfolgenden Freisetzung von Histamin, Prostaglandinen, Leukotrienen und anderen Faktoren (Mediatoren), die die Bronchienverengung oder die Entzündung hervorrufen. Antihistaminika und die Bronchodilatatoren schwächen die Effekte dieser Mediatoren ab, aber sie tragen nicht dazu bei, ihre Synthese oder ihre Freisetzung zu verhindern. Der Wirkstoff Natrium-Cromoglicinsäure (Intal®) tritt im Gegensatz dazu mit der Oberfläche der Mastzelle in Wechselwirkung und verhindert anscheinend den Einstrom von Kalziumionen, selbst dann, wenn eine Allergen-Antikörper-Interaktion stattfindet. Wie die meisten anderen Verbindungen, die in diesem Kapitel besprochen werden, hat es seine Ursprünge in der Volksmedizin, und wie Penizillin war es das Produkt einer zufälligen Entdeckung.

Die Zahnstocherpflanze, *Ammi visnaga*, ist im Mittleren Osten beheimatet und wird seit biblischen Zeiten zur Behandlung von Atemwegserkrankungen verwendet. Im Jahre 1879 wurde einer ihrer Hauptbestandteile in kristalliner Form isoliert und erhielt den Namen Khellin. Dessen chemische Struktur wurde erst im Jahre 1938 aufgeklärt; in der Zeit davor konnte gezeigt werden, daß dieser Bestandteil eine erschlaffende Wirkung auf verschiedene Arten von glatter Muskulatur hat, wie zum Beispiel die Darmmuskulatur.

Mitte der 50er Jahre begann ein kleines britisches pharmazeutisches Unternehmen namens Bengers, nach neuen Bronchodilatatoren zu suchen. Man nahm Khellin als Ausgangssubstanz und stellte eine große Zahl von Strukturderivaten her. Eines der Hauptprobleme, die bei jedem derartigen Programm auftreten, ist die pharmakologische Auswertung der Verbindungen. Dieses Problem stellt sich vor allem bei potentiellen antiasthmatischen Arzneistoffen, denn es gibt kein geeignetes Tiermodell für asthmatische Erkrankungen. Eine ziemlich gelungene Lösung ergab sich durch Bengers Vertrauensarzt, Roger Altounyan: Er stellte sich als Versuchskaninchen für Bengers neue Verbindungen zur Verfügung.

Altounyan war ernsthaft an Asthma erkrankt und Meerschweinchenhaare wirkten bei ihm allergen. Für die Versuche pflegte er deshalb einen Aufguß aus Meerschweinchenhaaren zuzubereiten und die Dämpfe einzuatmen. Dies führte reproduzierbar zu einer Verengung der Bronchien, und er konnte daraufhin Bengers mutmaßliche Bronchodilatatoren einnehmen, um deren Wirksamkeit zu testen. Viele der frühen Verbindungen waren wasserunlöslich oder verursachten Übelkeit. Um dieses Problem zu umgehen, stellten die Chemiker eine Reihe von Analogen her, die als Aerosolsprays inhaliert werden konnten. Schließlich machte Altounyan im Jahre 1963 zufällig die Entdeckung, daß bestimmte Verbindungen aus dieser Reihe – zehn Minuten vor der Inhalation seiner Meerschweinchenbrühe angewandt – eher eine schützende als eine bronchienerweiternde Wirkung hatten.

Mittlerweile war das Management von Bengers dieser fruchtlosen Suche nach neuen Bronchodilatatoren überdrüssig, und das Programm wurde offiziell beendet. Altounyan und der Chefchemiker des Projekts, Colin Fitzmaurice führten jedoch die Arbeit heimlich weiter, und als Benger von Sisons im Jahre 1964 übernomen wurde, wurde ihr Projekt wiederbelebt. Schließlich produzierten die beiden im Jahre 1964 ein Analogon, das, wie es schien, eine lange schützende Wirkdauer hatte, aber als sie eine zweite Charge dieser neuen Verbindung zur weiteren Auswertung herstellten, konnten sie ihre Wirkung nicht reproduzieren. Dieses Rätsel wurde gelöst, als man entdeckte, daß eine Verunreinigung in der ursprünglichen Charge die protektive (schützende) Wirkung hatte und nicht etwa die Verbindung, die sie geschaffen hatten. Die Verunreinigung erwies sich daraufhin als Natrium-Cromoglicinsäure (Intal®), und dieses hatte sogar dann eine protektive Wirkung, wenn man es vier bis sechs Stunden vor einem Allergenkontakt verabreichte.

Ein letztes Problem mußte noch gelöst werden, und dies betraf die Art und Weise, wie der Arzneistoff dem Organismus zugeführt wurde. Er wurde über den Magen-Darm-Trakt kaum resorbiert, deshalb war es notwendig, einige Milligramm zu inhalieren, damit der Schutz lange genug anhielt. Die Lösung kam mit der Erfindung des »Spinhalers«, von dem man behauptet, daß er von Altounyans Erinnerungen an seine Kriegsjahre hinter einem Spitfire-Propeller inspiriert worden sei. Intal®-Pulver wird in den Mittelteil des »Spinhalers« gebracht, und wenn der Patient einatmet, gerät eine winzige Turbine am Mundstück des Apparates in Rotation, wodurch der Arzneistoff tief in die Lungen geblasen wird.

Obgleich Intal® nur bei jenen Patienten, die an allergischem Asthma leiden, eine prophylaktische Wirkung hat, repräsentieren diese Patienten den Großteil der Asthmatiker. Zahlreiche andere Arzneistoffe wurden seit 1965 ausgewertet, aber keiner war der Natrium-Cromoglicinsäure überlegen. Ein Problem, mit dem alle anderen Firmen konfrontiert sind, ist, daß sie keinen Roger Altounyan als Versuchskaninchen zur Verfügung haben.

Arzneistoffe für den Magen-Darm-Trakt

Pflanzenextrakte werden schon seit Tausenden von Jahren als Abführmittel, Brechmittel, Anti-Brechmittel, zum Appetitanregen und zur Behandlung von Verdauungsstörungen, Durchfall und Magengeschwüren genutzt. Viele dieser Extrakte sind noch immer in Gebrauch und in Apotheken, Drogerien und Reformhäusern frei erhältlich.

Abführmittel und Mittel gegen Durchfall

Die alten Ägypter benutzten Rizinusöl und Bier entsprechend dem Rat, den das Papyrus Ebers gibt: »Nimm die Samen des Rizinusölbaumes, kaue sie und schlucke sie mit Bier hinunter, um den Körper von allem zu reinigen.« Die Pharaonen bevorzugten Senna, das in Wirklichkeit ein Sammelbegriff für Extrakte aus den verschiedenen Cassia-Arten, vor allem *C. senna, C. acutifolia* und *C. angustifolia* ist. Sie alle enthalten ein Reizmittel für die Eingeweide, das Emodin; dieses wirkt stimulierend auf die wellenartigen Muskelbewegungen (Peristaltik), die die Nahrung durch den Magen-Darm-Trakt befördern. Die Griechen und Römer verwendeten die Pflanze *Aloe barbadensis.* Der Saft aus den Blättern dieser Pflanze enthält ebenfalls Emodin, ebenso der Chinesische Rhabarber, *Rheum palmatum.* Die Gabe der letztgenannten Pflanze war einmal die Hauptbehandlung bei akuter bakterieller Ruhr, vor allem bei den britischen Kolonialherrn in Afrika. Sie behandelten sich selbst mit pulverisiertem Rhabarber, bis Durchfall und andere Symptome abklangen. Dr. R. W. Burkitt stellte in der Zeitschrift »Lancet« vom September 1921 fest: »Ich kenne kein Heilmittel in der Medizin, das eine solch magische Wirkung besitzt. Keiner der jemals Rhabarber angewandt hat, würde auch nur im Traum daran denken, irgend etwas anderes zu nehmen. Ich hoffe, daß es auch andere bei dieser schrecklichen tropischen Seuche mit Rhabarber versuchen werden.«

Die Wirkungsweise dieser beiden Hauptkategorien von Abführmitteln besteht somit in einer Erhöhung der Gleitfähigkeit (Rizinusöl, Olivenöl und flüssiges Paraffin) oder in einer Reizung (Senna und Aloe). Diese Pflanzen und die Gewohnheit, ein Abführmittel zu benutzen, wurden im neunten und zehnten Jahrhundert von den Arabern in Europa eingeführt. Im siebzehnten Jahrhundert war in Britannien zweimaliges Abführen im Monat üblich. In den Ländern Amerikas war der Faulbaum (*Rhamnus purshiana*) die Pflanze der Wahl. Die Konquistadores waren von der Milde und Wirksamkeit des Extraktes aus seiner Rinde so beeindruckt, daß sie diese »heilige Rinde« (*cascara*) tauften, und die europäischen Siedler lernten sie von den Indianern kennen. Sie ist noch immer weithin erhältlich, und wird in den USA häufig angewandt, obgleich der bittere Geschmack ihrer Bestandteile (Emodin und andere ähnliche Verbindungen) die Verwendung von zukker- oder schokoladeüberzogenen Pillen erforderlich macht.

Eine weitere emodinhaltige Pflanze, *Aloe vera*, hat ebenfalls eine lange Geschichte, vor allem zur Behandlung der Verstopfung. Ein altes chinesisches Heilmittel, das als »geng yi wan« (Badezimmer-Pillen) bekannt ist, ist bis heute in Verwendung; es enthält *Aloe vera*, Quecksilbersalze und Stärke im Verhältnis 4:3:3.

Wenn man einmal mit dem Abführen begonnen hatte, bestand oft die Notwendigkeit, es wieder zu stoppen. Dazu kommt, daß die dürftigen sanitären Einrichtungen früherer Epochen dafür sorgten, daß ständiger Bedarf an Wirkstoffen zur Behandlung von Durchfall bestand. Das Papyrus Ebers empfahl eine Zusammenstellung aus Feigen, Trauben, Brotteig, frischer Heilerde, Zwiebeln und Holunder, was eher so aussieht, als ob es Durchfall hervorruft als daß es ihn unterdrückt. Und wie wir in dem Kapitel über Opiate gesehen haben, waren sich die Ägypter auch der beruhigenden Eigenschaften von Opium auf den Magen-Darm-Trakt bewußt; wir wenden heute im wesentlichen dieselbe Behandlung an in Form von Kaolin (Bolus alba) und Morphin. Morphin bindet an die Opiatrezeptoren im Darm und unterdrückt die Peristaltik, so daß die langsamere Bewegung des Darminhalts eine vermehrte Resorption von Wasser ermöglicht.

Über die Jahrhunderte wurden die Bestandteile noch einer ganzen Reihe anderer Pflanzen angewandt, einschließlich der Früchte der Virginischen Zeder (*Juniperus virginiana*), des Saftes, der von verschiedenen *Pterocarpus*-Arten abgesondert wird, Muskatnuß sowie verschiedene Tannine. Alle diese Extrakte, einschließlich Opium, behandeln eher die Symptome als die zugrundeliegenden Ursachen. Diese sind vielfältig und sehr verschieden: Infektionen durch Bakterien oder Viren, Vergiftung durch Nahrungsmittel oder chemische Substanzen sowie andere Bedingungen wie Colitis ulcerosa, bei der wahrscheinlich eine autoimmune Komponente und eine Stoffwechselstörung (Malabsorption) vorliegt. Die meisten dieser Leiden werden heutzutage mit gänzlich synthetischen Arzneistoffen behandelt, und ihre Therapie hat der Volksmedizin nichts zu verdanken.

Brechmittel und Anti-Brechmittel

In dem Bereich des Gehirns, der Medulla oblongata genannt wird, gibt es ein Brechzentrum, dem anscheinend elektrische Impulse aus verschiedenen anderen Teilen des Gehirns, vom Magen-Darm-Trakt und von den Schmerzrezeptoren zugeführt werden. Wahrscheinlich spielt dabei eine komplexe Wechselwirkung verschiedener Neurotransmitter eine Rolle, aber Acetylcholin, Dopamin und Serotonin sind daran vorrangig beteiligt. Das beste natürliche Brechmittel ist ohne Zweifel Ipecacuanha oder Ipecac von der südamerikanischen Pflanze *Cephaelis acuminata*. Sie wird seit Jahrhunderten angewandt und ist noch immer in großem Umfang in den Notfallabteilungen der Krankenhäuser in Gebrauch, und zwar zur Behandlung von Vergiftungen bei Kindern und manchmal bei Erwachsenen. Die aktiven Bestandteile sind Emetin und Cephaelin, die ihre Wirkungen durch die Aktivierung des Brechzentrums entfalten, aber auch durch lokale Reizung im Magen. Die Meerzwiebel, die bereits im Kapitel über herzwirksame Arzneimittel erwähnt wurde, hat ähnliche Eigenschaften wie Ipecac.

Es gibt viele Ursachen für Erbrechen, einschließlich Reisekrankheit, der morgendlichen Übelkeit während der ersten Schwangerschaftswochen und jener Übelkeit, die auf Irritationen des Magen-Darm-Traktes zurückzuführen ist. In der Vergangenheit wurde Übelkeit mit verschiedenen Extrakten aus Minze-Arten, z. B. aus *Mentha piperita* (Pfefferminze), und mit Ingwerwurzel (*Zingiber officinale*) behandelt. Die Wirksamkeit von Ingwerwurzel zur Behandlung der Reisekrankheit wurde kürzlich experimentell bestätigt.

Die am häufigsten verordneten anti-emetisch wirksamen Arzneistoffe sind die vollsynthetischen Phenothiazine, aber Hyoscin, das in früheren Kapiteln diskutiert wurde, ist unter manchen Bedingungen ebenfalls wirksam, ebenso wie Metoclopramid, ein Dopamin-Antagonist. Auf der Beteiligung von histaminempfindlichen Neuronen beruht wahrscheinlich die Wirksamkeit von Antihistaminika zumindest bei Reiseübelkeit, allerdings ist ihre Tendenz, Schläfrigkeit zu verursachen, ein erheblicher Nachteil für den Autofahrer. Schließlich hat ein neuer Wirkstoff von Glaxo namens Ondansetron (Zofran®) eine starke anti-emetische Wirkung; er scheint gewisse Neurone im Magen-Darm-Trakt und im Gehirn zu hemmen, die für 5-Hydroxytryptamin (Serotonin) empfindlich sind. Dieser Wirkstoff könnte besonders bei der Behandlung von Übelkeit nützlich sein, die durch Zytostatika hervorgerufen wird. Viele Zytostatika scheinen Serotonin im Darm freizusetzen, und dieses aktiviert die Axone des Nervus vagus, die in der Area postrema endigen, einem Teil der Medulla oblongata im Gehirn, die besonders mit der Kontrolle des Erbrechens in Verbindung steht. Ondansetron ist ein wirksamer Hemmer einer besonderen Klasse von 5-Hydroxytryptamin-Rezeptoren (5-HT$_3$) an Nervenendigungen des Nervus vagus und im Gehirn.

══ Arzneistoffe gegen Blähungen, Magenverstimmung und Magengeschwüre

Blähungen gehen auf starke Gasbildung im Magen und im Darm zurück. Das Gas besteht hauptsächlich aus Luft, kann jedoch auch aus Endprodukten der Nahrungszersetzung bestehen, wie z. B. Schwefelwasserstoff und Methan. Viele der aromatischen Stauden, wie Rainfarn, Fenchel, Dill, Rosmarin, Anis und die Minzen, wie auch Gewürze wie Kardamom, Muskat, Gewürznelke, Ingwer und Zimt, werden seit langem zur Behandlung von Blähungen verwendet. Culpeper sagte vom Rainfarn (*Tanacetum vulgare*): »Er ist auch sehr nützlich, wenn es darum geht, Winde im Magen, Bauch oder den Gedärmen aufzulösen und loszuwerden, um die Menstruation herbeizuführen und um Auftreibungen der Gebärmutter zu beseitigen.« Sowohl Culpeper als auch Gerard waren besonders begeistert von Fenchel (*Foeniculum vulgare*). Culpeper behauptete, daß »Fenchel gut ist, um Winde aufzulösen ... (er) stoppt den Schluckauf und nimmt den Widerwillen, der manchmal den Magen kranker und fiebriger Personen befällt.« Gerard stellte in seinem unnachahmlichen Stil fest, daß »wenn man Fenchelsamen trinkt, er die Schmerzen des Magens und dessen Gepolter sowie den Brechreiz lindert und die Winde auflöst«. Die verschiedenen Bestandteile der sogenannten Carminativa wirken vermutlich durch eine leichte Reizung des Magen-Darm-Trakts und dadurch, daß sie kleine Bewegungen verursachen, die einen Rülpser hervorrufen.

Eine Magenverstimmung wird oft von überschüssiger Magensäure verursacht, und Heilmittel wie Natriumbikarbonat, Kalziumkarbonat, Aluminiumhydroxyd und Magnesiumhydroxyd (Magnesia-Milch) wirken dadurch, daß sie diese Säure neutralisieren. Die Kräuterbücher empfehlen eine Vielzahl anderer Zubereitungen, aber viele von ihnen waren sowohl exotisch als auch unwirksam. So erwähnt zum Beispiel das Papyrus Ebers die Anwendung von Zwiebeln, gekocht in süßem Bier sowie zerkleinerten Schweinezahn zusammen mit Zuckerkuchen eingenommen. Dioskurides rühmte die Eigenschaften von Rost: »Eisen, glühend heiß gemacht und in Wasser oder Wein abgelöscht und getrunken, ist gut gegen Bauchschmerzen, Ruhr, Milzbrand, Cholera und Magengeschwür.«

Die Sekretion von Magensäure wird durch das autonome Nervensystem kontrolliert, und vielerlei Stimuli können ihre Freisetzung hervorrufen. Zu diesen Stimuli zählen das Sehen, Riechen, Schmecken und sogar der

Gedanke an Essen. Der Nervus vagus innerviert einen Großteil des Magens und des Dünndarms und kontrolliert die Ausschüttung von Acetylcholin. Die Stimulierung von bestimmten Zellen am unteren Ende des Magens ruft die Freisetzung eines Peptidhormons, genannt Gastrin, hervor, und wenn die Nahrung schließlich im Magen angekommen ist, führt das ebenfalls zur Freisetzung von Gastrin. Außerdem ist auch Histamin beteiligt, und alle drei Substanzen wirken auf die sogenannten Parietalzellen und stimulieren die Freisetzung von Salzsäure.

Eine Übersäuerung kann durch Veränderungen im empfindlichen Gleichgewicht zwischen den beiden Neurotransmittern verursacht werden; für einen akuten Anfall genügt manchmal schon eine Aufregung vor einer Mahlzeit. Eine chronische Übersäuerung ist häufiger auf eine örtlich begrenzte Schädigung durch Arzneistoffe wie Aspirin oder durch Alkohol zurückzuführen. Diese Stoffe schädigen die Schleimhäute, die die Magen- und Darmwand auskleiden und sie vor der Magensäure und den Verdauungssäften schützen. Die Magen- und Darmwand wird dadurch für Schädigungen und die daraus folgende Bildung eines Magen- oder Dünndarmgeschwürs anfälliger. Etwa 10 – 20 Prozent der Bevölkerung in den westlichen Ländern bekommen zu irgendeinem Zeitpunkt ihres Lebens ein Magengeschwür. Die Behandlung dieser Erkrankung ist daher schon lange von Interesse für die medizinische Gemeinschaft.

Das beliebteste Heilmittel, das in der Volksmedizin erfolgreich angewandt wurde, war die Süßholzwurzel von der Pflanze *Glycyrrhiza glabra*, deren aktiver Bestandteil das Glycyrrhizin, ein Derivat der Glycyrrhetinsäure ist. Ihre Struktur ähnelt teilweise den Mineralokortikoiden, und ebenso wie es heilende Wirkung besitzt, kann es zu Natrium-Retention und Kaliummangel führen. Die Süßholzwurzel ist vermutlich die am häufigsten verordnete Pflanze in der chinesischen Kräutermedizin. Ein modernes Heilmittel zur Behandlung eines Magengeschwürs beinhaltet die Anwendung einer täglichen Dosis von bis zu 15 g pulverisierter Süßholzwurzel. Ein anderes Heilmittel enthält Kautabak, durchtränkt mit Süßholzwurzelextrakt. Früher wurde in Krankenhäusern ein halbsynthetisches Derivat der Glycyrrhetin-Säure, nämlich Carbenoxolon-Natrium verwendet, weil diesem die mineralokortikoide Wirkung von Glycyrrhizin fehlt und es dennoch die heilenden Eigenschaften behält. Man geht davon aus, daß Carbenoxolon-Natrium dadurch wirkt, daß es die Schleimproduktion im Magen steigert und so das Geschwür vor den zerstörenden Wirkungen der Verdauungsenzyme schützt.

Die Entwicklung der Histaminforschung führte in den 60er Jahren direkt zum gezielten Design von Histamin-Antagonisten. Die bekannten Antihistaminika, die bei der Behandlung von allergischen Zuständen

Erfolg zeigten, waren bei Magengeschwüren völlig unwirksam. Das führte zu der Identifizierung zweier Hauptklassen von Histamin-Rezeptoren: Die H_1-Rezeptoren in der Lunge und den oberen Luftwegen und um die H_2-Rezeptoren in Magen und Darm. Die Forschungsarbeiten, die im Jahre 1965 von Sir James Black und Robin Ganellin bei der Firma, Smith, Kline & French aufgenommen wurden, führten schließlich zu der Entdeckung des wirksamen H_2-Antagonisten Cimetidin (Tagamet®). Ihre Strategie war es, Verbindungen herzustellen, die dem Histamin verwandt waren, jedoch andere strukturelle Merkmale besaßen, die es ihnen ermöglichten, sich stärker an den Rezeptor zu binden, wodurch sie Histamin den Zugang (zum Rezeptor) verwehrten. Entscheidend war auch, daß sie keine Ausschüttung von Magensäure auslösten. Nach zehn Jahren mühevoller Arbeit erreichten sie ihr Ziel, und Cimetidin wurde in Großbritannien erstmals 1976 in der Klinik angewandt, ein Jahr später auch in den USA. Bis zum Jahre 1983 hatte der Weltumsatz eine Milliarde Pfund erreicht.

Der Wirkstoff wirkt bei oraler Gabe; eine Dosis von ungefähr 1 g pro Tag lindert die Symptome eines Magengeschwürs und fördert den Heilungsprozeß. Später produzierte Glaxo seine eigene Variante von Cimetidin, nämlich Ranitidin (Zantic®), das noch wirksamer war und bald Glaxos meistverkauftes Arzneimitel wurde, mit einem Umsatz von 1,7 Milliarden Pfund im Jahre 1989.

Die Entwicklung von Cimetidin ist bemerkenswert, weil es eines der ersten Beispiele von echtem Drugdesign war. Die Forschungsgruppe bei Smith, Kline & French versuchte, ein Strukturanalogon von Histamin herzustellen, das dessen physikalischen und chemischen Eigenschaften unter den physiologischen Gegebenheiten im Magen entsprechen sollte. In jüngster Zeit wurde es mit dem Aufkommen des computergestützten »molecular modelling« und einer besseren Kenntnis der tatsächlichen dreidimensionalen Struktur des H_2-Rezeptors möglich zu klären, wie der Wirkstoff an den tatsächlichen Rezeptor paßt. Heute werden vor allem diese Möglichkeiten des Drugdesigns genutzt, viel mehr als die schöpferische Gedankenarbeit von Black, Ganellin und Mitarbeitern.

Diese großen Fortschritte führten – mit den beiden Arzneistoffen – zu Heilungsraten von ungefähr 85 – 90 Prozent nach etwa einem Monat. Mit der Süßholzwurzel jedoch, der Hauptstütze der chinesischen Medizin, steht eine preiswerte und wirksame Alternative zu den relativ teuren synthetischen Arzneistoffen zur Verfügung, und zwar in jenen Ländern, die sich diese nicht leisten können.

≡   ## Wirkstoffe zur Abwehr von Parasiten

Der Mensch hat schon immer mit Parasiten in Gemeinschaft gelebt und wurde besonders von verschiedenen parasitären Würmern (z. B. dem Bandwurm), Gliederfüßlern (z. B. Läusen) und Einzellern (z. B. Plasmodium-Arten, den Erregern der Malaria) gequält. Die in der Volkskunde angewendeten Heilmittel sind sicher zahlreicher als die Erkrankungen, die sie heilen sollten. Im Papyrus Ebers wird häufig Rizinusöl erwähnt, aber »Fleisch von einer lebendigen Kuh in Kombination mit frisch gebackenem Brot, Weihrauch, Salat und süßem Bier« wurde auch verordnet.

Sowohl Gerard als auch Culpeper hatten ihre eigenen Kräutergärten, und obgleich viele der Pflanzenarten speziell wegen ihrer medizinischen Eigenschaften angepflanzt wurden, gab es auch solche, die eher kulinarische Bedeutung hatte. Man sollte sich in Erinnerung rufen, daß vor dem Aufkommen der modernen landwirtschaftlichen Methoden, die den Viehbestand mit Winter-Futter (z. B. Steckrüben und weißen Rüben) versorgen, das gesamte Vieh im November geschlachtet und das Fleisch eingepökelt wurde. Dies bedeutete unweigerlich, daß das Fleisch, wenn es schließlich gekocht wurde, entweder sehr salzig oder verdorben war. Um diesen Geschmack zu überdecken, benutzten unsere Vorfahren große Mengen an Kräutern und Gewürzen, besonders Pfeffer und Gewürznelke. Andere Gewürze, wie Zimt, Muskatnuß, Ingwer, Kardamom und Muskatblüte, waren auch sehr gefragt. Darüber hinaus waren Duftstoffe, einschließlich Kampfer, Sandelholz und Weihrauch, sehr beliebt, nicht nur um die übelriechende Umgebung, in der die Menschen lebten, zu verschleiern, sondern auch weil man glaubte, daß die Düfte einen gewissen Schutz gegen Malaria gewährten. Die Kräuter und Gewürze in der mittelalterlichen Kost trugen sicherlich dazu bei, Infektionen durch Parasiten unter Kontrolle zu halten. Ihre Inhaltsstoffe waren Terpene, wie Menthol, Carvon und Thujon, und Phenole, wie Eugenol und Myristicin; diese führten entweder zur Lähmung der Würmer oder sie unterbrachen deren Lebenszyklen.

Die meisten dieser Gewürze und Duftstoffe mußten aus dem Fernen Osten importiert werden, und die Häfen von Genua und Venedig hatten jahrhundertelang eine Monopolstellung in diesem Handel. Die Waren wurden mit chinesischen Dschunken nach Malaysia gebracht, von da mit arabischen Dhaus nach Indien, Ostafrika, Persien und Arabien, und schließlich über das Rote Meer oder den Persischen Golf in den Mittelmeerraum. Zwischen den Kaufleuten aus dem Fernen Osten und den Händlern aus Venedig und Genua herrschte ein Preisgefälle, das sich typischerweise auf das Fünfzigfache belief.

Die Portugiesen waren die ersten, die sich dem Würgegriff der großen italienischen Häfen entzogen, und ihr neues Reich im Fernen Osten versorgte Europa über den Hafen von Lissabon mit Gewürzen und Duftstoffen. Als Christoph Columbus sich für seine Entdeckungsreisen einschiffte, geschah das mit der Absicht, dieses neue Monopol zu brechen. Sein Versuch, eine neue Route nach Osten zu finden, schlug fehl, stattdessen entdeckte er Amerika. Die neuen Länder lieferten exotische Pflanzen, wie Tabak, Kaffee, Kakao, Coca, die Kartoffel und die Chinarinde. Die Chinarinde sollte größte Bedeutung für die Gesundheit der Menschen in der ganzen Welt haben.

Zum Zeitpunkt dieser Entdeckungen war die Malaria fast in der gesamten damals bekannten Welt verbreitet. Sie kam im Fernen Osten und in Afrika wohl schon immer vor, aber in den kühleren, gemäßigten Regionen war sie in ihrer gefährlichsten Ausprägung bis ungefähr zum Jahre 500 v. Chr. vermutlich relativ unbekannt. Damit man diese etwas überraschende Vermutung verstehen kann, muß man etwas über den Lebenszyklus des Malariaparasiten und seines Wirtsinsektes, der *Anopheles*-Mücke wissen (Abb. 53).

Sobald eine infizierte Mücke einen Menschen sticht, überträgt sie eine kleine Menge Speichel, der ein Antikoagulans und die *Plasmodium*-Parasiten enthält. Diese haben die Form von kleinen, spindelförmigen Zellen und werden Sporozoiten genannt. Sie dringen in die Leber ein, siedeln sich in den Leberzellen an und vermehren sich dort. Nach fünf bis fünfzehn Tagen platzen die Leberzellen und entlassen Tausende von kleinen Zellen, die als Merozoiten bezeichnet werden. Diese infizieren die roten Blutkörperchen (Erythrozyten) oder befallen erneut die Leber. Die Merozoiten wachsen in den Erythrozyten, bis diese im wahrsten Sinne des Wortes überfüllt sind. Dann platzen sie und entlassen Merozoiten, welche in andere Erythrozyten eindringen, und Pyrogene, das sind Substanzen (Mediatoren), die Fieber hervorrufen. Die Fieberschübe, die sie hervorrufen, treten bei der Malaria tertiana alle achtundvierzig Stunden auf, bei der Malaria tropica alle sechsunddreißig Stunden und bei der Malaria quartana alle zweiundsiebzig Stunden. Diese Intervalle geben die Zeiträume zwischen der Infektion und dem Zusammenbruch der roten Blutkörperchen an; sie sind von der Art der beteiligten Parasiten abhängig. Für die leichteren Malariaformen sind *Plasmodium vivax* (Malaria tertiana) und *P. malariae* (Malaria quartana), für die ernsteste Form ist *P. falciparum* (Malaria tropica) verantwortlich. Die Schwere der Erkrankung, die durch den letztgenannten Erreger verursacht wird, ist darauf zurückzuführen, daß dieser in alle Arten von roten Blutkörperchen eindringen kann, und zwar sowohl in junge (Reticulozyten) als auch in reife Erythrozyten. Die anderen Stämme dieses Parasiten befallen überwiegend entweder die eine oder die andere Zellart. Damit ist das Ausmaß des Parasitismus bei *P. falciparum* wesentlich größer, und normaler-

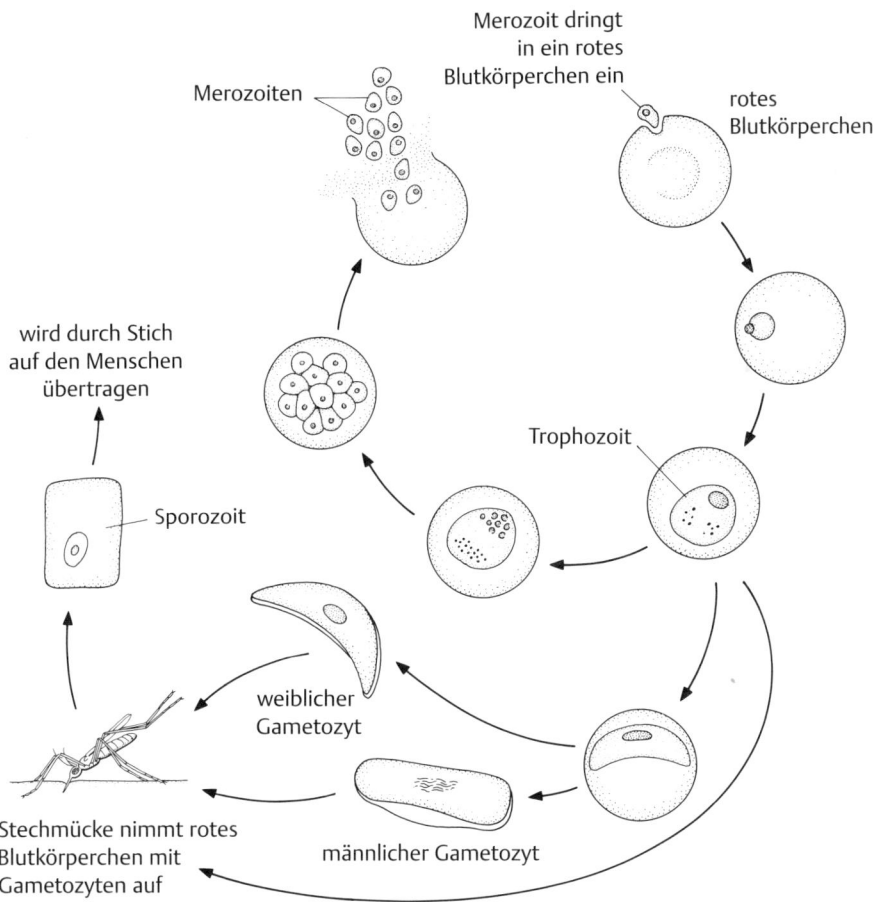

Abb. 53   Der Lebenszyklus des Malaria-Parasiten.

weise ist der fiebrige Zustand eher dauerhaft als im 36-Stunden-Rhythmus »getaktet«. Einige der Merozoiten, die in die Blutzellen eindringen, wachsen nicht, sondern erfahren eine geschlechtliche Differenzierung in männliche und weibliche Gametozyten. Wenn der menschliche Wirt von einer anderen Stechmücke gestochen wird, dann gelangen diese Gametozyten mit dem Menschenblut in den Darm der Mücke und dringen dort in die Darmwand ein, um neue Sporozoiten zu produzieren.

Zu den charakteristischen Symptomen der Malaria gehören anfänglicher Schüttelfrost, gefolgt von hohem Fieber und schließlich ein Stadium heftigen Schwitzens. Die Erkrankung ist oft äußerst entkräftend, nicht nur wegen der wiederkehrenden Fieberschübe, sondern auch aufgrund der Blutarmut, die durch die Zerstörung der roten Blutkörperchen verursacht wird. Hinzu kommt, daß die Erythrozytentrümmer, die durch die Infektion mit *P. falciparum* entstehen, Blutgefäße im Gehirn blockieren können, mit nachfolgenden Krämpfen und Tod. Diese bösartige Form der Malaria ist in Europa erst seit vergleichsweise kurzer Zeit ein Problem.

Die Malaria erreichte Südeuropa wahrscheinlich über das Niltal, aber glücklicherweise waren (und sind) die Hauptstämme der europäischen Stechmücken, vor allem *Anopheles atroparvus*, verhältnismäßig resistent gegen die Infektion mit *Plasmodium*-Parasiten. Die anfälligsten Moskitostämme sind *A. labranchiae* und *A. sacharevi*, und diese waren anfänglich auf die südlichen Grenzen Europas und auf Nordafrika beschränkt. Es gibt keinerlei Hinweise darauf, daß Malaria-Epidemien in früheren Zeiten zu den häufigeren Todesursachen zählten.

Hippokrates, der im fünften Jahrhundert v. Chr. über medizinische Themen schrieb, beschrieb zweiundvierzig Fallgeschichten von fieberkranken Personen, aber keine von ihnen schien an der bösartigen Malaria gelitten zu haben. Im Gegensatz dazu stellt Celsus in seiner »De Medicina« fünf Jahrhunderte später ganz eindeutig die schwere Form der Malaria (»alterum longe perniciosius«), mit Fieberschüben, die sechsunddreißig Stunden andauerten (»sex et triginta per accessionem occupat«). Die Anfälle sind auch treffend beschrieben als »horrorem, ubi corpus totum intremit« (Schrecken, der den ganzen Körper erzittern läßt).

Somit scheinen Infektionen mit *P. falciparum* erst zur Zeitenwende aufgetreten zu sein, seltener jedoch in früheren Zeiten, wenn überhaupt. Dies würde erklären, wie die großen Armeen jener Zeit in der Lage waren, große Entfernungen zurücklegen und relativ wirksam Krieg führen zu können, ohne große Verluste durch Malaria zu erleiden. Ein gutes Beispiel hierfür liefern die Feldzüge von Augustus im Jahre 31 v. Chr., die zur Unterwerfung der vereinten Land- und Seestreitkräfte von Antonius und Cleopatra führten. Über 90 000 Soldaten und 150 000 Seeleute dienten Augustus im Sommer und Herbst jenes Jahres, wobei der größte Teil des Feldzuges in Nordafrika stattfand; es wurden jedoch keine bedeutsamen Verluste durch die Erkrankung verzeichnet. Man kann dies mit den 500 000 Malariafällen vergleichen, die die britischen und die Commonwealth-Streitkräfte während des Ersten Weltkrieges zu verzeichnen hatten; in vielen Fällen erfolgte die Ansteckung in Griechenland und im Mittleren Osten.

Die Ausbreitung der Malaria von Nordafrika über Europa hinweg kann dem großen Bevölkerungswachstum zur Zeit der Römer zugeschrieben werden. Die Abholzung der Wälder, die dem nachfolgte, ließ Brutstätten für die empfindlicheren Moskito-Stämme entstehen. Freiwillige und erzwungene Völkerwanderungen förderten die Ausbreitung der Krankheit, ebenso wie die häufigen Umwälzungen, die von den barbarischen Invasionen verursacht wurden. Malariaepidemien gab es im fünften Jahrhundert n. Chr., als das römische Reich zerbrach und Landwirtschaft und Bewässerungssysteme vernachlässigt wurden, und in jüngerer Zeit während der industriellen Revolution, als ein Massenexodus aus den relativ gesunden ländlichen Gebieten in die verwahrlosten Städte und Metropolen stattfand.

Alle berühmten Kräuterkundigen hatten ihre Behandlungsmethoden bei »Fieber«, und sowohl Culpeper als auch Gerard empfahlen Johanniskraut (*Hypericum tomentosum)* aufs nachdrücklichste. Gerard wiederholte nur Dioskurides' Rat: »[Dioskurides] sagte, daß es [Johanniskraut] mit Wein getrunken das Dreitage- und das Viertagefieber wegnimmt.« Culpeper war etwas genauer: »Es steht unter dem Zeichen des Löwen ... Wird der Absud aus Blättern und Samen warm getrunken, ehe der Fieberanfall auftritt, gleich ob es sich um Dreitage- oder Viertagefieber handelt, verändert er die Anfälle und ... nimmt sie gänzlich weg.«

Es gab jedoch bis zum siebzehnten Jahrhundert keine wirksame Behandlung gegen Malaria, als die pulverisierte Rinde des südamerikanischen Chinarindenbaumes erstmals eingeführt wurde. Die Behandlung wurde zum ersten Mal von dem Mönch Pater Antonio de la Calaucha in der »Chronicle of St Augustine« erwähnt, die etwa im Jahre 1633 veröffentlicht wurde. Er behauptete, daß die Rinde eines Baumes, der in jenem Teil des Inka-Reiches wächst, der als Quito (heute Ecuador) bekannt ist, die Malaria heilen würde. Er schrieb: »Es wächst ein Baum, den sie Fieberbaum nennen, im Lande Loxa ... Wenn man ihn pulverisiert und in einer Menge, die der Größe von zwei kleinen Silbermünzen entspricht, als Getränk verabreicht, dann heilt er Fieber und Dreitagefieber.« Die Inkas nannten den Baum »quina«, und obgleich es keinen Beweis gibt, daß sie seine medizinische Bedeutung kannten, haben sie ihn möglicherweise vor den Konquistadores geheim gehalten. Es blieb den jesuitischen Missionaren überlassen, das Sammeln der Rinde und deren Verschiffung nach Europa zu organisieren. Es überrascht nicht, daß Chinarinde als »Jesuitenpulver« bekannt wurde.

Der Jesuit Kardinal Johannes de Lugo trug viel dazu bei, die Anwendung der Chinarinde bekannt zu machen, vor allem in Rom, wo die Malaria tobte. Der Name leitet sich aus dem italienischen »mal'aria« (schlechte Luft) ab, was auch auf den vermuteten Ursprung des Fiebers hinweist. Es war keineswegs ungewöhnlich für Kardinäle und ihre Gefolge, sich die Malaria anläßlich päpstlicher Versammlungen im Vatikan zuzuziehen. So starb

Abb. 54   Kardinal Johannes de Lugo trug viel dazu bei, die Anwendung der pulverisierten
Chinarinde zur Behandlung der Malaria bekannt zu machen. Ein Stich aus dem 17.
Jh. im »Ospele di Santo Spirito« in Rom, wiedergegeben in diesem Ölgemälde eines unbekannten Meisters, zeigt die Entdeckung und Verbreitung der medizinischen Anwendung von Extrakten der Chinarinde.

beispielsweise der Erzbischof von Canterbury, St. Augustine, im Jahre 587
an Sumpf-Fieber (wahrscheinlich Malaria), als er auf dem Weg von Ostia
nach Rom war. Unter diesen Umständen hatte Kardinal de Lugo wenig Mühe, den Klerus und die Bürger von Rom davon zu überzeugen, daß sie das au-
ßerordentlich bittere Pulver einnehmen sollten.

Viele Ärzte waren jedoch skeptisch, wie das bei allen neuen Heil-
mitteln der Fall ist, vor allem da es durch einen religiösen Orden eingeführt
worden war, der nicht besonders beliebt war. Schließlich wurde der Erfolg
der Chinarinde von einem Engländer, Robert Talbor, sichergestellt. Er hatte
eine Apothekerlehre in Cambridge gemacht und sicherlich während seiner
Zeit in jener Stadt von der Anwendung des Jesuitenpulvers gehört. Ein ortsansässiger Arzt, Robert Brady, verordnete ohne Zweifel die Rinde bereits im

Jahre 1660. Talbor zog im Jahre 1661 nach Essex um und begann als Quacksalber zu praktizieren. Ein Großteil der Grafschaft war zu jener Zeit sumpfig, und die Malaria trat sowohl örtlich als auch weit verbreitet auf. Er machte sich schnell einen Namen mit einem speziellen Arzneistoff zur Behandlung des Fiebers, obgleich er nie verriet, was er verordnete. Um den Erfolg sicherzustellen, schrieb er im Jahre 1672 ein Buch mit dem Titel »Pyretologia: a Rational Account of the Cause and Cure of Agues«, und in diesem Buch warnte er vor den Gefahren anderer Zubereitungen: »alle lindernden Heilmittel ... vor allem Jesuitenpulver, denn ich habe äußerst gefährliche Wirkungen beobachtet, die der Einnahme dieser Medizin folgten«.

Sehr zur Verärgerung des königlichen Ärztekollegiums, ernannte ihn Charles II. im Jahre 1678 zum Hofarzt, und er hatte Grund zur Dankbarkeit, als Talbor ihn ein Jahr später von einem Schub des Dreitagefiebers heilte. Aber Talbors Karriere erreichte ihren Höhepunkt in Frankreich, als er den Sohn König Ludwigs' XIV., den Thronfolger, heilte, ganz zu schweigen von anderen europäischen Aristokraten. Er weigerte sich immer noch, das Geheimnis seines Heilmittels preiszugeben, aber er stimmte im Jahre 1681 einer lukrativen Vereinbarung mit Ludwig zu, die ihm eine Pension auf Lebenszeit sicherte sowie eine Offenlegung der Rezeptur erst nach seinem Tode. Er starb im darauffolgenden Jahr, und es zeigte sich, daß sein Geheimnis aus nichts anderem bestand als aus einer Mischung von Jesuitenpulver und Wein. Das war genau das Gebräu, das schon von Thomas Sydenham beschrieben worden war, der ebenfalls ausführlich und scharfsinnig über das Fieber und seine Heilung schrieb. Über die Ursache schrieb er: »Wenn Insekten übermäßig ausschwärmen und wenn Fieber und Wechselfieber (vor allem Viertagefieber) bereits in der Mitte des Sommers auftreten, dann verspricht der Herbst sehr krank zu werden.« Seine Beschreibung der Symptome war sehr genau: »Alle Fieber beginnen mit Zittern und Schüttelfrost, gefolgt von Hitze und schließlich Schwitzen ... Früher oder später ... wiederholt sich der Anfall, wobei die Intervalle ... beim Quotidiana vierundzwanzig Stunden dauern, beim Tertiana achtundvierzig ... etc.« Und seine Heilmittel hätten zumindest eine Alkoholfahne garantiert: »Man mische eine Unze der Rinde mit zwei Pints Rotwein und verabreiche sie in Dosierungen von acht oder neun Löffeln.«

Mittlerweile war die Engstirnigkeit der früheren Jahre verschwunden, und Chinarinde wurde weltweit akzeptiert. Jetzt entstand eine neue Auseinandersetzung über die Art und Weise, wie man den Arzneistoff anwenden sollte. Man glaubte weithin, daß der Arzneistoff als Nerventonikum wirkte, und im Laufe des achtzehnten Jahrhunderts wurden Zubereitungen der Chinarinde für eine ganze Reihe von Erkrankungen verwendet. Das führte nicht nur zu einer unangemessenen Verordnung, sondern auch zu einer enormen Überdosierung, wenn die anfängliche Dosierung nicht die erwünschte Besserung erbrachte. Interessanterweise regte dieser Arzneimittelmißbrauch den deutschen Arzt Samuel Hahnemann dazu an, ein Dosierungsschema für eine Arzneimittelbehandlung zu entwickeln, das schließlich zur homöopathischen Medizin führte. Hahnemann nahm im Jahre 1796 offenbar eine große Dosis an Chinarinde zu sich, und es überrascht vielleicht nicht, daß er an Anfällen litt, die denen ähnelten, die man von der Malaria kannte. Er folgerte, daß winzige Mengen eines Wirkstoffes, der einen bestimmten Zustand hervorruft, dazu benutzt werden sollten, eine Heilung zu bewirken. In der Folgezeit erprobte er seine Theorie mit Freiwilligen und setzte ungefähr neunzig verschiedene Arzneizubereitungen ein. Die moderne Praxis der homöopathischen Medizin beinhaltet die meisten seiner Befunde und Anwendungen, so zum Beispiel winzige Dosen von Arsen zur Behandlung von Magen-Darm-Entzündungen und Lebensmittelvergiftungen oder Cantharidin (Spanische Fliege) bei Erkrankungen der Harnwege. Hierbei handelt es sich genau um jene Symptome, die durch eine höhere Dosis des Wirkstoffes verursacht würden. Was auch immer die Bedeutung der neuen Methoden Hahnemanns war, sie verschonten zumindest seine Patienten vor den Überdosierungen, die von anderen Ärzten verordnet wurden.

Trotz der wachsenden Beliebtheit der Chinarinde im achtzehnten Jahrhundert blieb ihre Herkunft so lange im Dunkeln, bis einzelne Exemplare erhältlich waren und durch den schwedischen Botaniker Carl Linné klassifiziert wurden. Er ordnete den Baum einer neuen Familie zu, die er *Cinchona* taufte. Die Herkunft des Namens wurde oft dem Herzog von Chinchón zugeschrieben, damals spanischer Vizekönig von Peru, aber wahrscheinlich geht er eher auf den indianischen Namen für den Baum zurück.

Der aktive Bestandteil, das Chinin, wurde in reiner Form erst im Jahre 1820 isoliert; die beiden französischen Chemiker Pelletier und Caventou, die an dieser Isolierung beteiligt waren, stellten daraufhin in ihrer Pariser Fabrik große Mengen Chinin her. Die klinische Wirksamkeit des reinen Arzneistoffes konnte schnell nachgewiesen werden, und die Nachfrage nach Chinarinde übertraf bald das Angebot. In einem frühen Beispiel dessen, was heute als »Raub am tropischen Regenwald« bezeichnet würde, führten Sammler eine großangelegte Entrindung von Chinarindenbäumen durch, die man dann eingehen ließ.

Der holländische Botaniker J. C. Hasskerl richtete im Jahre 1852 eine Expedition aus, um Samen für eine Anpflanzung in den holländischen Kolonien auf Java zu sammeln. Im Jahre 1852 beförderte er 500 Pflanzen mit einem schnellen Kriegsschiff, aber nur fünfundsiebzig von ihnen überlebten die Reise und diese gediehen an den vulkanischen Hängen auf Java nicht. Weitere Anstrengungen, die im Laufe der Jahre bis 1863 unternommen wurden, führten zu einer Gesamtmenge von 208 322 Samen, 612 770 Pflanzen in Baumschulen und 539 040 in ständigen Anlagen, aber die meisten Bäume lieferten nur einen sehr geringen Prozentsatz an Chinin. Dem berühmtem britischen Forscher Richard Spruce und seinem Kollegen Charles Markham gelang es, 100 00 Samen zu beschaffen, aber trotz wiederholter Anstrengungen in Indien und Ceylon, brachten die herangewachsenen Bäume ebenfalls nur eine geringe Ausbeute. Das gesamte Unternehmen war so unrentabel, daß im Jahre 1900 eine Million Chinarindenbäume zerstört werden mußten. Schließlich gelang es den Holländern, eine äußerst ertragreiche Art dieser Bäume zu vermehren, jedoch eher durch glückliche Umstände als durch ein sorgfältiges Zuchtprogramm. Ein britischer Siedler in Peru, Charles Ledger, erhielt die Samen einer besonders guten Art über seinen indischen Diener, und einige dieser Samen tauchten schließlich auf Java auf. Die Bäume, die daraus entstanden, wurden daraufhin *Cinchona ledgeriana* genannt, und sie lieferten eine Rinde mit etwa 10 Prozent Chinin; das führte dazu, daß die Holländer ein weltweites Monopol in der Chininversorgung erlangten.

In der Zwischenzeit war ein zögerlicher Anfang gemacht in dem Bemühen, den Übertragungsweg von Malaria zu bestimmen. Im Jahre 1880 wies der Franzose Alphonse Laveran die Parasiten in infizierten Erythrozyten nach, und der Engländer Ronald Ross zeigte im Jahre 1897, daß die Stechmücke die Krankheit überträgt. Andere Experimente wurden von Patrick Manson und seinen Mitarbeitern in den sumpfigen Gebieten der römischen Campagna durchgeführt. Diese Untersuchungen waren sowohl mutig als auch überzeugend. Für ein Experiment erhielt Manson Moskitos aus Rom, infizierte sie mit einer relativ gutartigen Form der Malaria tertiana und ließ sie dann per Schiff nach London bringen. Nachdem sie dort angekommen waren, erlaubte man ihnen, Mansons Sohn und einen Laborassistenten namens George Warren zu stechen, worauf beide an Malaria erkrankten.

Das holländische Chininmonopol wurde schließlich durch drei Ereignisse gebrochen: die japanische Invasion auf Java im Jahre 1942, die weitverbreitete Anwendung von DDT nach dem Krieg, um die Stechmücken in ihren Brutgebieten zu vernichten, und die Einführung vollständig synthetischer Arzneistoffe, wie z. B. Paludrine®. Als im Jahre 1942 plötzlich der Nachschub ausblieb, führte dies zu großangelegten Anstrengungen in den USA und England zur Herstellung von synthetischen Wirkstoffen gegen Malaria. Die deutsche Firma I. G. Farben hatte in den 30er Jahren Mepacrin (Atebrin®) eingeführt, und Mepacrin war der Wirkstoff, der von den Alliierten vorrangig produziert und eingesetzt wurde. R. B. Woodward und W. E.

Doering von der Harvard University berichteten von einer gelungenen Chininsynthese im Jahre 1944, aber der Syntheseweg war für eine industrielle Produktion zu kompliziert. Nach dem Krieg wurden zahlreiche Analoge hergestellt und getestet; Proguanil (Paludrine®) und Pyrimethamin (Daraprim®) erwiesen sich dabei als hochwirksam.

Chinin scheint nur wenig Wirkung auf die Sporozoiten oder auf die Stadien vor dem Befall der Erythrozyten zu haben. In den Erythrozyten bindet Chinin sich an die DNA des Parasiten und verhindert so die Proteinbiosynthese, die für dessen weiteres Wachstum benötigt wird. Ebenso wie Bakterien haben die verschiedenen *Plasmodium* -Arten im Laufe der Jahre Resistenzen gegen Chinin und die meisten synthetischen Arzneistoffe entwickelt, und es gibt wenig Aussicht auf einen Impfstoff in absehbarer Zukunft. *Plasmodium falciparum* und seine Verwandten bleiben deshalb auch auf viele Jahre hinaus eine Bedrohung.

Was Chinin betrifft, so wird es noch immer in großen Mengen in Indonesien hergestellt und genügt somit einer Tradition, die von den britischen Kolonialherren eingeführt wurde. Wenn die Sonne unterging, gaben diese nämlich Gin in ihr indisches Tonic Water, um den bitteren Geschmack von Chinin zu überdecken. Im Gin-Tonic von heute verstärkt das Chinin den Gingeschmack!

Dieses Kapitel hat sich vorwiegend mit der Malaria und ihrer Behandlung beschäftigt. Dies spiegelt die Bedeutung dieser Krankheit und die hervorragende Stellung von Chinin als natürlich vorkommendes Arzneimittel gegen Malaria wider. Andere durch Parasiten hervorgerufene Infektionen sind ebenfalls weit verbreitet, und Trypanosomiasis sollte ebenso Erwähnung finden wie die Amöbenruhr.

In Afrika und Südamerika kommen mehrere Arten von Trypanosomen vor, und drei davon sind für den Menschen pathogen. In Afrika leben *Trypanosoma gambiense* und *T. rhodesiense*, die Erreger der afrikanischen Schlafkrankheit; *T. cruzi* verursacht die südamerikanische Trypanosomiasis, die oft die Chagas-Krankheit genannt wird. Die afrikanische Form der Schlafkrankheit verläuft schwerer, sie wird von infizierten Tsetsefliegen übertragen. Wenn die Parasiten in das Gehirn eindringen, verursachen sie Meningoenzephalitis (Entzündung von Hirn und Hirnhäuten), die zu Lethargie, Koma und Tod führt. Die südamerikanische Form führt eher zu chronischen Schwächezuständen als zu schnellem Tod. Die Trypanosomen infizieren fast alle Gewebe und rufen somit Fieberschübe, Vergrößerung von Leber und Milz und manchmal auch Enzephalitis (Hirnentzündung) hervor. Ein kleiner grüner Käfer, *Triatoma megista*, der in den Hauswänden aus Lehm lebt, ist der Überträger dieser Form der Trypanosomiasis. In manchen Teilen Brasiliens sind 20 Prozent der Bevölkerung von dieser Krankheit befallen. Es wurde vermutet, daß sich Charles Darwin während seines Südamerika-Aufenthaltes infizierte; dazu würde passen, daß er in seinem späteren Leben häufig Phasen von Lethargie durchlebte.

Die Amöbenruhr kommt beinahe weltweit vor, und sie wird durch eine Infektion mit dem Parasiten *Entamoeba histolytica* verursacht. Schlechte sanitäre Bedingungen und unzulängliche Nahrungsmittelhygiene werden gewöhnlich für die Verbreitung dieser Krankheit verantwortlich gemacht, und vermutlich sind ungefähr 10 Prozent der Weltbevölkerung davon betroffen. Das Hauptsymptom ist akuter oder chronischer Durchfall, und dieser wurde in Brasilien jahrhundertelang durch die Gabe von Ipecacuanha behandelt. Die Wirksamkeit des Hauptbestandteils Emetin wurde erstmals im Jahre 1912 nachgewiesen und stellt ein weiteres Beispiel für ein volkstümliches Heilmittel mit klinischem Nutzen dar.

Es werden auch weiterhin große Anstrengungen unternommen, um Pflanzenextrakte zu identifizieren, die gegen Amöben, Trypanosomen oder Malaria wirksam sind. Eine Pflanze ist derzeit von besonderem Interesse. Extrakte aus der Pflanze *Artemesia annua* wurden in China jahrhundertelang wegen ihrer Wirksamkeit gegen Malaria geschätzt. Bereits im Jahre 340 v. Chr. behauptete der chinesische Kräuterkundige Ge Hong, daß man Fieber dadurch behandeln könne, daß man einen Absud aus einer Handvoll *qing hao* in einem Liter Wasser trinkt. Anfängliche Versuche in den 70er Jahren, die biologische Wirksamkeit der Pflanzenextrakte nachzuweisen, waren enttäuschend. Aber im Jahre 1972 gelang es chinesischen Forschern, den wirksamsten Inhaltsstoff zu isolieren, und sie nannten ihn *qinghaosu* oder Artemisinin. Seine Struktur wurde schließlich im Jahre 1980 aufgeklärt. Die Substanz hemmt in beträchtlichem Umfang das Wachstum des primaquinresistenten Erregers *Plasmodium falciparum*. Überraschenderweise ist es auch nicht toxisch; die mittleren letalen Dosen für Mäuse und Ratten betragen jeweils ungefähr 4 und 5 g pro Kilogramm Körpergewicht. Das ermutigte die Chinesen, einen klinischen Versuch zu beginnen, und bis zum Jahre 1979 hatten sie 2099 Malariafälle behandelt, und zwar in jedem einzelnen Fall mit Erfolg. Obgleich die Wirkungsweise gegenwärtig (noch) unbekannt ist, werden zur Zeit mehrere Studien durchgeführt mit dem Ziel, die Wirksamkeit von *qinghaosu* gegen Malaria durch die Synthese wirksamerer Analoge zu optimieren. Diese Arbeit ist besonders aufregend, weil sie die Möglichkeit in sich birgt, mittels »Drugdesign« einen Wirkstoff gegen Parasiten zu entwickeln, der auf einem natürlichen Modell beruht. Dies konnte mit Chinin nie erreicht werden.

≡   Wirkstoffe gegen Krebs

Von Parasiten hervorgerufene Erkrankungen sind die Geißel der Dritten Welt, Krebs dagegen ist die am meisten gefürchtete Krankheit in den entwickelten Ländern. Jedes Jahr werden im Westen ungefähr drei Millionen Neuerkrankungen diagnostiziert. Die aktuellen Statistiken für Großbritannien lassen vermuten, daß eine von drei Personen zu irgendeinem Zeitpunkt ihres Lebens an Krebs erkrankt, und 20 – 25 Prozent der Todesfälle sind auf diese Erkrankung zurückzuführen.

Die tatsächliche Ursache einer speziellen Krebsart ist gewöhnlich nicht bekannt, aber es sind ausnahmslos einer oder mehrere Faktoren beteiligt: das kann ein Karzinogen sein, ein onkogenes Virus, ein Parasit, Strahlung oder ein physikalisches Trauma, in Verbindung mit einer ererbten genetischen Disposition für die Krankheit oder einem altersbedingten Zusammenbruch der Überwachungsmechanismen des Immunsystems. Die krebserzeugende Wirkung bestimmter Chemikalien ist unzweifelhaft. Zu ihnen gehören das Benzpyren im Zigarettenrauch oder Schornsteinruß, Chromsalze in Industrieabfällen sowie Nitrosamine und Mykotoxine in Nahrungsmitteln. Solche Umweltfaktoren sind wahrscheinlich für die Mehrheit der Krebserkrankungen verantwortlich, und sie erklären auch die großen Unterschiede, die es je nach Gegend und Bevölkerungsgruppe in der Krebshäufigkeit gibt. Im neunzehnten Jahrhundert zogen sich Schornsteinfeger Hodenkrebs zu, weil sie dem Schornsteinruß ausgesetzt waren. Bei Menschen in der Provinz Honan in China tritt vermehrt Speiseröhrenkrebs auf, während es in Teilen von Mozambique eine hohe Inzidenz für Leberkrebs gibt: beides läßt sich zum Teil auf Mykotoxine in der Nahrung zurückführen. Die Häufigkeit von Hautkrebs liegt in Queensland (Australien) 200mal höher als in Indien. Ursache ist vermutlich die starke ultraviolette Strahlung, der die helle Haut der europäischen Einwanderer ausgesetzt ist. Die größere Häufigkeit von Darm- und Brustkrebs im Westen im Vergleich zu Japan wiederum kann wahrscheinlich den Unterschieden in der Aufnahme von Nahrungsfetten zugeschrieben werden. Im Gegensatz dazu hat Japan weltweit das höchste Vorkommen an Magenkrebs; dafür macht man die hohe Aufnahme von gesalzenem Fisch und den Mangel an frischem Obst und Gemüse verantwortlich. Das letzte Argument ist von besonderem Interesse, denn eine immer größer werdende Fülle an Belegen verweist auf eine protektive Wirkung der Vitamine A, C und E sowie des Spurenelementes Selen, die alle in Früchten und Gemüse vorkommen.

Die Rolle der Viren ist schwerer zu bestimmen, aber man schätzt, daß Viren zu der Entwicklung von ungefähr 20 Prozent der Tumore bei Frauen und 8 Prozent der Tumore bei Männern beitragen. Das Hepatitis-B-Virus ist sicherlich an der Entstehung von primärem Leberkrebs beteiligt, und in Teilen Afrikas wird das Epstein-Barr-Virus mit dem Auftreten des Burkitt-Lymphoms in Zusammenhang gebracht. Dieses Virus ist auch für die infektiöse Mononukleose (Pfeiffersches Drüsenfieber) verantwortlich und spielt bei der Entstehung von Speiseröhrenkrebs in China eine Rolle. Die Wirkungsweise der Viren ist inzwischen teilweise bekannt. Es gehört dazu eine Erstinfektion – oft in der frühen Lebensphase – mit einer nachfolgenden Einbettung der Virus-DNA in die DNA der Wirtszelle, wo sie viele Jahre lang (latent) vorhanden ist. Im späteren Leben, gewöhnlich zu einem Zeitpunkt, zu dem die Widerstandsfähigkeit der betreffenden Person infolge von Krankheit oder den Unbillen der Zeit herabgesetzt wurde, wird die Virus-DNA virulent und reproduziert sich tausendfach, wobei die zellulären Kontrollmechanismen außer Kraft gesetzt werden.

Eine heimtückischere Folge von Ereignissen wurde zum ersten Mal im Jahre 1980 nachgewiesen, als man feststellte, daß bestimmte, in normalen Zellen vorhandene Gene, sogenannte Onkogene, durch eine Mutation oder ein anderes Ereignis aktiviert werden können. Wahrscheinlich spielen diese Gene eine wichtige Rolle während der embryonalen Entwicklung oder in anderen frühen Lebensphasen, wenn schnelles Wachstum und Differenzierung erforderlich sind, und werden später unterdrückt. Wenn sie jedoch aufs Neue aktiviert werden, kodieren diese Onkogene für die Produktion von Proteinen, welche die üblichen zellulären Kontrollmechanismen überwinden. Die entarteten Zellen reproduzieren sich dann völlig hemmungslos.

Für diese Entgleisung werden verschiedene Mechanismen vorgeschlagen. Es scheint so, als ob die meisten Zellen Faktoren produzieren, die das Wachstum anderer Zellen kontrollieren, jedoch keine selbstregulierenden Produkte bilden. Zu den onkogenen und viralen Produkten zählen Wachstumsfaktoren für die Mutterzelle oder abweichende Rezeptoren für Wachstumsfaktoren, die sich in einem ständigen Aktivierungszustand befinden.

Unkontrolliertes Wachstum ist somit eines der Hauptcharakteristika einer Krebszelle, zusammen mit ihrer Fähigkeit zu verhindern, daß sie vom körpereigenen Überwachungssystem als fremde Zelle erkannt wird. Im Gegensatz zur allgemeinen Annahme, vermehren sich Krebszellen nicht notwendigerweise schneller als normale Zellen: sie wachsen lediglich unbegrenzt. Noch heimtückischer ist die Tatsache, daß sie auch dazu neigen, sich von ihrer ursprünglichen Wachstumsstelle (Primärtumor) loszulösen und an anderen Orten Metastasen anzusiedeln, wo sie dann Sekundärtumoren bilden. Diese Metastasen in Lunge, Gehirn, Leber oder Knochen sind die eigentliche Ursache für Schmerzen, Schwäche und letztendlich den Tod.

In der Vergangenheit begann die Behandlung gewöhnlich mit einer Operation: für viele Krebsarten gilt das auch heute noch. Zu dem Zeitpunkt jedoch, zu dem ein Tumor durch eine Röntgenaufnahme oder durch Abtasten festgestellt wird, hat er gewöhnlich einen Durchmesser von 1 cm und besteht aus einer Milliarde Zellen. Er kann sich auch bereits an andere, weitentfernte Stellen ausgebreitet haben. Die Chirurgie und die erst später entwickelten Techniken der Strahlentherapie sind somit von begrenztem, örtlichem Nutzen, und bis zum Aufkommen der Chemotherapie konnte man nur wenig zur Beseitigung von Metastasen tun.

Das Zeitalter der Chemotherapie begann möglicherweise im Jahre 1865, als Lissauer einem Patienten, der an Leukämie litt, Fowlersche Lösung (Kaliumarsenit) verabreichte – mit positivem Resultat. Realistischer ist es, den Beginn der Anwendung von Chemotherapeutika zur Krebsbehandlung auf das Jahr 1942 zu datieren, als Dougherty, Gilman, Goodman und Lindskog eine klinische Studie mit Stickstoff-Lost in Angriff nahmen. Die Stickstoff-Loste wurden aus Schwefel-Losten, wie z. B. Senfgas, entwickelt, die im Ersten Weltkrieg als Kampfstoffe eingesetzt worden waren. Diese Wirkstoffe zur chemischen Kriegsführung der zweiten Generation waren ursprünglich dazu bestimmt, im Zweiten Weltkrieg eingesetzt zu werden, aber weder die Deutschen noch die Alliierten wagten es, sie zu benutzen. Ein Kriegsembargo für wissenschaftliche Veröffentlichungen führte dazu, daß die klinische Arbeit von Dougherty und Mitarbeitern erst im Jahre 1946 veröffentlicht wurde, aber seitdem wurden die Stickstoff-Loste weithin als wirksame, obgleich in hohem Maße toxische Wirkstoffe gegen Krebs verwendet. Bedeutsamer sind für dieses Buch die natürlichen Pflanzenprodukte, die in der chemotherapeutischen Krebsbehandlung angewandt werden. Ebenso wie die Stickstoff-Senfgase entfalten sie ihre antikanzerogenen Wirkungen durch Hemmung der Zellteilung.

Man schätzt, daß sich bei einem gesunden Erwachsenen täglich ungefähr 35 Milliarden Zellen teilen, und jede dieser Teilungen könnte eine bösartige Zellpopulation entstehen lassen, die dann unkontrolliert wächst. Nicht alle Tumoren wachsen schnell, und ein typisches Lungenkarzinom verdoppelt sich alle neunzig Tage, ein Darmkarzinom braucht achtzig Tage für das gleiche Größenwachstum. Im Gegensatz dazu kann sich ein Lymphom alle drei bis vier Tage verdoppeln und ein Hodenteratom braucht fünf bis sechs Tage. Diese Unterschiede spiegeln sich in dem relativen Spielraum wider, der bei der Kontrolle dieser Tumoren mit Arzneistoffen zur Verfügung steht. Die schnellwachsenden Tumoren können gewöhnlich vollständig beseitigt werden, wenn man sie früh genug behandelt, während Lungen- und Darmkarzinome gewöhnlich gegen Chemotherapie resistent sind.

Der Schlüssel zu einem erfolgreichen Einsatz von Arzneistoffen bei der Krebsbehandlung liegt darin, daß man Hemmechanismen der Zellteilung kennt. Der Zellzyklus wird in mehrere Phasen eingeteilt: die S-Phase, in der die DNA-Synthese stattfindet; eine Ruhephase, das sogenannte prämitotische Intervall (G_2); die Zellteilung oder Mitose und eine postmitotische Ruhephase (G_1). Während der Synthese-Phase und der Mitose ist die Zelle höchst anfällig für Beschädigung. Viele Wirkstoffe gegen Krebs schädigen die DNA oder gehen chemische Bindungen mit ihr ein und verhindern dadurch, daß sich die DNA-Doppelhelix entwindet und sich selbst reproduziert. Andere Arzneistoffe greifen in die Synthese oder die Anlagerung des Proteins Tubulin ein. Tubulin ist der Hauptbestandteil der zahlreichen Mikrotubuli (Fasern, die den Speichen eines Regenschirms ähneln; vgl. Abb. 55), welche während der Zellteilung die mitotische Spindel bilden. Viele pflanzliche Wirkstoffe zur Krebsbehandlung wirken über diesen Mechanis-

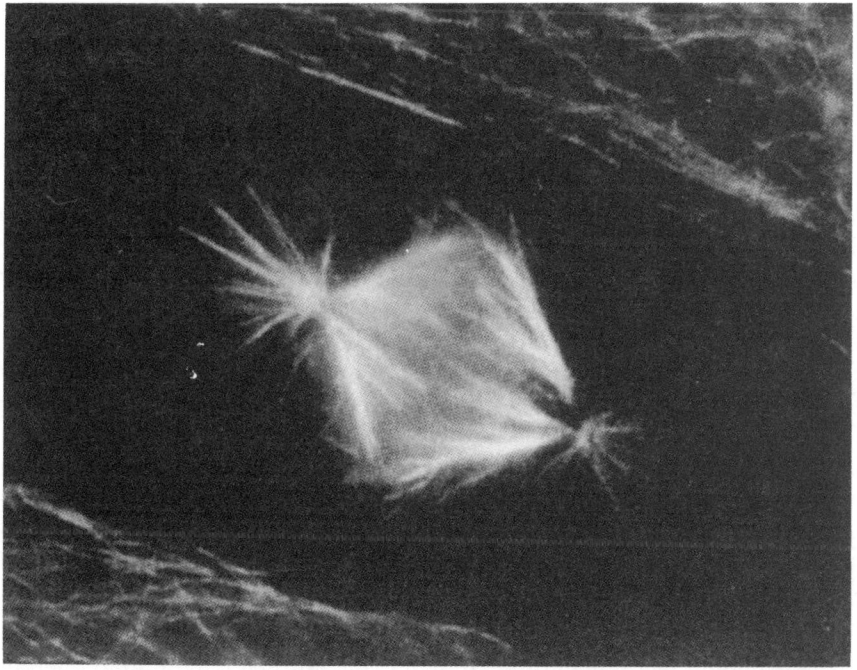

Abb. 55   Zellteilung (Mitose). Der Vorgang wurde sichtbar gemacht durch die Verwendung von radioaktiven Isotopen und einer photographischen Technik, die als Autoradiographie bekannt ist.

mus, und von ihnen haben Colchicin, Podophyllotoxin und die Vinca-Alkaloide die engste Verbindung zur volkstümlichen Medizin.

Die Herbstzeitlose, *Colchicum autumnale*, wurde zur Zeit der Römer zur Behandlung der Gicht hochgepriesen. Die Gicht ist eine Erkrankung, bei der die Harnsäure, ein Abbauprodukt der Nukleinsäuren (die chemischen Bausteine von DNA und RNA) aufgrund einer ungenügenden Ausscheidung angereichert wird. Die Ablagerung von Harnsäurekristallen in den Gelenken führt zu einem Entzündungszustand, der der rheumatischen Erkrankung ähnelt. Byzantinische Ärzte und später arabische Ärzte verordneten bei beiden Erkrankungen Extrakte dieser Pflanze. Sie war im achtzehnten Jahrhundert erneut äußerst beliebt, aber erst im zwanzigsten Jahrhundert konnte die zytotoxische Wirkung des Hauptbestandteils Colchicin gezeigt werden.

Bei der Gicht wirkt Colchicin vermutlich dadurch, daß die Beweglichkeit von Leukozyten gehemmt wird, welche normalerweise die entzündliche Reaktion auf die Kristalle steuern würden. Die antikanzerogene Wirkung resultiert aus seiner Fähigkeit, an Tubulin zu binden und die Polymerisation des Proteins zu neuen Mikrotubuli zu verhindern. Leider ist Colchicin für eine weitergehende klinische Anwendung zu toxisch, obgleich es als Hilfsmittel für das Verständnis der Hemmechanismen anderer zytotoxischer Arzneistoffe von unschätzbarem Wert war.

Im »Leech Book« (Heilbuch) von Bald (ca. 950 n. Chr.) wurde der Extrakt einer wilden Kerbelart – vermutlich *Myrrhis odorata* – als Salbe zur Behandlung von Tumoren erwähnt. Die Pflanze produziert mehrere Lignane, die in ihrer Struktur mit dem zytotoxischen Wirkstoff Podophyllotoxin verwandt sind. Die Art *Podophyllum emodii* aus dem Himalayagebiet und die nordamerikanische Art *Podophyllum peltatum* (Amerikanischer Maiapfel) sind noch bessere Quellen für derartige Verbindungen. Extrakte aus den Wurzeln dieser Pflanzen enthalten Podophyllotoxin und α-Peltatin als Hauptbestandteile. Die amerikanischen Indianer benutzten den Wurzelextrakt hauptsächlich als Abführmittel, Brechmittel und Gift (zur Selbsttötung), obgleich die Penobscott-Indianer in Maine die Extrakte angeblich zur Behandlung von Genitalwarzen angewandt haben. Eine Podophyllum-Tinktur ist immer noch als gesetzlich geschütztes Präparat zur Behandlung von Warzen erhältlich.

Im Jahre 1942 berichtete Kaplan, daß Genitalwarzen tatsächlich dadurch geheilt werden konnten, daß man sie mit Podophyllumharz behandelte, und diese Darstellung ermutigte Hartwell und Mitarbeiter am National Cancer Institute in Washington, diese Extrakte an Tumoren zu testen, die man experimentell an Tieren erzeugt hatte. Obgleich Podophyllotoxin in reiner Form von Podwyssotzki im Jahre 1880 isoliert worden war, wurde seine Struktur erst im Jahre 1958 von Hartwell und Schrecker aufgeklärt. Nachfolgende Forschungsarbeit zeigte, daß es sich an einer bestimmten Stelle an Tubulin band, die ganz in der Nähe jener Stelle lag, die von Colchicin besetzt wurde, und daß es wie dieses ein mächtiges Spindelgift war. Einige wenige Patienten wurden mit Podophyllotoxin oder α-Peltatin behandelt, aber die schweren Giftwirkungen im Magen-Darm-Bereich überwogen die geringen Verbesserungen, die man beobachten konnte.

Im Jahre 1954 startete das schweizerische Unternehmen Sandoz ein Forschungsprogramm, das die Synthese von Strukturanalogen mit einem besseren therapeutischen »Fenster« zum Ziele hatte, das heißt, mit einem – im Vergleich zu ihrer allgemeinen Toxizität – verbesserten zelltötenden Potential (Zytotoxizität). Man hatte eine Reihe von natürlichen Kohlenhydratderivaten der Lignane isoliert, und die Chemiker von Sandoz nahmen diese als Ausgangspunkt für ihre Bemühungen bei der Synthetisierung. Von den zahlreichen Analogen, die man unter Verwendung von Podophyllotoxin als Ausgangsmaterial synthetisiert hatte, waren zwei besonders wirksam, und diese wurden Etoposid und Teniposid genannt. Die klinischen Versuche begannen Anfang der 70er Jahre, und beide Verbindungen erwiesen sich bei der Behandlung einer Reihe von Krebsarten als hochwirksam. Teniposid ist besonders hilfreich bei der Behandlung von kindlicher Leukämie, während Etoposid der Arzneistoff der Wahl ist bei Patienten mit kleinzelligem Lungenkrebs, einem besonders aggressiven und relativ schnellwachsenden Lungenkrebs.

Interessanterweise bindet trotz der großen strukturellen Ähnlichkeit zwischen diesen halbsynthetischen Analogen und dem Podophyllotoxin keines von beiden an Tubulin oder wirkt als Spindelgift. Stattdessen binden sie an ein Enzym, das Topoisomerase II heißt, und hindern es daran, an der Verdopplung der DNA während der S-Phase des Zellzyklus mitzuwirken. Dieses Enzym spielt eine Doppelrolle, die darin besteht, daß es die DNA-Stränge spaltet und diese wieder miteinander verbindet, nachdem die Verdopplung der Abschnitte vollzogen ist. Über welchen Mechanismus Etoposid und Teniposid auch wirken mögen, das Ergebnis ihrer Verbindung mit der Topoisomerase II ist die Produktion von freien DNA Enden, die nicht wieder zusammengefügt werden.

Im Gegensatz zu *Colchicum autumnale* und den *Podophyllum*-Arten, wird die Anwendung des rosarot blühenden Immergrüns (*Catharanthus roseus*, früher *Vinca rosea*) zur chemotherapeutischen Behandlung von Krebs in der volkstümlichen Literatur nicht erwähnt. Es wurde jedoch in Form von Tee von Diabetikern auf den Philippinen, in Südafrika, Indien und Australien verwendet, und das ermutigte R. L. Noble und seine kanadischen Mitarbeiter, Extrakte der Pflanze auf ihre hypoglykämischen Eigenschaften hin zu überprüfen. Die Extrakte erwiesen sich als völlig unwirksam, als man sie an Kaninchen mit künstlich erhöhtem Blutzuckerspiegel testete, aber kurz danach starben mehrere Tiere an schweren bakteriellen Infektionen. Es zeigte sich, daß diese auf eine starke Verminderung der weißen Blutkörperchen zurückzuführen waren, was zur Folge hatte, daß ihre Fähigkeit, mit einer Immunreaktion auf eindringende Organismen zu reagieren, nachließ. Diese Art der Toxizität ist eine bekannte unerwünschte Wirkung bei der Behandlung mit zytotoxischen Arzneistoffen, und die Arbeitsgruppe um Noble fuhr fort, die Extrakte an mehreren tierischen Tumoren zu testen, mit ausgezeichneten Ergebnissen. Sie berichteten im Jahre 1955 über ihre Befunde, worauf umgehend Wissenschaftler von Eli Lilly an sie herantraten, die ebenfalls mit *C. roseus* arbeiteten. In der Folge schlossen sich die beiden Arbeitsgruppen mit ihren Forschungsergebnissen und ihrem Wissen zusammen.

Zwischen 1960 und 1962 identifizierten sie vier aktive Alkaloide aus dieser Pflanze: Vinblastin, Vincristin, Leurosidin und Leurosin. Das biologische Screening wurde dadurch enorm erleichtert, daß ein Mäuse-Leukämie-Modell (P-1534) zur Verfügung stand, das höchst empfindlich auf die Wirkstoffe reagierte. Bei Dosen von weniger als 0,3 mg pro Kilogramm Körpergewicht, über einen Zeitraum von zehn Tagen verabreicht, gab es viele Langzeit-Überlebende unter den an Leukämie erkrankten Mäusen. Andere tierische Tumoren reagierten ähnlich, und bald darauf wurden klinische Versuche am Menschen unternommen.

Dreißig Jahre danach kann man, ohne Widerspruch befürchten zu müssen, sagen, daß Tausende von Leben durch die Anwendung von Vincristin und Vinblastin gerettet werden konnten. Die Fünfjahres-Überlebensrate bei Patienten, die an Morbus Hodgkin erkrankt waren, lag bei deprimierenden 5 Prozent im Jahre 1970, aber sie ist auf 98 Prozent angestiegen, und zwar unter einem Behandlungsschema, das Vincristin beinhaltet sowie die Antimetaboliten Methotrexat und 5-Mercaptopurin und den entzündungshemmenden Wirkstoff Prednisolon. Die vergleichbaren Zahlen bei akuter lymphoblastischer Leukämie bei Kindern betragen 5 Prozent bzw. 60 Prozent, wenn sie eine anfängliche Behandlung mit Vincristin und Prednisolon erhalten, gefolgt von einer Behandlung mit anderen Wirkstoffen und einer Knochenmarkstransplantation. Schließlich gab es bei Hodenkrebs eine spektakuläre Zunahme an vollständigen Heilungen, nachdem man Mitte der 70er Jahre Vinblastin und das Schimmelpilzprodukt Bleomycin alternierend mit Gaben des anorganischen Wirkstoffes Cisplatin, einem Platinderivat eingeführt hatte. Heute überleben mehr als 90 Prozent aller Hodenkrebs-Patienten. All dies sind Triumphe der kombinierten Chemotherapie.

Die Wirkungsweise der Vinca-Alkaloide ähnelt der von Podophyllotoxin und Colchicin, obgleich sie nicht an derselben Stelle an Tubulin binden. Es wurden zahlreiche Analoge hergestellt, aber nur Vindesin ist von signifikanter Bedeutung. Zwar können diese Verbindungen auf synthetischem Wege hergestellt werden, doch dieser Weg ist lang und teuer. Die Folge davon ist, daß Eli Lilly jedes Jahr ungefähr 8000 kg Blüten von *C. roseus* verarbeitet, um die Nachfrage nach den Arzneistoffen zu befriedigen.

Die Erfolge mit den Pflanzenextrakten ermutigten das Cancer Chemotherapy National Service Centre (CCNSC) in Bethesda, in der Nähe von Washington, im Jahre 1955 ein Großes Screening-Programm zu unternehmen. Dieses Programm war die Ausweitung von Programmen, die vom Sloan Kettering Institut in New York und dem CSIRO in Australien begonnen worden waren; die beiden Institute untersuchten zwischen 1945 und 1955 über 2000 Pflanzenarten. In der Zeit zwischen 1955 und 1980 untersuchte das CCNSC eine weitere halbe Million Pflanzenextrakte und synthetische Verbindungen, und zahlreiche heutige krebswirksame Arzneimittel haben ihren Ursprung in diesem Programm.

Die neuen Arzneistoffe erhielt man aus drei natürlichen Quellen: aus Schimmelpilzen, aus Landpflanzen und seit kurzem aus Meeresorganismen. Die Schimmelpilze waren eine besonders reiche Quelle für klinisch bedeutsame Wirkstoffe, und dazu zählen die Bleomycine aus *Streptomyces verticillus*, Doxorubicin, ein Anthracyclin aus *Streptomyces peuceticus* und die Mitomycine aus *Streptomyces verticillatus*. Dazu kommen noch die Cyclosporine aus *Trichoderma inflatum*, die, obgleich nicht krebswirksam, gute Immunsuppressiva sind und dazu verwendet werden, Patienten zu behandeln, die Knochenmarks- oder Organtransplantationen erhalten haben.

Landpflanzen haben die klinisch wirksamen Maytansinoide (aus *Maytenus serrata*), die Ellipticine und verwandte Verbindungen (aus *Ochrosia elliptica*) sowie experimentelle Wirkstoffe wie Taxol aus der Eibe (*Taxus baccata*), die Quassinoide wie Bruceantin aus der Familie der Simaroubaceen und Camptothecin aus *Camptotheca acuminata* geliefert.

Meeresorganismen stellen eine relativ unerschlossene Quelle für interessante Naturstoffe dar, und während der vergangenen fünfzehn Jahre hat das National Cancer Institute Tausende von Meerespflanzen und Meerestieren auf biologisch interessante Moleküle hin untersucht. Unter den Verbindungen, die gegenwärtig ausgewertet werden, haben die Cephalostatine aus dem Meereswurm *Cephalodiscus gilchristi* und die Dolastatine aus dem Seehasen *Dolabella auricularia* eine besonders hohe zytotoxische Wirkung.

Die genannten und andere natürlich vorkommende, krebswirksame Stoffe können in den kommenden Jahren die Chemotherapie bei Krebs in bedeutsamer Weise beeinflussen, aber es wäre irreführend, wenn der Eindruck zurückbliebe, als seien Naturprodukte die einzig wirksamen Arzneistoffe gegen Krebs. Gegenwärtig sind zahlreiche vollsynthetische Arzneistoffe zur Behandlung einer ganzen Reihe von Krebsarten in Gebrauch. So sind zum Beispiel die Arzneistoffe Aminoglutethimid und Tamoxifen die am häufigsten verschriebenen Wirkstoffe zur Behandlung des hormonabhängigen Brustkrebses. Ungefähr ein Drittel der Mammakarzinome benötigt für sein stetiges Wachstum Östrogene, die weiblichen Sexualhormone, und Aminoglutethimid hemmt das Enzym Aromatase, das an der Produktion dieser Hormone beteiligt ist. Im Gegensatz dazu bindet Tamoxifen an die Östrogen-Rezeptoren im zellulären Zytoplasma und verwehrt den Östrogenen den Zugang. Dadurch wird die Verlagerung von Rezeptor-Hormon-Komplexen in den Zellkern verhindert, wo sie normalerweise mit der DNA interagieren und weitere Zellteilungen hervorrufen würden.

Da immer mehr Information über die Entwicklung und das Wachstum von Krebszellen verfügbar wird, wird es möglich sein, Arzneistoffe zu entwickeln, die in die speziellen Stadien ihres Lebenszyklus eingreifen können. In der Zwischenzeit werden sich die verschiedenen Screening-Programme weiterhin damit beschäftigen, neue Naturprodukte zur Behandlung dieser Erkrankung zu liefern, die immer häufiger auftreten wird, da sowohl die Lebenserwartung als auch die Umweltverschmutzung zunehmen.

Die Zukunft

Die großen Screening-Programme, die im letzten Kapitel erwähnt wurden, haben weitere neue, biologisch aktive Moleküle hervorgebracht. Die meisten dieser Moleküle stammen von Pflanzen oder Mikroorganismen, und drei neuere Entdeckungen werden dazu beitragen, die fortdauernde Bedeutung dieser Arbeit hervorzuheben.

Im Jahre 1976 wurde der Schimmelpilz-Metabolit Compactin aus *Penicillium citrinum* und aus *P. brevicompactum* isoliert. Vier Jahre später wurde der strukturell verwandte Pilzmetabolit Mevinolin aus *Aspergillus terreus* isoliert. Es zeigte sich sehr schnell, daß beide Verbindungen die Biosynthese von Cholesterin hemmen konnten, und da die Erhöhung der Blutfettwerte ein wichtiger Risikofaktor für Patienten mit koronarer Herzerkrankung ist, war das klinische Potential dieser Verbindungen beträchtlich. Schließlich erhielten die Firmen Merck, Sharp und Dohme vor kurzem von der Federal Drug Administration in den USA die Genehmigung, Mevinolin (Mecavor®) zur Anwendung bei Patienten mit erhöhtem Cholesterinspiegel zu vermarkten. Es ist noch zu früh, die Auswirkungen dieser Therapie auf die Langzeit-Überlebensrate dieser Patienten einzuschätzen, aber die Kurzzeit-Wirkungen waren höchst ermutigend.

Während der 60er Jahre wurde durch ein Screening-Programm am Central Drug Research Institute in Lucknow (Indien) Pflanzen, die in der indischen Volksmedizin angewandt wurden, spezielle Aufmerksamkeit gewidmet. Buntnesselarten (Pflanzen der Gattung *Coleus*) sind schon seit besonders langer Zeit in Gebrauch, und verschiedene Pflanzenextrakte bildeten die Basis für viele alte vedische Heilmittel zur Behandlung von Asthma, Epilepsie, Fieber, Koliken, Verdauungsstörungen, Hämorrhoiden, Herzerkrankungen u. a. Im heutigen Indien werden Knollen von der Pflanze *Coleus barbatus (C. forskholii)* als Bestandteile verschiedener Gewürze angewandt, aber im Jahre 1977 erbrachte eine pharmakologische Untersuchung der Pflanzenextrakte den Hinweis, daß andere Wirkungen von Interesse sein könnten. Der Hauptbestandteil, das Forskolin, wurde isoliert, und es zeigte sich, daß es sowohl antihypertensive (blutdrucksenkende) als auch positiv inotrope (die Kontraktionskraft des Herzens steigernde) Wirkung hat. Seine Wirkungen erzielt es, indem es das Enzym Adenylatcyclase aktiviert, was zu einer nachfolgenden Produktion des intrazellulären Botenstoffes cAMP führt. Somit verspricht Forskolin von zweifachem Interesse zu sein: zum einen als möglicher Arzneistoff und zum anderen als ein experimentelles Werkzeug für die Erforschung von intrazellulärer Signalübertragung.

Schließlich geben einige Verbindungen, die aus Pflanzen stammen, zu der Hoffnung Anlaß, daß sie eine hemmende Wirkung auf das Virus haben, das AIDS (Acquired Immune Deficiency Syndrome) verursacht. Gegenwärtig sind rund 1 – 1,5 Millionen Amerikaner Träger des Human Immunodeficiency Virus (HIV), und noch viel mehr Personen sind weltweit infiziert. Man weiß mittlerweile sehr viel über das Virus, das zu einer kleinen Gruppe sogenannter Retroviren zählt. Es handelt sich hierbei um ein ungewöhnliches Virus, weil seine genetische Information in Form von RNA anstatt in Form von DNA vorliegt, und es gebraucht diese als Matrize zur Produktion der Virus-DNA, welche danach in die Wirtszellen-DNA eingebaut wird. Nach der Infektion bindet das Virus bevorzugt an die T4-Lymphozyten, die wichtige Regulatorfunktionen im Immunsystem haben. Ein Glykoprotein (d. h. ein Protein, das an verschiedenen Stellen kurze Kohlenhydratketten hat), mit der Bezeichnung gp 120, das sich auf der Oberfläche des Virus befindet, bindet an ein Glykoprotein mit der Bezeichnung CD4 an den T4-Lymphozyten. Durch eine Verschmelzung der Hüllen gelingt es dem Virus, in die Zelle einzudringen, wo es eines seiner Schlüsselenzyme, die Reverse Transkriptase, dazu benutzt, die Virus-DNA zu produzieren (vgl. Abb. 56).

Die Virus-DNA wird dann in die DNA der Wirtszelle eingebaut. Hier kann sie viele Jahre lang latent ruhen, ebenso wie ein Onkogen, ehe sie virulent wird und die Matrize für die Herstellung von Virus-Protein und -RNA bildet. Da sich immer mehr neue Virus-Partikel bilden, werden die T4-Zellen geschwächt und können in der Folge absterben. Mit Folge dieser allmählichen Zerstörung der T4-Zell-Population stellt sich der Zustand der Immunschwäche ein, und der Patient entwickelt die klassischen AIDS-Symptome. Der Tod ist schließlich auf die Auswirkungen von opportunistischen Infektionen oder von seltenen Tumoren, wie dem Kaposi-Sarkom, zurückzuführen.

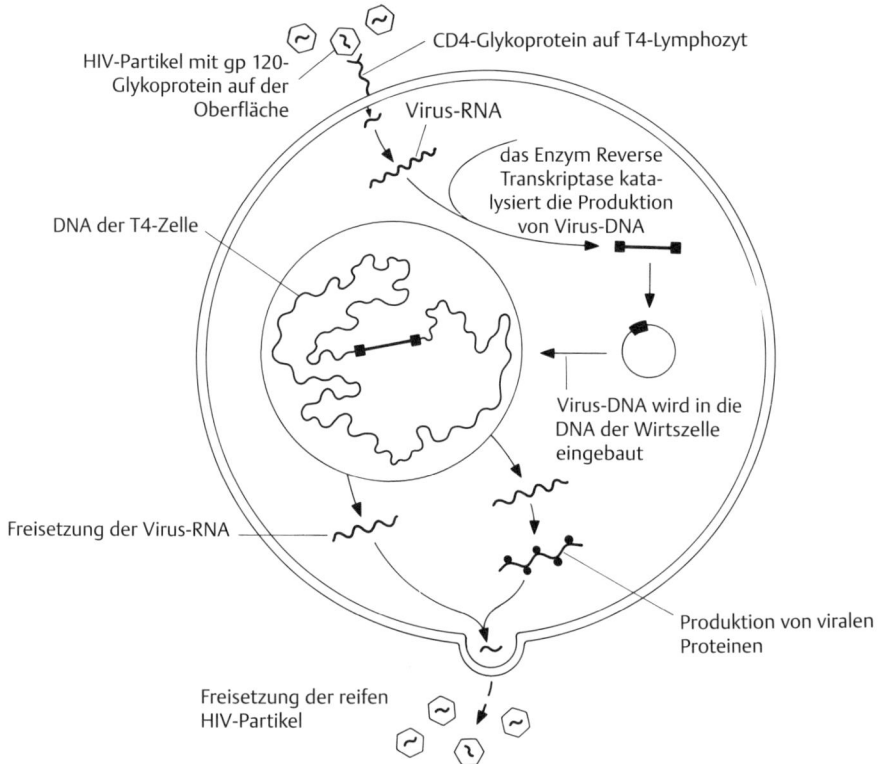

Abb. 56 Infektion durch HIV (human immunodeficiency virus – menschliches Immunschwäche-Virus) und seine Replikation innerhalb der Zelle.

Viele Arzneistoffe wurden auf ihre Wirksamkeit hin untersucht, und obgleich einige von ihnen, wie z. B. Zidovudin (Azidothymidin, AZT) und Dideoxyinosin von klinischem Nutzen sind, verlangsamen sie nur die fortschreitende Zerstörung der T4-Zellen. Die beste Behandlungsart wäre eine, die die Verbindung des Virus mit den CD4-Rezeptoren verhindert. Es gibt mittlerweile eine gewisse Hoffnung, daß bestimmte pflanzliche Produkte diese Wirkung haben könnten.

In der Mitte der 70er Jahre berichteten Forschungsgruppen in Belgien, Japan, Australien und England nahezu gleichzeitig von der Entdeckung einiger neuer Naturprodukte. Sie besaßen alle Strukturen, die den natürlichen Kohlenhydraten ähnelten (z. B. Glukose, Mannose, Fruktose), aber sie enthielten in ihren Ringen ein Stickstoffatom anstelle eines Sauerstoffatoms (vgl. Abb. 57). Sie stammen von so unterschiedlichen Gattungen wie dem japanischen Maulbeerbaum (einer *Morus*-Art), einer *Swainsona*-Art aus Australien und einer *Astragalus*-Art aus dem Westen der USA.

Von diesen Verbindungen wurden Deoxynojirimycin, Swainsonin und Castanospermin (von *Castanospermum australe*) am intensivsten untersucht. Es zeigte sich schnell, daß sie als Glykosidase-Hemmer wirken, das heißt, daß sie die Funktion von verschiedenen Enzymen (Glykosidasen), die an der Beseitigung der Kohlenhydrat-Reste von z. B. den Glykoproteinen beteiligt sind, stören. Das war von beträchtlichem Interesse in Anbetracht der Bedeutung der Glykoproteine als Regulatoren der viralen Infektiosität, der Immunreaktion und der Metastasierung von Krebszellen. In der Folge konnte gezeigt werden, daß sowohl Castanospermin als auch Swainsonin das Wachstum bestimmter Tumorzellen hemmen. Castanospermin modifiziert auch die Infektiosität von HIV, und zwar vermutlich dadurch, daß es die Struktur seines Glykoproteins gp 120 modifiziert. So überrascht es nicht, daß die Synthetisierung und die biologische Erforschung von Analogen dieser natürlichen Moleküle mit großem Eifer verfolgt wird.

Diese weiteren Beispiele natürlicher Produkte als wirkliche oder potentielle medizinische Wirkstoffe mahnen auf heilsame Weise daran, wieviel wir noch über das Vorkommen und die Nützlichkeit von natürlichen Substanzen zu lernen haben. Unsere Vorfahren experimentierten mit Pflanzenextrakten und entdeckten Gifte, Halluzinogene und Arzneien. Dasselbe können wir heute noch tun – aber wie lange noch? Nur ein Bruchteil der Pflanzenarten, die in den Regenwäldern vorkommen, sind bislang erforscht, doch pro Minute werden ungefähr 50 Hektar eben dieser Wälder zerstört. Es gibt keine Möglichkeit herauszufinden, wie viele potentielle Wirkstoffe auf diese Weise verlorengehen, und natürlich übertreffen unsere weiteren Anschläge auf die Umwelt auf diesem Planeten selbst diese schwer-

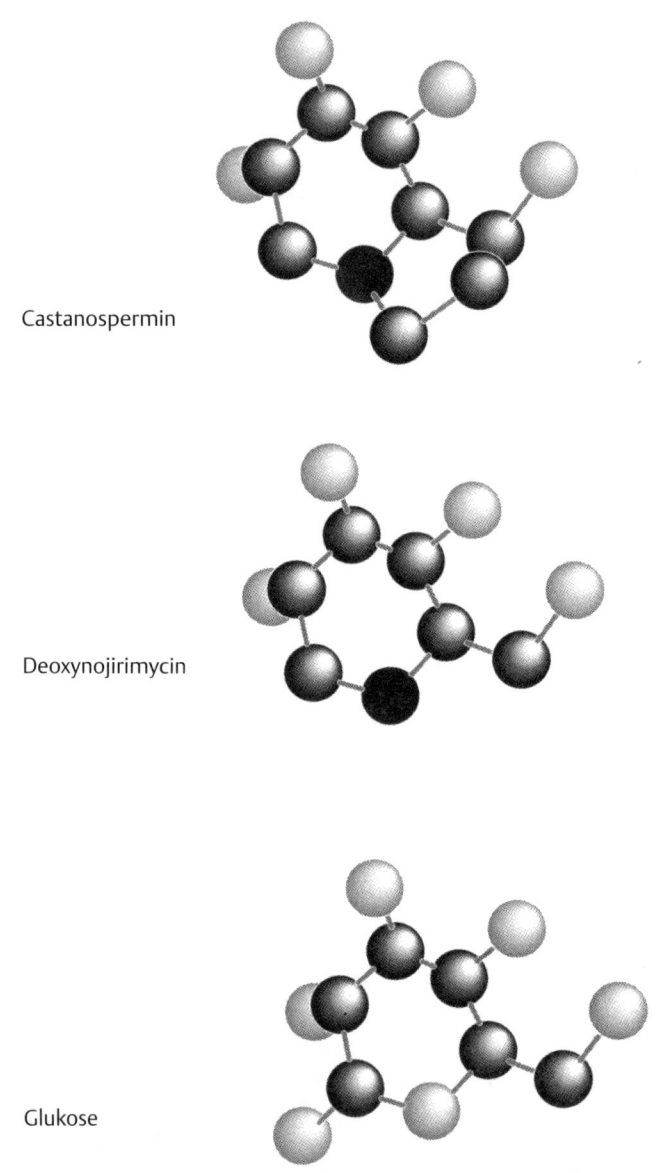

Castanospermin

Deoxynojirimycin

Glukose

Abb. 57   Vergleich der Strukturen von Castanospermin, Deoxynojiromycin und Glukose.
Die beiden oberen Moleküle haben eine ähnliche Struktur wie Glukose; allerdings
ist der Sauerstoff im Ring der Glukose durch ein Stickstoff-Atom ersetzt. Somit
können beide verschiedenen Glukosidosen, die normalerweise Glukose verwenden, als Substrat dienen.

wiegenden Verluste. Eine Figur in der Oper »Ruddigore« von Gilbert und Sullivan behauptet, »der Mensch ist der einzige Fehler der Natur«; man könnte jetzt hinzufügen: »Die Zerstörung der Natur wird der letzte Fehler des Menschen sein.«

Literatur

Pharmakologie

Bowman, W. C. and Rand, M. J.: *Textbook of Pharmacology* (2nd edn). Blackwell 1980.

Rose, S.: *The Chemistry of Life* (3rd edn). Penguin 1991.

Mord

Akratanakul, P., Guillemin, J., Meselson, M., Nowicke, J. W., and Seeley, J. D.: Yellow rain. *Sci. Am.* **253** (Sept. 1985) 122.

Austwick, P. and Mattocks, R.: Naturally occurring carcinogens in food. *Chem. Ind.* (1979) 76.

Bisset, N. G.: Arrow and dart poisons. *J. Ethnopharmacol.* **25** (1989) 1.

Blubaugh, L. V. and Linegar, C. R.: Curare and modern medicine. *Econ. Bot.* **2** (1948) 73.

Buchwald, H. D., Fischer, H. G., Fuhrman, F. A., and Mosher, H. S.: Tarichatoxin-tetrodotoxin: A potent neurotoxin. *Science* **144** (1984) 1100.

Campbell, W. A.: Inorganic poisons: Vermilion and verdigris—not just pretty colours. *Chem. Brit.* **26** (1990) 558.

Caporael, L. R.: Ergotism: The Satan loosed in Salem. *Science* **192** (1976) 21.

Catterall, W. A.: Neurotoxins that act on voltage-sensitive sodium channels in excitable membranes. *Ann. Rev. Pharmacol. Toxicol.* **20** (1980) 15.

Haller, J. S.: Aconites. *Bull. N. Y. Acad. Med.* **60** (1984) 888.

Hofmann, A.: Ergot—a rich source of pharmacologically active substances. In: *Plants in the Development of Modern Medicine* (ed. T. Swain), p. 235. Harvard University Press 1972.

Holmstedt, B.: The ordeal bean of Old Calabar. In: *Plants in the Development of Modern Medicine* (ed. T. Swain), p. 303. Harvard University Press 1972.

Lampe, K. F.: Toxic fungi. *Ann. Rev. Pharmacol. Toxicol.* **19** (1979) 85.

Matossian, M. K.: The time of the Great Fear. *The Sciences*, Feb./Mar. (1983) 38.

Narahashi, T. and Wu, C. H.: Mechanism of action of novel marine neurotoxins on ion channels. *Ann. Rev. Pharmacol. Toxicol.* **28** (1988) 141.

Odell, G. V. and Ownby, C. L. (eds.): *Natural Toxins: Characterization, Pharmacology, and Therapeutics*, Proceedings of the 9th World Congress. Pergamon 1989.

Prince, R. C.: Tetrodotoxin. *Trends Pharmacol. Sci.* **13** (1988) 26.

Rando, T., Stricharz, G., and Wang, G. K.: An integrated view of the molecular toxicology of sodium channel grating in excitable cells. *Ann. Rev. Neurosci.* **10** (1987) 237.

Schoental, R. S.: Mycotoxins and foetal abnormalities. *Int. J. Environ. Sci.* **17** (1981) 25.

Schoental, R. S.: Mycotoxins and the Bible. *Perspect. Biol. Med.* **28** (1984) 117.

Tabor, E.: Plant poisons in Shakespeare. *Econ. Bot.* **24** (1970) 81.

Thompson, C. J. S.: *The Mystic Mandrake*. Rider 1934.

Whittaker, V. P.: The contribution of drugs and toxins to understanding cholinergic function. *Trends Pharmacol. Sci.* **11** (1990) 8.

Magie

Arnold, W. N.: Absinthe. *Sci. Am.* **258** (Jun.) (1989) 86.

Baudelaire, C.: *Les Paradis Artificiels*. Editions Gallimard et Librairie Francaise 1964.

Diaz, J. L.: Ethnopharmacology of sacred psychoactive plants used by the Indians of Mexico. *Ann. Rev. Pharmacol. Toxicol.* **17** (1977) 647.

Emboden, W.: *Narcotic Plants*. Studio Vista 1972.

Flores, F. A. and Lewis, W. H.: Drinking the South American hallucinogenic ayahuasca. *Econ. Bot.* **32** (1978) 154.

Griffin, W. J., Luanratana, O., and Watson, P. L.: *J. Ethnopharmacol.* **8** (1983) 303.

Hofmann, A.: Chemical, pharmacological, and medical aspects of psychotomimetics. *J. Exp. Med. Sci.* **5** (1961) 31.

Hofmann, A., Ruck, C. A. P., and Wasson, R. G.: *The Road to Eleusis: Unveiling the Secrets of the Mysteries*. Harcourt Brace Jovanovich 1978.

Hofmann, A. and Schultes, R. E.: *Plants of the Gods*. Alfred Van der Mark Editions 1979.

Huxley, A.: *The Doors of Perception*. Chatto & Windus 1968.

King, M. M.: Coca Cola. *Pharm. Hist.* **29** (1987) 85.

Lemberger, L.: Potential therapeutic usefulness of marijuana. *Ann. Rev. Pharmacol. Toxicol.* **20** (1980) 151.

Martin, R. T.: Role of coca in the history, religion, and medicine of South American Indians. *Econ. Bot.* **24** (1970) 422.

Max, B.: Absinthe. *Trends Pharmacol. Sci.* **11** (1990) 58.

Mechoulam, R.: Cannabis. *La Recherche* **7** (1976) 1018.

Russell, J. B.: *A History of Witchcraft*. Thames & Hudson 1980.

Schultes, R. E.: Hallucinogens of plant origin. *Science* **163** (1969) 245.

Spruce, R.: *Notes of a Botanist on the Amazon and Andes*. Macmillan 1908 (reprinted by Johnson Reprint, 1970).

Wasson, R. G.: *Soma: Divine Mushroom of Mortality*. Harcourt, Brace, and World Inc. 1968.

Medizin

Abraham, E. P., Chain, E., Fletcher, C. M., Florey, H. W., Gardner, A. D., Heatley, N. G., and Jennings, M. A.: Further observations on penicillin, *Lancet* 177 (Aug. 1941).

Anderson, F. J.: *An Illustrated History of Herbals*. Columbia University Press 1977.

Arber, A.: *Herbals: Their Origin and Evolution* (2nd edn). Cambridge University Press 1986.

Aronson, J. K.: *An Account of the Foxglove and its Medical Uses, 1785–1985*. Oxford University Press 1985.

Aronson, J. K.: The discovery of the foxglove as a therapeutic agent. *Chem. Brit.* **23** (1987) 33.

Berry, I. M.: Feverfew faces the future. *Pharmaceutical J.* (1984) 611.

Bruce-Chwatt, L. J. and de Zulueta, J.: *The Rise and Fall of Malaria in Europe*. Oxford University Press 1980.

Bryan,. C. P.: *The Papyrus Ebers* (trans. from German). Bles 1930.

Culpeper, N.: *The Complete Herbal*, 1653 ICI (new edition including the *English Physician*, 1953).

Eatough, G.: *Fracastoro's 'Syphilis'*. Francis Cairns 1984.

Elvin-Lewis, M. P. F. and Lewis, W. H.: *Medical Botany*. Wiley-Interscience 1977.

Friedman, M. J. and Trager, W.: The biochemistry of resistance to malaria. *Sci. Am.* **244** (Mar. 1981) 113.

Fulder, S.: Ginseng: Useless root or subtle medicine. *New Sci.* **73** (1977) 138.

Gerard, J.: *The Herbal, or General History of Plants*, 1633. Dover (1975).

Grieve, M.: *A Modern Herbal*. Penguin 1990.

Gunther, R. T.: *The Greek Herbal of Dioscorides* (trans. J. Goodyer). Hafner 1959.

Henderson, G. and McFadzean, I.: Opioids—a review of recent developments. *Chem. Brit.* **21** (1985) 1094.

Iverson, S.: The chemistry of dementia. *Chem. Brit.* **24** (1988) 338.

Jones, H., Keith, A. L., and Waddell, T. G.: Legendary chemical aphrodisiacs. *J. Chem. Educ.* **57** (1980) 341.

Krieg, M.: *Green Medicine*. Harrap 1965.

LaFond, R. E. (ed.): *Cancer: The Outlaw Cell* (2nd edn). American Chemical Society 1988.

Leung, A. Y.: *Chinese Herbal Remedies*. Wildwood House 1985.

Macfarlane, R. G.: *Howard Florey: The Making of a Great Scientist*. Oxford University Press 1979.

Macfarlane, R. G.: *Alexander Fleming: The Man and the Myth*. Oxford University Press 1985.

McTavish, J. R.: Aspirin in Germany. *Pharm. Hist.* **29** (1987) 103.

Quetel, C.: *History of Syphilis* (trans. J. Braddock and B. Pike). Polity Press 1990.

Quian, S.-Z. and Wang, Z.-G.: Gossypol: A potential anti-fertility agent for males. *Ann. Rev. Pharmacol. Toxicol.* **24** (1984) 329.

Rohde, E. S.: *The Old English Herbals*. Longmans, Green, & Co 1922.

Sneader, W.: *Drug Discovery: The Evolution of Modern Medicines*. Wiley 1986.

Snyder, S.: *Drugs and the Brain*. W. H. Freeman 1986.

Stockwell, C.: *Nature's Pharmacy*. Arrow Books 1989.

Taylor, N.: *Plant Drugs that Changed the World*. George Allen & Unwin 1966.

Traynor, J.: Schizophrenia: Chemistry of the split mind. *Chem. Brit.* **20** (1984) 798.

Weissman, G.: Aspirin. *Sci. Am.* **264** (Jan. 1991) 58.

Literatur (Ergänzungen)

Deutschsprachige Ausgaben im Text erwähnter Bücher und Zeitschriftenartikel

Baudelaire, Ch.: Die künstlichen Paradiese. Sämtl. Werke in 8 Bänden, hrsg. v. F. Kemp, Cl. Pichoir u. a., Bd. 6 Hanser 1991.

Carrol, L.: Alice hinter den Spiegeln. Insel TB Nr. 97.

Coleridge, S. T.: Gedichte (zweisprachig). Reclam UB Nr. 9484.

Freud, S.: Ueber Coca. Centralblatt für die gesamte Therapie. Juli 1884.

Hofmann, A.: LSD – mein Sorgenkind. dtv TB Nr. 30357.

Huxley, A.: Die Pforten der Wahrnehmung; Himmel und Hölle. Serie Piper Bd. 6.

Huxley, A.: Schöne neue Welt. Fischer TB Nr. 26.

De Quincey: Bekenntnisse eines englischen Opiumessers. Kiepenheuer Bücherei Bd. 9.

Schultes, R., Hofmann, A.: Pflanzen der Götter. Die magischen Kräfte der Rausch- und Giftgewächse. Hallwag 1980.

Wasson, R. G., Hofmann, A., Ruch, C. A.: Der Weg nach Eleusis. Das Geheimnis der Mysterien. Insel TB Nr. 84.

Eine Auswahl deutschsprachiger Bücher zum Weiterlesen

Altmann, H.: Giftpflanzen, Gifttiere. Merkmale, Giftwirkung, Therapie. BLV 1991.

Bäumler, E.: Die großen Medikamente. Forscher und ihre Entdeckungen schenken uns Leben. Lübbe 1992.

Buff, W., v. d. Dunk, Kl.: Giftpflanzen in Natur und Garten. Bestimmungsmerkmale und Biologie. Anwendungen in Medizin, Volksheilkunde und Homöopathie. Blackwell/Parey 1988.

Daun, G.: Einführung in die Pharmaziegeschichte. Wissenschaftliche Verlagsgesellschaft 1975.

Eckart, W. U.: Geschichte der Medizin. Springer 1994.

Habermehl, G.: Gifttiere und ihre Waffen. Eine Einführung für Biologen, Chemiker und Mediziner. Springer 1994.

Herer, J.: Die Wiederentdeckung der Nutzpflanze Hanf. Zweitausendeins 1993.

Jetter, D.: Geschichte der Medizin. Einführung in die Entwicklung der Heilkunde aller Länder und Zeiten. Thieme 1992.

Kaiser, H., Klinkenberg, N.: Cortison. Die Geschichte eines Medikaments. Wissenschaftliche Buchgesellschaft 1988.

Krug, A.: Heilkunst und Heilkult. Medizin in der Antike. C. H. Beck 1993.

Lüllmann, H., Mohr, Kl., Ziegler, A.: Taschenatlas der Pharmakologie. Thieme 1994.

Rimpler, H.: Biogene Arzneistoffe. Pharmazeutische Biologie II. Thieme 1990.

Ruffie, J., Sournia, J.-Cl.: Die Seuchen in der Geschichte der Menschheit. Klett-Cotta 1989.

Täschner, K.-L.: Drogen, Rausch und Sucht. Ein Aufklärungsbuch. TRIAS 1994.

Thorwald, J.: Macht und Geheimnis der frühen Ärzte. Knaur TB 77064.

Wenzel, P.: Arzneimittel zwischen Mensch und Markt. TRIAS 1993.

Bildnachweis

Personen- und Sachverzeichnis

Weitere Bücher aus unserem Programm

Dwyer, J.

Krieg im Körper
Wie sich unser Immunsystem gegen Angreifer wehrt
320 Seiten, 21 Abbildungen

Kraus, L., Carstens, J.

Heilpflanzen
Kleine Teekunde für den Hausgebrauch. Alltagsbeschwerden selbst behandeln
136 Seiten, 6 Abbildungen

Reid, D.

Chinesische Heilkunde
Eine Einführung in Denken und Behandeln
ca. 280 Seiten, ca. 100 Abbildungen

Vetter, Chr.

Viren – harmlos bis tödlich
Grippe, Masern, Herpes, AIDS ... Die medizinische Forschung im Wettlauf mit der Zeit
209 Seiten, 21 Abbildungen

Zell, R. A.

Das Gen-Zeitalter
Menschen, Mächte, Moleküle
201 Seiten, 12 Abbildungen

Diese Bücher sind im Buchhandel erhältlich.
Informationen erhalten Sie bei:

≡ **TRIAS** THIEME HIPPOKRATES ENKE

Rüdigerstraße 14, 70469 Stuttgart